“创新设计思维”
数字媒体与艺术设计类新形态丛书

全|彩|微|课|版

剪映
短视频创作案例教程

于志刚 孙苗苗 主编
李芝兰 贺慧玲 副主编

人民邮电出版社
北京

图书在版编目（CIP）数据

剪映短视频创作案例教程 ： 全彩微课版 / 于志刚，孙苗苗主编. -- 北京 ： 人民邮电出版社，2024.1
（“创新设计思维”数字媒体与艺术设计类新形态丛书）
ISBN 978-7-115-62544-1

Ⅰ. ①剪… Ⅱ. ①于… ②孙… Ⅲ. ①视频编辑软件—教材 Ⅳ. ①TP317.53

中国国家版本馆CIP数据核字(2023)第162428号

内 容 提 要

本书基于剪映 App，以短视频创作的理论和技术为基础，将理论与实操结合，通过大量短视频创作案例来讲解短视频的创作方法，并结合微课视频来帮助读者提升制作短视频的能力。

全书共 10 章。第 1～5 章为基础篇，循序渐进地讲解短视频的创作流程、策划、拍摄的相关知识，以及剪映的基础操作和进阶功能的应用技巧；第 6～9 章为实战篇，对前面的内容进行汇总，为读者讲解 Vlog、快闪视频、电商短视频，以及微电影的创作流程和技巧；第 10 章为商业篇，讲解短视频的运营，以及变现的渠道和方法等，帮助读者快速掌握利用短视频变现的方法。

本书可以用作高等院校相关课程的教学用书，也适合想要寻求突破的新媒体、电商短视频相关从业人员使用。

◆ 主　　编　于志刚　孙苗苗
　副 主 编　李芝兰　贺慧玲
　责任编辑　韦雅雪
　责任印制　王　郁　陈　犇
◆ 人民邮电出版社出版发行　　北京市丰台区成寿寺路 11 号
　邮编　100164　　电子邮件　315@ptpress.com.cn
　网址　https://www.ptpress.com.cn
　涿州市般润文化传播有限公司印刷
◆ 开本：787×1092　1/16
　印张：13.25　　2024 年 1 月第 1 版
　字数：343 千字　　2024 年 10 月河北第 2 次印刷

定价：79.80 元

读者服务热线：(010)81055256　印装质量热线：(010)81055316
反盗版热线：(010)81055315
广告经营许可证：京东市监广登字 20170147 号

PREFACE 前言

当下，短视频已经成为记录日常、宣传观点、推广品牌的必备工具。随着各大短视频平台的涌现，众多企业逐渐意识到短视频在网络营销方面的重要作用，进一步助推了短视频行业的发展。无论是出于个人兴趣，还是出于工作需要，短视频策划、拍摄和制作都是十分重要的技能，许多院校都开设了短视频相关的课程。党的二十大报告中提到："教育、科技、人才是全面建设社会主义现代化国家的基础性、战略性支撑。"为了帮助各类院校培养优秀的短视频创作人才，编者总结了短视频策划、拍摄和剪辑的实践经验，结合当前短视频行业的发展，基于剪映 App，编写了本书。

本书共 10 章，具体内容框架如下。

第 1 章　越来越火的短视频　介绍短视频的发展历程、火爆原因和发展趋势，以及短视频的主流平台和分类、短视频的创作流程、短视频团队的组建，还有常用的短视频剪辑软件。

第 2 章　短视频内容策划和拍摄筹备　讲解短视频的内容策划技巧、脚本的撰写方法，以及短视频拍摄的前期准备工作。

第 3 章　短视频拍摄　介绍拍摄短视频的基本参数设置、构图方式、光线类型，以及镜头的运用和录音等。

第 4 章　剪映的基础操作　介绍在剪映中进行素材处理、音频处理，以及添加字幕、转场和特效的方法。

第 5 章　剪映的进阶功能　介绍在剪映中进行画面合成、抠像和调色的方法，以及关键帧的运用方法。

第 6 章　Vlog 创作全流程　以综合案例的形式讲解 Vlog 的创作全流程，包括内容策划、拍摄和剪辑等。

第 7 章　快闪视频创作全流程　以综合案例的形式讲解快闪视频的内容构思和策划方法、镜头设计技巧及具体制作方法。

第 8 章　电商短视频创作全流程　以综合案例的形式讲解电商短视频的创作全流程，包括内容策划、商品文案撰写、拍摄和剪辑等。

第 9 章　微电影创作全流程　以综合案例的形式介绍微电影剧本的创作要点、分镜头脚本的撰写方法、微电影拍摄的前期筹备工作，以及微电影的制作方法等。

第 10 章 短视频运营 介绍短视频的发布技巧、短视频标题的写作技巧、短视频封面的制作技巧、影响抖音推荐的主要因素、DOU+ 投放技巧和短视频变现渠道。

本书的主要特色如下。

知识体系全面，实用易懂 本书从基础理论出发，结合案例实操，逐步推进，讲解短视频的团队组建、策划、拍摄、剪辑、运营等相关知识，对短视频创作全流程进行全方位的讲解。

精选热门案例，快速上手 本书精选抖音平台上的热门案例，为读者讲解短视频制作的实用技巧，步骤详细，简单易懂，帮助读者从新手快速成长为短视频创作高手。

附赠讲解视频，边看边学 本书提供由专业讲师录制的微课视频，读者扫描书中的二维码即可观看。

提供丰富资源，辅助教学 本书提供教学课件、教学大纲、素材文件、效果文件等丰富资源，教师可登录人邮教育社区（www.ryjiaoyu.com），在本书页面中免费下载。

本书引用了很多短视频平台上的真实短视频截图，在此向相关短视频的创作者表示感谢。

本书由于志刚、孙苗苗担任主编，由李芝兰、贺慧玲担任副主编。限于编者水平，书中难免存在不足之处，恳请读者不吝指正。

编者

2023 年 10 月

C O N T E N T S

目录

第1章 越来越火的短视频

随着短视频行业的快速兴起和发展，观看抖音、快手等平台的短视频已经成为人们日常生活中重要的娱乐活动；且短视频行业的影响越来越广，其用户群体的年龄和地域的跨度也在不断扩展。

学习目标

- ❖ 了解短视频的发展历程及其火爆原因和发展趋势
- ❖ 熟悉短视频的主流平台和分类
- ❖ 掌握短视频的创作流程
- ❖ 熟悉短视频团队的组建
- ❖ 熟悉常用的视频剪辑软件

1.1 短视频概述

通常，短视频是指在网络上播放的，在移动状态和短时休闲状态下观看的时长较短的视频，在内容上以技能分享、幽默搞怪、时尚潮流、社会热点、街头采访、公益教育、广告创意、商业定制等为主题。下面将介绍短视频的发展历程、短视频火爆的原因、短视频的发展趋势、短视频平台及短视频的分类等内容，让读者进一步了解和认识短视频。

1.1.1 短视频的发展历程

短视频在我国的发展历程大致可以总结为萌芽时期、探索时期、分水岭时期、发展时期和成熟时期5个阶段，下面进行具体介绍。

1. 萌芽时期

短视频的萌芽时期通常被认为在2013年以前，特别是2011～2012年，这一时期最具代表性的事件就是快手这一短视频平台的诞生，其播放界面如图1-1所示。在这一时期，短视频的用户群体较小，短视频内容多为对影视剧的二次加工或再创作，或者是从影视综艺类节目中截取的优秀片段，如图1-2所示。在短视频萌芽时期，人们开始意识到网络的分享特质及视频创作门槛的降低，这为日后短视频的发展奠定了基础。

图 1-1

图 1-2

2. 探索时期

短视频的探索时期是2013～2015年，在这一时期，以美拍、腾讯微视、秒拍和小咖秀为代表的短视频平台逐渐进入公众的视野，短视频逐渐被广大用户接受。图1-3和图1-4所示分别为美拍和腾讯微视的视频播放界面。

在短视频的探索时期，随着4G移动通信技术的商业应用及一大批专业影视制作者加入短视频内容创作者的行列，短视频被广大用户所熟悉，并表现出极强的社交性和移动性，一些优秀的短视频内容甚至提高了短视频在互联网内容形式中的地位。

图 1-3

图 1-4

3. 分水岭时期

短视频的分水岭时期是2016年，以抖音短视频（2020年9月更名为“抖音”）和西瓜视频为代表的短视频平台在这一时期上线。图1-5和图1-6所示分别为抖音和西瓜视频的播放界面。

在这一时期，短视频平台投入了大量的资金来补贴内容创作者，从源头上激发内容创作者的创作热情，短视频表现出了强大的内容表现力和吸引力。短视频行业在2016年迎来了一次“爆炸式”的发展，短视频平台和内容创作者的数量都在快速增长。在传播和分享短视频的同时，用户也在创作大量短视频，形成了短视频发展的良性循环。

图 1-5

图 1-6

4. 发展时期

短视频的发展时期主要是2017年，以好看视频和土豆视频为代表的短视频平台纷纷加入短视频领域的竞争，短视频领域呈现出百花齐放的态势。图1-7和图1-8所示分别为好看视频和土豆视频的界面截图。

以阿里巴巴网络技术有限公司（简称“阿里巴巴”）和深圳腾讯计算机系统有限公司（简称“腾讯”）为首的众多互联网公司受到短视频市场巨大的发展空间及红利的吸引，加快了在短视频领域的布局速度，大量资金的涌入也为短视频行业的未来发展奠定了坚实的经济基础。短视频平台的用户量继续攀升。

图 1-7

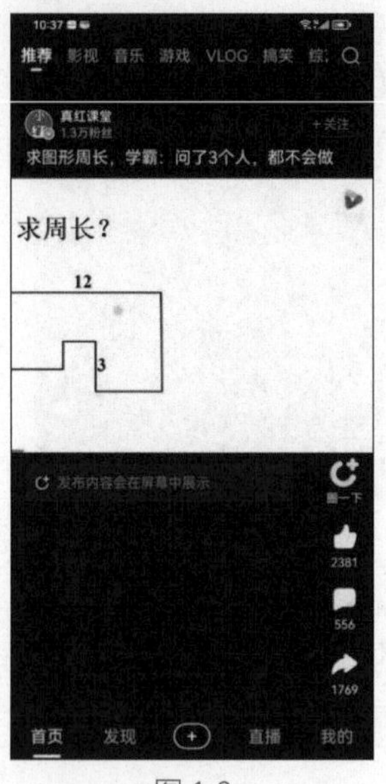

图 1-8

5. 成熟时期

短视频的成熟时期是2018年至今，这一时期的短视频出现了搞笑、音乐、舞蹈、萌宠、美食、时尚和游戏等类型的内容。另外，短视频行业的发展呈现出“两超多强”（抖音、快手两大短视频平台占据大部分市场份额，其他多个短视频平台占据少量市场份额）的态势。而且，各大短视频平台也在积极打造商业营利模式，并开发出了多种变现营利模式。这一时期的短视频行业开始逐渐规范并成熟起来，在各种政策和法规的规范下，短视频已经进入了正规发展的道路。

1.1.2 短视频火爆的原因

人们在日常生活中经常会通过移动设备在各个平台中浏览大量的短视频。短视频如此受欢迎与其自身的特点及成熟的变现营利模式是密不可分的。

1. 短视频的特点

与传统视频相比，短视频具有一些个性化的特点，主要体现为以下几点。

（1）短小精悍，内容丰富

短视频的时长一般在15秒~5分钟，短小精悍，在前几秒就能抓住用户的注意力，所以其节奏很快，内容紧凑、充实，方便用户直观地接收信息，符合碎片化时代的用户使用习惯。另外，短视频的内容题材丰富多样，有知识科普、幽默搞笑、时尚潮流、社会热点、广告创意、商业推广、街头采访、历史文化等题材，整体上以娱乐性见长。

（2）制作简单，形式多元

传统视频广告制作成本和推广费用高昂，短视频在制作、上传和推广等方面有很强的优势，且门槛和成本均较低。用户可以通过短视频平台制作充满个性和创造力的作品，以此来表达个人想法和创意，使作品呈现出多元的表现形式。例如，运用比较动感的转场和背景音乐，让短视频变得更加新颖且极具个性。

（3）传播迅速，交互性强

短视频不只是微型的视频，它带有社交属性，是一种传递信息的新方式。用户在制作完短视频以后，可以将短视频实时分享到社交平台，参与热门话题的讨论或补充话题讨论的形式。短视频的发布提高了用户在社交网络上的参与感和互动性，满足了用户的社交需求。所以短视频很容易实现裂变式传播，从而增强其传播力度，扩大其传播范围。

（4）精准营销，高效销售

短视频具有指向性优势，可以帮助企业准确地找到目标用户，从而实现精准营销。短视频平台通常会设置搜索框，对搜索引擎进行优化，了解目标用户在短视频平台上搜索的关键词，从而让短视频营销更加精准。

同时，短视频在用于营销时，内容要丰富多样、价值高、观赏性强，只有符合这些标准，才能在最大程度上激发用户的兴趣，使用户产生购物的欲望。

另外，创作者可以在短视频中添加商品链接，让用户可以一边观看视频，一边购买想要的商品。商品链接一般放置在短视频播放界面的下方，以便用户实现一键式购买。

2. 短视频的变现营利模式

短视频能够吸引巨大的用户流量，能否将这些流量变现并实现商业营利是很多短视频内容创作者关注的问题。短视频具有多种变现营利模式，创作者可以选择适合自己的变现营利模式来获得经济收益。目前，短视频的变现营利模式主要有5种：平台分成和补贴、广告变现、电商变现、粉丝变现和特色变现，如图1-9所示。

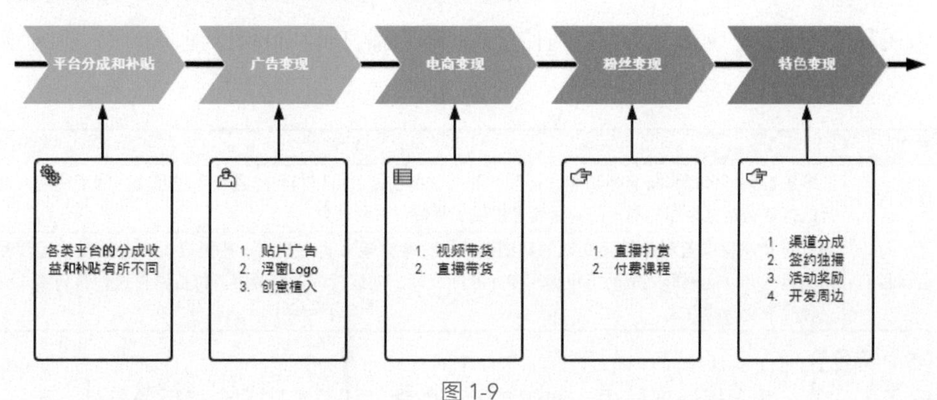

图1-9

（1）平台分成和补贴

几乎每个短视频平台都有自己的分成和补贴计划，用于激励创作者创作出更多的优质内容，吸引更多新晋的优秀创作者入驻，从而为平台带来更多的流量。

（2）广告变现

短视频凭借着其优质的流量、年轻化的受众群体和多种多样的表现方式受到了许多广告主的青睐。当前，短视频在广告变现上主要有贴片广告、浮窗Logo和创意植入3种形式（见表1-1），在未来还会有更多的可能性。

表1-1

广告变现形式	说明
贴片广告	包括互联网平台贴片和内容方贴片两种形式。互联网平台贴片通常为前置贴片，在短视频播放前以不可跳过的广告形式出现；内容方贴片通常为后置贴片，即短视频内容结束后追加一定时长的广告内容

续表

广告变现形式	说明
浮窗Logo	通常，浮窗Logo是指短视频播放时出现在边角位置的品牌Logo。这不仅能在一定程度上防止视频被盗用，而且还具备一定的商业价值。观众在观看短视频的同时，会在不经意间看到角落的Logo，久而久之便会对品牌产生印象
创意植入	将广告信息和短视频内容相结合，通过品牌露出、剧情植入、口播等方式来传递广告主的诉求。短视频植入广告的效果一般较好，但对内容和品牌的契合度要求较高

（3）电商变现

短视频凭借其丰富的信息内容、直接的感官刺激、附着的优质流量，以及页面跳转的便捷性，在电商变现的商业模式上具有得天独厚的优势。当前，电商变现主要有视频带货和直播带货两种形式，如表1-2所示。

表1-2

电商变现形式	说明
视频带货	如今，许多短视频平台都推出了“边看边买”的功能，用户在观看短视频时，对应商品的链接将会显示在短视频下方，点击该链接，即可跳转至电商平台进行购买
直播带货	短视频直播带货是短视频电商变现的另一种形式，主要是以直播为媒介，将黏性较高的用户吸引进直播间，通过面对面直播的方式对商品进行推荐，促使用户购买，从而获取收益

（4）粉丝变现

短视频平台在粉丝变现上主要有两种形式，即直播打赏和付费课程，如表1-3所示。

表1-3

粉丝变现形式	说明
直播打赏	许多短视频平台都具备直播功能，运营者开通直播功能后可以与粉丝进行实时互动。除了积攒人气，平台的打赏功能也为那些刚入门的运营者提供了坚持下去的动力
付费课程	通过付费课程来营利是粉丝变现的典型形式，这种变现形式主要被一些能提供专业技能的运营者所使用。运营者以视频形式帮助用户提高专业技能，用户向运营者支付费用。付费课程这种营利模式更像是一种线下交易的方式

（5）特色变现

除了上述的一些常规变现模式，创作者还可以尝试从短视频平台提供的条件入手，寻求新的变现方向，如表1-4所示。

表1-4

特色变现形式	说明
渠道分成	对于运营者来说，渠道分成是初期最直接的变现手段。选取合适的渠道分成模式可以快速积累资金，从而为后期其他短视频的制作与运营提供便利
签约独播	与平台签约独播是实现短视频变现的一种快捷方式，但这种模式比较适合运营成熟、粉丝众多的运营者，因为对于新人来说，想要获得平台的青睐，从而得到签约收益是一件不容易的事
活动奖励	为了提高用户的活跃度，一些短视频平台会设置一些奖励活动，运营者完成活动任务便可以获得相应的虚拟货币或专属礼物
开发周边	短视频的营利方式不只有付费观看或收取广告费，也可以根据短视频的内容来设计周边产品

1.1.3 短视频的发展趋势

在短视频行业飞速发展的今天，越来越多的商家和企业意识到短视频行业所拥有的巨大商机，并迅速进入该领域，通过短视频进行各种商业营销和推广，而且取得了可观的经济效益。与此同时，大量名人和艺人也入驻各种短视频平台，使得短视频的营销价值进一步增长；很多公司和企业也纷纷将短视频纳入自己的产业布局中。

由此可见，短视频已经成为互联网发展的新风口，短视频行业呈现出以下发展趋势。

1. 市场规模仍将维持高速增长的态势

随着短视频行业的进一步规范，以及短视频内容质量的进一步提高，短视频的商业价值会越来越高，市场规模也将维持高速增长的态势。

2. MCN将进一步发展壮大

多频道网络（Multi-Channel Network，MCN）是一种代理机构，可以简单地将其理解为短视频达人的经纪公司。未来短视频行业的发展趋于成熟，平台补贴将逐渐缩减，很多短视频达人将不得不加入实力雄厚且专业的MCN机构，以获得更多的资源和经济收益。而MCN作为短视频内容创作者、平台和企业广告主三者之间的桥梁，未来将获得更有利的发展机会。

3. 重心转向深度挖掘用户价值

进入成熟阶段后，短视频行业的用户数量难以爆发式增长，实现短视频商业价值的重心也将从追求用户数量的增长向深度挖掘单个用户的价值转变。这需要短视频行业的从业者发掘和完善出一种能够持续输出、传导和实现用户价值的商业营利模式。

4. 跨界整合式的商业营销将逐步兴起

短视频商业价值的不断提升，要求企业在进行短视频营销时，将商品、渠道和文化等进行跨界整合，从多个角度诠释品牌和商品的特点和价值，借助短视频的传播和社交属性，提升营销效果。

5. 新兴技术将助力短视频的深化发展

5G技术的发展和应用，以及农村互联网的进一步普及，会给短视频行业的发展带来一波强动力。人工智能技术的应用有助于提高短视频平台的审核效率，降低运营成本，提升用户体验，推进平台的商业化进程。增强现实（Augmented Reality，AR）、虚拟现实（Virtual Reality，VR）技术及无人机拍摄和全景拍摄等摄影摄像技术的成熟和应用，也会提升用户的视觉体验，进一步提高短视频的内容质量。

1.1.4 短视频平台

短视频行业的蓬勃发展带动了一大批出色的短视频平台的发展和壮大，不同的短视频平台有着不同的特点。下面将介绍短视频平台的分类及主流的短视频平台。

1. 短视频平台的分类

按照短视频平台的功能和性质进行分类，主要有社交媒体、单一形式、综合内容、视频网站、综合资讯、电商平台这六大类型，如图1-10所示。

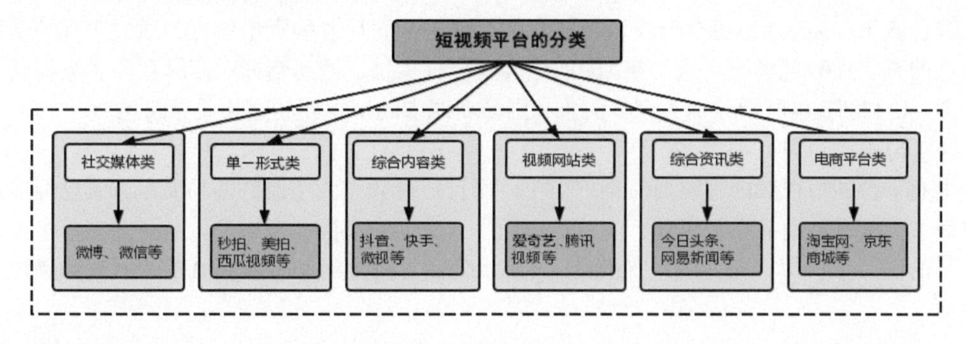

图1-10

（1）社交媒体类

社交媒体平台的主要功能是让用户直接在平台中进行交流和互动。短视频作为交流的一种媒介，当然也可以在社交媒体平台中发布。社交媒体类的短视频平台包括微博、微信等。

（2）单一形式类

单一形式类的短视频平台包括秒拍、美拍和西瓜视频等，这类平台中短视频的内容形式比较单一，涉及的领域也比较单一。例如，美拍就是泛生活类的短视频平台，用户以女性群体为主，短视频内容以美妆、健身和穿搭为主。

（3）综合内容类

综合内容类短视频平台以抖音、快手和微视为主，这些短视频平台中的内容丰富多样，但最多的是用户自己创作发布的短视频。

（4）视频网站类

视频网站是指一些以影视剧和视频节目为主要内容的长视频网站，这类网站通常也会设置短视频专区，通过短视频来丰富自己的内容领域，并吸引更多的用户群体，从而获取更多的经济收益。这类视频网站的代表有爱奇艺、腾讯视频、优酷视频、芒果TV、咪咕视频等，图1-11和图1-12所示分别为爱奇艺和腾讯视频中的短视频频道相关界面。

图 1-11

图 1-12

（5）综合资讯类

综合资讯类App通常也会开设短视频专区或频道，而且各种资讯中也会通过短视频来增强信息的真实性和现场感。这一类App的代表有今日头条、网易新闻、澎湃新闻和央视新闻等。图1-13和图1-14所示分别为今日头条和网易新闻中的短视频频道相关界面。

（6）电商平台类

电商平台的短视频内容以商品推广为主，而且短视频作为主流的商品展示方式已经应用到电商平台的多数商品中。目前，主流的电商平台（如淘宝网、京东商城和拼多多等）上都有大量的商品推广短视频，图1-15和图1-16所示分别为淘宝网和京东商城中的短视频频道相关界面。

图 1-13

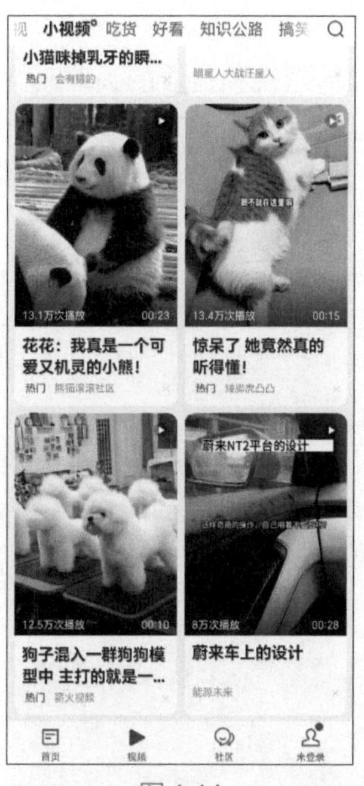

图 1-14

图 1-15

图 1-16

2. 主流短视频平台

短视频平台数量众多，其中一些主流的平台占据了相对较大的市场份额，下面进行具体介绍。

（1）抖音

抖音是目前短视频领域中的超级平台，也是进行短视频设计和制作的首选短视频平台之一。互联网数据统计显示，截至2023年6月，抖音（安卓版）的下载总量超过890亿，在短视频平台中名列第1，用户比较年轻、时尚。

（2）快手

快手是目前短视频行业的头部典型代表，对短视频内容创作者的支持力度相对较大。互联网数据统计显示，截至2023年6月，快手（安卓版）的下载总量超过688亿，在短视频平台中名列第2，其用户多热衷于“老铁文化”与分享生活，如图1-17所示。

（3）西瓜视频

西瓜视频是今日头条旗下的个性化推荐类短视频平台，如图1-18所示。互联网数据统计显示，截至2023年6月，西瓜视频（安卓版）的下载总量超过254亿，在短视频平台中名列第3，其7月活跃人数超过1亿，其女性用户略多于男性用户。

（4）抖音火山版

抖音火山版是火山小视频的升级版，该平台主要通过短视频帮助用户迅速获取内容和粉丝，并发现具有相同爱好的用户。互联网数据统计显示，截至2023年6月，抖音火山版（安卓版）的下载总量超过167亿，在短视频平台中名列第4，其7月活跃人数超过1亿。

图 1-17

图 1-18

（5）好看视频

好看视频是百度旗下的一个重要的短视频平台，用户群体在地域、年龄方面的分布都比较分散，内容以泛娱乐、泛文化和泛生活类短视频为主。互联网数据统计显示，截至2023年6月，好看视频（安卓版）在各平台的下载总量超过133亿，在短视频平台中名列第7。

（6）微视

微视是腾讯旗下的短视频创作与分享平台，用户可以将拍摄的短视频同步分享到微信群、朋友圈和QQ空间中。互联网数据统计显示，截至2023年6月，微视（安卓版）在各平台的下载总量超过76亿，在短视频平台中名列第6。

1.1.5 短视频的分类

根据短视频内容的不同，短视频可以分为搞笑类、美食类、美妆类、治愈类、知识类、生活类、才艺类、文化类等类型。

1. 搞笑类

当人们从短视频中发现了有趣的内容时，就会发自内心地欢笑。碎片化的搞笑内容满足了人们休闲娱乐、放松身心的需求，所以搞笑类内容是短视频市场中的主要内容，如图1-19所示。

2. 美食类

“民以食为天”，“吃”在人们的生活中占据着非常重要的地位。美食承载着人们丰富的情感，如对家乡的眷恋、对亲情的回忆、对幸福的感受等，所以美食类短视频（示例见图1-20）不仅能让人身心愉悦，还会让人产生情感共鸣。我国拥有丰富的菜系和数不清的民间传统美食，美食类短视频可以通过制作美食、探店或展示美食等形式来表现。

图 1-19

图 1-20

3. 美妆类

美妆类短视频（示例见图1-21）的主要目标受众是追求美、向往美的女性用户，她们观看视频的目的是学习一些化妆技巧，发现好用的美妆产品。美妆类短视频主要有“种草”测评、“好物”推荐、妆容教学等形式。在这些短视频中，出镜人物尤为关键，她们要以真实的人设为产品背书，还要在用户心中营造信任感，同时要具备独特的性格特质或人格魅力。

4. 治愈类

萌系宠物、亲子日常等治愈类短视频（示例见图1-22）十分受大众欢迎。对于有孩子和宠物的用户来说，这类短视频会让他们产生亲切感和情感共鸣；而对于没有孩子和宠物的用户来说，这类短视频可以给他们提供“云养宠”“云养娃”的机会，让他们可以从可爱的孩子、宠物身上发现美好，从而放松心情，缓解疲劳。

5. 知识类

如今，知识类短视频（示例见图1-23）逐渐成为各大视频平台争夺的资源，知乎、哔哩哔哩、西瓜视频都会对知识类创作者进行扶持。对于用户来说，知识类短视频不失为一种获取知识的好办法，有的用户把它作为补充学习某一领域知识的参考，有的用户把它作为获取知识的主要渠道之一，还有的用户把它作为快速进入某个领域的方式。

知识类短视频的制作门槛较高，需要创作者有一定的知识储备。创作者在写文案前要充分查阅相关资料，不能为了赚取流量而输出伪科学的内容。

图 1-21

图 1-22

6. 生活类

生活类短视频（示例见图1-24）的内容主要分为两种：一种是生活技巧，主要展示如何解决生活中经常遇到的各种问题，这种短视频要以实际的操作为主，让用户可以跟着画面进行实际操作，最终将问题解决；另一种是Vlog，主要展示个人的生活风采或生活见闻，这种短视频一方面满足了用户想要了解别人的生活的好奇心，另一方面也开拓了用户的眼界。

图 1-23

图 1-24

7. 才艺类

网络上有很多具有特殊才艺的人，这些人创造的短视频（示例见图1-25）能够吸引用户的注意力，满足用户的好奇心。才艺包括唱歌、跳舞、魔术、乐器演奏、相声表演、脱口秀、书法、口技、手工等。要想让用户赞叹和佩服，创作者就要做到新颖、专业，要么让用户觉得从来没有见过，要么让用户觉得自己根本做不到，满足其中任意一点就有可能获得用户的点赞与支持。

8. 文化类

优秀的传统文化一直备受人们的推崇，很多创作者纷纷跟上这种潮流，让传统文化以崭新的面貌展示在人们面前。在文化类短视频（示例见图1-26）中，比较常见的是书画、戏曲、传统工艺、武术、民乐等。

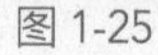
图 1-25

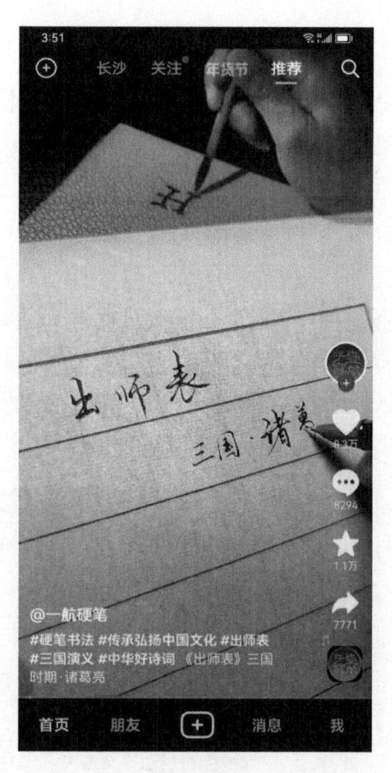

图 1-26

1.2 短视频创作流程

短视频的创作流程主要是指短视频的拍摄和剪辑过程，通常分为前期的策划与筹备、中期的拍摄和后期的剪辑3个主要阶段。

1.2.1 策划与筹备阶段

策划与筹备阶段主要是为中后期的短视频拍摄和剪辑做准备工作，这一阶段的主要工作包括组建短视频团队、撰写和确定脚本、准备资金及落实拍摄工作。

1. 组建短视频团队

通常，短视频团队包含导演、编剧、摄像师和剪辑师等工作人员。有时候为了节约成本，很多短视频团队仅由一两个人组成，每个人都身兼数职。

2. 撰写和确定脚本

撰写和确定脚本是短视频创作流程中最重要的一个步骤，一个好的脚本是创作出热门短视频的关键。脚本可以由专门的编剧撰写，也可以根据其他的热门短视频或故事、段子等改编。撰写完的脚本需要经过制片人、导演的共同确认，才能作为短视频拍摄时的剧本。

3. 准备资金

资金是短视频拍摄的物质基础。在拍摄短视频前，需要根据团队的规模、各种器材和道具、拍摄时间和难度及剪辑过程等预估并筹备尽可能多的资金。

4. 落实拍摄工作

资金到位后，就可以开始落实各项拍摄准备工作了，例如，导演和编剧需要根据脚本对短视频的故事情节、场景、道具、灯光和镜头设计等进行策划，设计好拍摄使用的分镜头脚本。制片人、编剧和导演等需要安排好演员、服装、道具、场景、灯光、食宿、交通和拍摄剪辑日程等方面的事宜，最好制订一个详细的工作计划。

1.2.2 拍摄阶段

拍摄是短视频创作过程中十分繁忙且重要的阶段，起着承上启下的作用。拍摄阶段是在策划与筹备阶段的基础上进行短视频的实际拍摄，为后面的剪辑阶段提供充足的视频素材，为最终的短视频输出奠定基础。

拍摄阶段的主要工作人员是编导、摄像师和演员，他们的具体工作内容如下。

（1）编导：安排和引导演员、摄像师的工作，并指挥拍摄现场的各项工作。

（2）摄像师：根据导演和脚本的安排，拍摄好每一个镜头。

（3）演员：在导演的指导下，完成脚本中设计的所有表演。

另外，在拍摄过程中灯光师、道具师和录音师等工作人员也需要全力配合。图1-27所示为某团队拍摄时的灯光布置。

图1-27

1.2.3 剪辑阶段

拍摄完成后，就可以进入短视频创作的剪辑阶段了。在该阶段，剪辑师要使用专业的视频剪辑软件进行短视频素材的后期制作，包括剪辑、配音、调色、添加字幕和特效等具体工作，最终输出一个完整的短视频作品。

通常，短视频的后期制作可以分为整理视频素材、粗剪、精剪、输出成片4个步骤，具体介绍如下。

（1）整理视频素材：这一个步骤的基本工作是对拍摄阶段拍摄的所有视频素材进行整理和编辑，将它们按照时间顺序或脚本中设置的剧情顺序进行排列，甚至还可以对所有视频素材进行编号与归类。

（2）粗剪：观看所有整理好的视频素材，从中挑选出符合脚本需求，并且画质清晰且画面精美的视频，然后按照脚本中的剧情进行重新组接，使画面连贯、有逻辑，形成第一稿影片。

（3）精剪：在第一稿影片的基础上进一步分析和比较，剪去多余的视频画面，并为视频画面调色，添加滤镜、特效和转场效果等，以增强短视频画面的吸引力，进一步突出内容主题。

（4）输出成片：在完成短视频的精剪后，可以对其进行一些细微的调整和优化，然后添加字幕，并配上背景音乐或旁白解说，再为短视频添加片头和片尾，形成一个完整的短视频。最后将剪辑好的短视频上传到各大短视频平台上。

当然，由于短视频的制作门槛很低，很多短视频创作者仅使用一部手机就能独立完成一个短视频的创作。因此，在创作短视频时，不一定要严格遵照以上的流程和框架，只要认真去拍摄和制作，就有可能开创出一套适合自己的短视频创作流程。

1.3 短视频团队的组建

虽然一个人也能创作出短视频，但随着短视频领域中的竞争越来越激烈，单打独斗很难脱颖而出。短视频的创作过程比较复杂，只有组建一个专业的团队，才能保证短视频内容的质量和产出效率。

1.3.1 团队成员的基本要求

短视频团队需要完成脚本创作、拍摄和剪辑等工作，团队成员应该具备以下基本工作能力。

1. 内容创作能力

短视频的内容是其核心竞争力，内容创作是创作短视频时的主要工作之一。如何制作出有创意、有看点，且能吸引用户注意力的内容是短视频团队需要重点考虑的问题。同时，短视频账号需要保持一定的发布频率才能持续获得用户的关注，这就对团队的内容创作能力有较高的要求。但由于个人的创作能力是有限的，往往需要集思广益，因此团队中的所有成员都应具备一定的内容创作能力。

2. 职业工作能力

大多数短视频的创作预算不多，所以，团队中每个成员都需要负责多项工作并掌握多项技能，例如视频拍摄和剪辑能力；同时，作为职场人员，团队成员也需要具备一定的学习能力和承受压力的自我调节能力。

（1）视频拍摄和剪辑能力：通常，视频拍摄和剪辑属于专业性比较强的工作，但为了节约创作成本，需要短视频团队的所有成员都具备一些基本的视频拍摄和剪辑能力。例如，能够使用手机、数码相机或摄像机进行拍摄，能够使用Premiere、剪映或爱剪辑等软件对短视频进行简单的处理，并能将短视频发布到短视频平台等。

（2）学习能力：短视频的发展速度很快，各种知识的更迭也快，所以每一位团队成员都需要不断地在自己擅长的领域内摸索、创新，不断学习、进步和突破。

（3）自我调节能力：为了持续获得用户的关注，短视频团队需要经常更新短视频，如此高的工作频率容易让团队成员的身体和心理处于疲惫状态，尤其是心理方面。因此，团队成员需要具备较强的自我调节能力，能够疏解内心的苦闷，缓解精神压力，甚至在受到用户和粉丝的误解和谩骂时，能够通过自我暗示来鼓励自己，使自己以最佳的心理状态和积极向上的精神风貌投入工作。

3. 运营推广能力

短视频的发布与商品的市场推广类似，不同的是短视频的推广主体是内容。这项工作不仅需要专业的运营人员全力参与，也需要短视频团队的其他成员通过点赞或转发等方式，向身边的朋友或关注自己的用户推广短视频。所以，短视频团队成员必须具备运营推广能力。运营推广能力包括以下5个方面。

（1）营销意识：如果短视频内容是商品推销，就需要短视频团队在脚本创作、视频拍摄和剪辑等各个环节都表现出一定的营销意识，这样制作出来的内容才能够获得足够多的关注和流量。

（2）运营能力：运营能力是指根据各个短视频平台的推荐机制，形成一套自己的短视频推广方案，从而提高用户对短视频账号的认知度，扩大短视频的传播范围的能力。

（3）分析能力：分析能力是指分析同类型传播量较大的短视频的相关数据和用户反馈等多方面的信息，从中摸索出一套普遍、实用的规律的能力。例如，在抖音平台中可以通过完播量、点赞量、评论量和转发量来分析其短视频的受欢迎情况。

（4）社交能力：短视频运营推广需要团队成员收集较多的用户反馈信息，在该过程中会产生人际交往活动，因此要求团队成员具备一定的社交能力。

（5）执行能力：短视频运营推广需要团队成员以参与者的身份参与到整个运营活动中。例如，与用户沟通，引导用户做出正面的反馈。在这一过程中，团队成员需要具备较强的执行力，否则无法应对大量的用户。

1.3.2 团队岗位设置

短视频创作流程主要包括策划、拍摄和制作3个主要环节，短视频团队可以根据这3个环节的具体工作需求设置岗位。

一个专业的短视频团队主要包括编导、摄像师、剪辑师、运营人员、演员及辅助人员等，下面分别进行介绍。

1. 编导

在短视频团队中，编导的角色非常重要，是“最高指挥官”，相当于节目的导演，主要对视频的主题风格、内容方向，以及短视频内容的策划和脚本负责，并按照定位及风格确定拍摄计划，协调各方面的人员，以保证各项工作顺利进行。

另外，在拍摄和剪辑环节也需要编导的参与。编导的工作主要包括视频策划、脚本创作、现场拍摄、后期剪辑、视频包装（片头、片尾的设计）等。

2. 摄像师

可以说摄像师决定着视频能否成功，因为视频的表现力及意境都是通过镜头语言来表现的。一个优秀的摄像师能够通过镜头完成编导规划的拍摄任务，并给剪辑师提供非常好的原始素材，节约大量的制作成本，完美地实现拍摄目的。因此，摄像师要了解镜头脚本语言，精通拍摄技术，对视频剪辑工作也要有一定的了解。

3. 剪辑师

剪辑是视频声像素材的分解重组工作，也是对摄制素材的再创作。它是将视频素材变为视频作品的过程，是一个精心的再创作过程。

剪辑师是视频后期制作中不可或缺的重要职位。一般情况下，在视频拍摄完成之后，需要对拍摄的素材进行选择与组合，舍弃一些不必要的素材，保留精华部分，并借助视频剪辑软件对视频进行配乐、配音及添加特效等。剪辑的根本目的是更加准确地突出视频的主题，保证视频结构严谨、风格鲜明。

对于视频创作来说，后期制作犹如“点睛之笔”，可以使杂乱无章的视频片段有机地组合在一起，形成一个完整的作品，而这些工作都需要由剪辑师来完成。

4. 运营人员

在多渠道、多平台传播的时代，如果没有优秀的运营人员进行传播推广，无论多么精彩的内容，恐怕都会淹没在茫茫的信息大潮中。

运营人员要准确把握用户的需求，时刻保持对用户的敏感度，仔细了解用户的喜好、习惯及行为等，才能更好地完成视频的传播推广工作。运营人员的主要工作内容如图1-28所示。

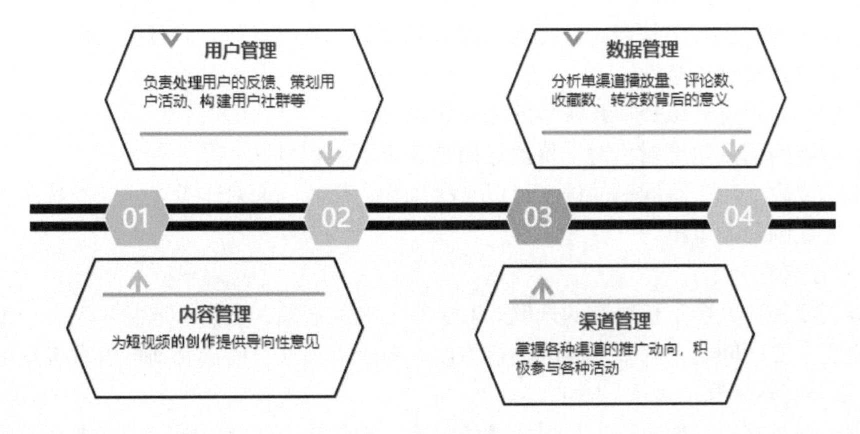

图1-28

5. 演员

一般拍摄短视频所选的演员都是非专业的，在这种情况下，一定要根据短视频的主题慎重选择，演员和角色的定位要一致。不同类型的短视频对演员的要求也不同，例如，脱口秀类短视频倾向于一些表情比较夸张，可以惟妙惟肖地诠释台词的演员；故事类短视频需要演员具有一定的肢体语言表现力及演技；美食类短视频对演员表现事物吸引力的能力有着很高的要求，最好能够通过演技表现出美食的诱人，以达到突出视频主题的目的；生活技巧类、科技数码类及影视混剪类短视频等对演员没有太多演技上的要求。

6. 辅助人员

辅助人员主要是指灯光师、配音师、录音师、化妆造型师和服装道具师等，这些人员通常只会在预算比较充裕的短视频团队中出现，其主要工作是辅助拍摄和剪辑，以提升短视频的输出质量。

（1）灯光师：灯光师的主要工作是搭建摄影棚，运用明暗效果进行巧妙的画面构图，创作出各种符合短视频格调的光影效果，以保证短视频的画面清晰、主角突出。

（2）配音师：声音有时候也会影响短视频的质量，普通话标准、好听且有磁性的配音可能会让观看短视频的用户多停留一会儿。而对于以语音为主要呈现形式或以虚拟形象为主角的短视频，配音师的水平甚至能直接影响粉丝的数量和黏性。

（3）录音师：录音师的主要工作是根据导演和脚本的要求完成短视频拍摄过程中的现场录音。

（4）化妆造型师：化妆造型师的主要工作是根据导演和脚本的要求给主角化妆、设计造型。

（5）服装道具师：服装道具师的主要工作是根据导演和脚本的要求准备好主角的服装以及短视频中可能使用到的道具。

1.3.3 团队工作流程

短视频团队在确定了日常工作任务后，需要对具体的工作进行细分，并制订相应的工作计划。只有将每一项工作的内容分解落实到每一周、每一天，才会让团队人员明确自己的工作，且按时执行。通常，一个专业且高效的短视频团队的日常工作流程如下。

1. 讨论选题

在专业的短视频团队中，编导通常会带领摄像师、剪辑师、运营人员等组成选题小组，召开选题会，与会人员会陈述自己认为合适的选题，然后与所有人一起讨论，讨论的内容如下。

（1）选题的内容方向是否符合短视频账号的定位，是否有趣且能吸引用户。

（2）内容有没有传播性。

（3）内容是否符合该短视频账号的用户定位。

（4）内容的切入角度对不对，价值导向是否正面、积极。

讨论完成后，对于有问题的选题可以直接剔除或修改，而对于没有问题的选题可以交给其他负责人或制片人审核。

2. 审核选题

负责人或制片人会审核所有的选题。对于有问题的选题，负责人或制片人会与编剧进行沟通并说明主要的问题，并要求编剧进行修改；对于审核通过的选题则可以直接发给编剧。

3. 撰写脚本大纲

编剧收到审核通过的选题后，可以参考负责人或制片人的意见撰写脚本大纲，然后发送给负责人或制片人审核。

4. 审核脚本大纲

负责人或制片人审核编剧撰写的脚本大纲后，会向编剧返回修改意见，编剧再进行修改，直至最终确定脚本大纲。

5. 撰写脚本初稿

编剧根据脚本大纲撰写短视频的脚本初稿，然后发送给负责人或制片人审核。

6. 审核初稿

负责人或制片人审核脚本初稿后，会提出修改意见并要求编剧修改。

7. 完善脚本

编剧根据负责人或制片人提出的意见修改短视频脚本。

8. 脚本评级

负责人或制片人开始对脚本进行审核评级，通常脚本的级别关乎编剧的绩效，写得越好，绩效越高。通常，制作短视频的相关公司会实行二稿评级制，就是对修改完善后的脚本第二稿进行评级，目的是让编剧更用心地撰写脚本。

9. 完成脚本创作

制片人组织编剧、负责人和运营人员对完成的脚本进行最后审核，并根据短视频账号的定位，从细节上完善脚本的内容，完成脚本的最终稿。

10. 拍摄

拍摄过程主要涉及编导、演员和摄像师3个岗位，他们需要完成的工作分别如下。

（1）编导：根据脚本准备各种摄影摄像器材，安排其他团队人员布置场景、灯光，准备服装和道具等，然后根据脚本内容安排拍摄。

（2）演员：熟悉脚本的内容和台词，更换服装并化妆，然后在导演的指挥下进行表演。

（3）摄像师：拍摄短视频，拍摄完成后需要将拍摄内容交给编导确认。

11. 编导初审

编导初步审核拍摄的所有素材，主要是查看其是否符合脚本中的要求。如果素材不符合要求，可能需要重新拍摄。

12. 剪辑

剪辑师需要对拍摄的所有素材进行后期处理，包括添加字幕和背景音乐及制作特效等。

13. 审核

短视频剪辑完成后再次交由编导审核，如果有问题，编导会返回给剪辑师，让其继续修改，直至最终定稿。定稿后剪辑师会输出完整的短视频，然后发给运营人员。

14. 发布短视频

运营人员收到短视频之后，会将其发布到各个短视频平台，并根据这个短视频的内容和特点来确定标题和文案，以吸引更多的用户观看。

15. 数据统计

在短视频正式发布后，运营人员可以实时关注短视频的相关数据，定期统计数据并制作数据报表，根据数据报表找到该短视频存在的问题，并将相关结论发送给短视频团队的其他成员，以此为依据对下一期短视频的内容进行调整。

1.4 常用的视频剪辑软件

视频剪辑软件一般分为PC端视频剪辑软件和手机端视频剪辑软件。PC端视频剪辑软件在操作上有一定的难度，但是剪辑出来的视频效果一般都很好。手机端视频剪辑软件便于操作，可用于剪辑一些简单的短视频，新手非常容易上手操作。读者可以根据自身的情况选择适合自己的剪辑工具。

1.4.1 PC端视频剪辑软件

常用的PC端视频剪辑软件有Premiere、Final Cut Pro、EDIUS、会声会影、爱剪辑和太平洋非编等。表1-5所示是几款常用的PC端视频剪辑软件的介绍。

表1-5

软件名称	优点	缺点
Premiere	1.操作较为简单，容易上手； 2.支持所有标清和高清格式的视频编辑； 3.功能强大，特效丰富； 4.可以和其他Adobe软件高效集成，如After Effects、Audition、Photoshop等	1.对计算机的配置要求比较高； 2.剪辑过程中容易出现卡顿、意外退出等问题； 3. 不方便添加字幕，需要借助其他软件
Final Cut Pro	1.界面清爽，稳定性强； 2.在剪辑过程中很少出现闪退的情况； 3.内置了很多特效； 4.预览视频流畅，渲染速度快	1.在苹果计算机上才能使用，相关设备费用较高； 2.效果插件需要付费使用
EDIUS	1.适合广播、电视和新闻记者使用； 2.提供实时、多轨道、多格式混编、字幕和时间线输出功能； 3.支持所有主流编码器的源码编辑； 4.对计算机的配置要求不高	1.外部插件较少，制作进程缓慢； 2.使用CPU渲染，渲染不流畅； 3.不支持Adobe系列软件，功能单一
会声会影	1.操作简单，易上手，适合新手使用； 2.适合用于处理简单的视频，快捷方便	1.音轨的声音无法随时调整； 2.过渡效果较少； 3.剪辑效果简单，不适合专业人士使用
爱剪辑	1.操作界面简单，容易上手； 2.无须专门下载软件； 3.对计算机的配置要求不高	1.非会员能使用的功能较少，只适合进行基础的剪辑操作； 2.画质不佳，容易自带平台Logo
太平洋非编	1.适合电视台和专业机构使用； 2.方便添加字幕； 3.操作简单，功能丰富； 4.运行较为稳定，不会轻易卡顿	1.费用较高，不适合个人使用； 2.特效较少，操作较机械

1.4.2 手机端视频剪辑软件

常用的手机端视频剪辑软件有剪映、秒剪、巧影、快剪辑和VUE Vlog等。表1-6是几款常用的手机端视频剪辑软件的介绍。

表1-6

软件名称	优点	缺点
剪映	1.抖音官方推出的移动端视频剪辑软件，很适合抖音； 2.具有强大的视频剪辑功能，支持视频变速与倒放、添加音频、识别字幕、添加贴纸、应用滤镜等； 3.提供丰富的曲库和贴纸资源； 4.操作简单，易上手	不能像Premiere那样输出可编辑的剪辑文件
秒剪	1.视频号官方推出的移动端视频剪辑软件，适合视频号尺寸； 2.操作简单，易上手	功能较为单一，没有太多特效
巧影	1.适合各种操作系统； 2.支持横屏和竖屏画面的剪辑； 3.有丰富的转场效果； 4.支持超高分辨率输出	1.格式容易出错； 2.更多功能需要付费才能使用
快剪辑	1.操作简单，功能强大； 2.不登录也能使用	不稳定，易卡顿、闪退
VUE Vlog	1.界面简洁，操作简单； 2.使用场景丰富； 3.拥有大片质感的滤镜和自然的美颜效果	1.特效较少； 2.只具备基本功能

1.5 课堂实训：组建美食类短视频团队

本实训将组建一个中型的短视频团队，以拍摄日常美食为主要内容，团队共4人，具体的成员组成和具体分工如下。

（1）编导：负责统筹安排所有拍摄工作，并在现场进行人员调度，把控短视频的拍摄节奏和质量。

（2）编剧：根据短视频内容的类型和定位，收集和筛选短视频选题，撰写短视频脚本，作为演员出镜。

（3）摄像师：与导演一同策划拍摄方案，布置拍摄现场的灯光，根据短视频脚本完成拍摄。

（4）剪辑师：根据短视频脚本和导演的要求完成短视频的后期剪辑工作。

在实际拍摄工作中，团队成员可能还需要完成一些其他工作，例如，编导参与布光和准备道具工作，编剧帮忙使用补光板等；此外，如果遇到需要人物入镜的情况，团队成员也需要进行客串，如图1-29所示。

图1-29

1.6 课后练习：组建一个短视频团队

试着组建一个短视频团队，以拍摄校园日常生活为主要内容，首先设计具体的工作岗位，然后列出具体的岗位要求。

第2章 短视频内容策划和拍摄筹备

随着短视频完全融入人们的日常生活中，用户对优秀的短视频的渴求和对内容质量的高期待使得短视频的内容创作者不得不投入更多的精力，并增加制作成本，以打造出更加精美的视频画面，创作出更有创意的内容。本章将介绍短视频的内容策划与拍摄筹备的相关知识。

学习目标

❖ 了解短视频的内容策划

❖ 掌握撰写短视频脚本的方法

❖ 了解短视频拍摄的前期准备工作

2.1 内容策划

内容策划的目的就是要吸引用户的注意力，通过视频内容打动用户，使其贡献相应的流量或成为账号的粉丝，并使视频内容得到更广泛的传播。内容策划并不是一件简单的事情，短视频所针对的用户群体不同，短视频的内容方向、内容主题和风格也就不同，相应的内容脚本、拍摄前的筹备工作也不同。总的来说，内容策划主要包括定位用户类型、定位内容方向、确定短视频的展示形式等内容，下面进行具体介绍。

2.1.1 定位用户类型

用户是短视频创作的基础，任何短视频创作的前提都是获得用户的喜爱。所以，短视频创作者在进行短视频内容策划时，需要先定位用户类型，具体包括收集用户的基本信息、归纳用户的特征属性、整理用户画像，以及推测用户的基本需求。

1. 收集用户的基本信息

用户的基本信息可以从用户在网上观看和传播短视频的各种数据中收集，使用这些数据可以归纳出短视频用户的特征属性，以便整理用户画像和推测用户的基本需求等。所以，也可以把这些用户的基本信息转换成用户特征变量，其主要包括以下几方面。

（1）人口变量：在收集短视频用户的基本信息时，涉及的人口变量包括用户的年龄、性别、婚姻状况、受教育程度、职业和收入等。通过这些人口变量，可以了解每类用户对短视频内容的需求差异。

（2）用户目标：用户目标是指用户在观看短视频的过程中的各种行为的目的。例如，用户使用几款短视频App的目的、特别关注剧情类短视频的目的，以及下载短视频的目的等。了解具有不同目标的用户，有助于查找目标用户。

（3）用户使用场景：用户使用场景是指短视频用户在什么时候、什么情况下观看短视频的相关信息，通过这些信息可以了解用户在各类使用场景下的偏好或行为差异。

（4）用户行为数据：用户行为数据是指用户在观看短视频的过程中的各种行为特征。例如，观看短视频的频率、时长，通过短视频购物的客单价等。通过对用户行为数据进行收集，可以分析和划分用户的活跃等级和价值等级等，为短视频的内容定位和脚本创作提供数据支持。

2. 归纳用户的特征属性

在收集了短视频用户的基本信息后，就可以分析这些信息并归纳用户的特征属性，从而实现对短视频用户的定位。归纳用户特征属性的相关数据可以从专业的数据统计机构发布的报告中获取，例如，QuestMobile的报告、巨量星图发布的抖音用户画像报告等，需要获取的相关数据如图2-1所示。

3. 整理用户画像

在归纳了用户的特征属性后，就可以利用这些信息整理出一个完整的短视频用户画像。这里的用户画像其实就是根据用户的属性、习惯、偏好和行为等信息抽象描述出来的标签化用户模型。在这个大数据时代，获取用户数据最简单、最常用的方法就是使用专业的数据统计网站。例如，通过专业的短视频数据统计网站巨量星图、抖查查等查看用户画像。从用户画像信息中推导出用户偏好的短视频内容类型，再针对用户偏好进行选题，可以有效地促进用户数量增长，提升内容定位的精准度。

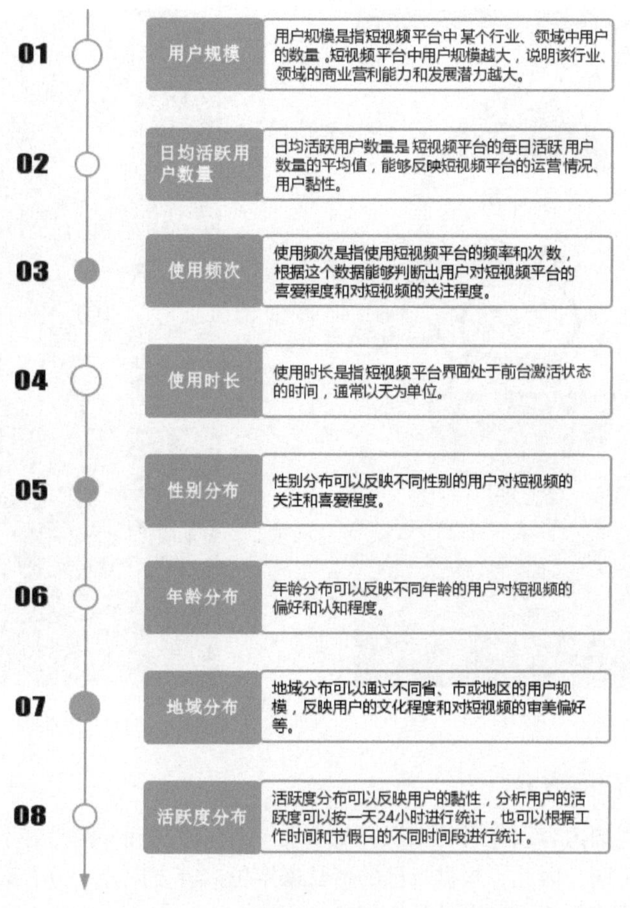

图 2-1

4. 推测用户的基本需求

推测用户的基本需求有助于创作出更有吸引力的短视频，从而提升用户黏性。短视频用户的基本需求主要有以下5种。

（1）获取知识技能：用户观看短视频时希望获取一定的知识技能，短视频中如果能够加入实用的知识或技巧，就能够满足用户获取知识技能的需求。图2-2所示为专门介绍绘画小技巧的短视频，这类短视频的播放量较高。

（2）获取新闻资讯：通过短视频获取新闻资讯不仅直观、明了，而且十分方便。其中，有些热门新闻短视频的点赞数在几十万甚至上百万。

（3）休闲娱乐：娱乐性是短视频这个大众传播媒介的主要属性，获取娱乐资讯、满足精神消遣也是用户观看短视频的主要目的。大部分热门短视频平台发展较快的一大原因就是其中有大量奇趣精美的短视频，满足了用户的娱乐需求。

（4）满足自身渴望，提升自我的归属感：短视频由于表达方式更具体直观、生动形象，除能满足用户的社交需求外，还可以满足用户对某种事物或行为的渴望。短视频涵盖各方面的内容，具备发布、评论、点赞和分享等社交功能，在满足用户自身渴望的同时，还能提升用户的自我认同感和归属感。

（5）寻求指导消费：短视频已经成为电商推广和商品销售的主要渠道，而通过观看短视频来指导自己购物也成了一种新的用户需求。用户可以通过短视频达人的推荐及短视频内容的介绍，对一些商品的基本信息、优惠信息及购买价值等有一个基本的了解，从而决定是否进行消费，如图2-3所示。

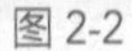
图 2-2

图 2-3

2.1.2 定位内容方向

不同的短视频内容创作者的知识文化水平、人生经历和兴趣爱好不同，擅长的短视频内容创作领域也不同，因此，根据自己的特长来定位内容方向是十分有必要的。只有选择自己擅长的领域，才能创作出高质量的短视频。

1. 选择适合自己的领域

选择适合自己的领域入场，可以使平台推荐更加精准，迅速增加粉丝数量。对领域的专注程度会影响账号指数，结合自身的定位来选择领域，才能突破瓶颈，长久运营。可以根据以下几点来选择适合自己的领域。

（1）根据短视频创作目的选择领域

有些人组建短视频团队，批量生产内容，目的是赚取平台的收益，此时可选择平台中的热门领域进行运营，如娱乐、美食、时尚、育儿、情感等；有些人是为了通过平台引流，提高产品销量。例如，经营婴幼儿产品，可选择育儿领域；经营餐饮行业，可选择美食领域。

（2）根据自己的专业技能选择领域

选择的领域应尽量与自己的专业对口，如法律、财经、设计、管理等专业的人可进行相关领域的教学与知识分享等。在自己擅长的专业领域，与相应的用户会有更多的共同语言，也能更好地把控相关短视频的品质。

（3）根据自己的兴趣爱好或亲身经历选择领域

根据自己的兴趣爱好来选择领域，是因为有兴趣就有动力，人们对待自己感兴趣的事情会更有激情，更愿意付出和坚持。此外，还可以根据自己的亲身经历来选择领域，如减肥历程、怀孕的身心变化、育儿经验等，这些都是受众比较关注的领域。只要我们分享的内容真实，而且经得住考验，就会很容易获得受众的认可与关注。

（4）根据自己身边的资源选择领域

身边的资源是指一切能够在拍摄短视频时为我们提供便利的人或事物，这直接关系到短视频的拍摄质量。如果拥有很多建材方面的进货渠道，能够以较低的进货成本赚取较高的利润，就可以选择装修领域；如果有美食圈的资源，就可以选择美食领域；如果想做人文类的有深度的短视频，就需要有足够多的人脉资源来支撑选题和拍摄。

人脉、渠道、资金支撑，都算是资源，重要的是我们能不能很好地对这些资源进行整合，使其最终成为辅助我们创作短视频的资源。

2. 选择热门的短视频内容类型

除了考虑自己的特长，在定位时还应该选择热门的内容类型，这样才更容易获得较高的播放量和粉丝量。表2-1所示为目前抖音中比较热门的短视频内容类型。

表 2-1

内容类型	特点	内容领域
知识类	知识类短视频的内容具有较强的实用性，并能给用户带来足够多的价值，所以通常很容易受到用户关注	化妆知识、美容技巧、减肥技巧、生活小妙招和健康常识等
搞笑类	搞笑类短视频主要通过反转和冲突来体现幽默，能带给用户快乐，所以较受欢迎	搞笑段子、搞笑剧情故事等
生活类	这类短视频主要展示个人的生活风采或生活见闻。一方面可以满足用户对别人生活的好奇心，另一方面也可以开拓用户的眼界	农村生活、旅游见闻、日常工作和生活等
治愈类	治愈类的短视频包括萌系宠物、亲子日常等短视频，这类短视频大多以萌宠、萌娃为主角，可以让用户产生亲切感和情感共鸣	宠物日常生活分享、宠物喂养技巧等
美食类	美食类短视频能带给用户很强的感官刺激，使用户获得良好的视觉感受，因而具有很强的吸引力	日常饮食、美食试吃和制作技巧等
才艺类	才艺类短视频的内容是展示唱歌、跳舞、运动、乐器、插画和茶艺等才艺，这类内容在短视频中极为常见	歌唱、舞蹈等
美妆类	美妆类短视频的主要目标受众是追求美、向往美的女性用户，她们观看短视频的目的是学习一些化妆技巧，发现好用的美妆产品	“种草”测评、“好物”推荐、妆容教学等

2.1.3 确定短视频的展示形式

选择了入场领域，明确了内容方向，也就确定了短视频的展示内容。短视频展示内容的好坏会直接影响粉丝数量的多少，而展示形式决定了用户通过什么方式记住这个短视频作品。

短视频的展现形式主要有图文形式、录屏形式、解说形式、脱口秀形式、情景剧形式、模仿形式和视频博客形式。

1. 图文形式

图文形式是网络视频最简单、成本最低的展示形式。这种形式是把要展示的内容拍成照片；然后用视频制作软件把所有照片按照一定的顺序制作成视频，并配以语音和文字，形成视频内容，如图2-4和图2-5所示。这种形式的短视频虽然制作流程简单，但容易让人感觉枯燥。

这种短视频一般没有主人公，就是简单地把要表达的信息以文字的形式放在照片和视频中，以传递价值观或展示情感。在抖音、快手等平台上，有许多以图文拼接形式展示的视频。例如，影视剧经典片段的截图，励志类或经典情感类的语句，配上合适的或经典或流行的音乐，也会引来不少粉丝围观。不过，这种展示形式变现能力较差，没有人设，难以植入产品，不太容易让人产生信任感。

图 2-4

图 2-5

2. 录屏形式

录屏形式多出现在教学类短视频或实操类短视频中，就是通过录屏软件把计算机上的一些操作过程录制下来，在录制过程中可以录音，最终将内容导出为视频格式的文件。例如，一些教学短视频或者操作说明短视频等经常采用这种形式，如图2-6和图2-7所示。还有一些游戏解说类或电子竞技类的短视频也是通过这种形式来传达信息的。

这种形式不用真人出镜，视频素材也谈不上特别精美，但会吸引很多喜欢的人群来观看学习，从而体现短视频内容的输出价值。不过，此类短视频不容易获得平台的推荐。

图 2-6

图 2-7

3. 解说形式

解说形式是网络视频运用较多的一种展示形式。解说短视频是被自媒体平台认可和支持的视频，是制作者搜集视频素材并进行剪辑加工，然后配上片头、片尾、字幕和背景音乐等，最重要的是自己配音解说的视频，如图2-8所示。优质的解说短视频可以申请视频原创，但平台会对解说短视频的一些素材进行审核，搜集的素材很容易被审核为重复视频，不容易获得平台的推荐。

解说短视频重点考验制作者的剪辑、编写脚本和配音的水平，所选择的素材一定要适合所选的短视频领域，这样才能获得平台的推荐，吸引更多受众的关注。例如，在制作美食类短视频时，制作者要向受众讲述某道美食的由来、做法、味道及品尝后的感受等，受众通过短视频只能看到美食的外观，这时就需要通过解说让他们感受到美食的魅力，让他们产生想要品尝的冲动，如图2-9所示。

图 2-8

图 2-9

解说短视频通过声音的传递和直观画面的吸引，很容易触发受众的情绪，达到与受众心灵沟通的效果，关注、点赞和评论就会源源不断。

4. 脱口秀形式

脱口秀也是目前比较常见的一种短视频展示形式。制作此类短视频的关键是内容要实用、有深度，能够打破人们的认知，让受众观看之后有所收获，如图2-10和图2-11所示。

图 2-10

图 2-11

脱口秀有商业形式的、创业形式的，还有推广产品的，此类短视频最重要的是把人设打造得清晰、明确，具有辨识度。这种形式的短视频制作简单，成本相对较低，但对脱口秀演员的要求相对较高，需要其不断地为受众提供有价值的内容，通过这些有价值的内容来获得受众的认可，进而提升粉丝的黏性。

如果制作短视频的目的是销售产品或者打造自己的个人IP，就可以考虑采用脱口秀形式。

5. 情景剧形式

情景剧形式就是通过表演把想要表达的核心主题展现出来。此类短视频最难创作，成本也最高，通常需要演员。前期创作者需要准备脚本，还需要设计拍摄场景，掌握拍摄技能，如运镜、转场等技巧；后期需要进行视频剪辑，即挑选视频素材合成一个完整视频，既要保证视频的连贯性、完整性，还要添加字幕，进行特效处理等。

情景剧短视频一般有情节，有人物，有条理，能够清晰地表达主题，很好地调动受众的情绪，引发情感共鸣，因此能够在短期内积累粉丝，如图2-12和图2-13所示。

图 2-12

图 2-13

6. 模仿形式

模仿就是搜索平台上特别火的视频，然后用其他形式表现出来。这种形式的短视频相对于原创作品来说要简单许多，不需要自己写文案，只要参考原视频稍加修改即可。目前，此类短视频很多，但模仿不是抄袭，要重点突出自己的特色，形成自己的个性标签，打造出自己的个人品牌，使表现形式或者拍摄风格别具一格，这样更有助于后期变现。

7. 视频博客形式

视频博客即Vlog，是当下比较火的一种视频形式，随着网络视频的兴起，越来越多的人开始拍摄自己的Vlog，如图2-14和图2-15所示。尤其是喜欢出游的年轻人，拍Vlog是他们记录旅行的最佳方式。

此类短视频有着较快的节奏、炫酷的转场和巧妙的情节设计，很容易抓住受众的眼球，从而受到大众的喜爱。相比于传统的记录生活的Vlog，这些短视频爱好者所拍摄的Vlog已经逐渐向微电影过渡了。他们制作的短视频不仅有超高的画质、丰富多彩的镜头剪辑手法，还有非常成熟的拍摄构思，这些都是微电影的显著特点。

拍摄此类短视频，关键在于要有主题，而且要主次分明、突出重点，不能像记流水账一样。此外，还要注重拍摄效果，多运用一些专业的视频拍摄技巧。

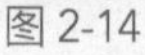
图 2-14

图 2-15

除了以上几种短视频的展示形式，还有采访形式、动漫形式等。无论采用哪种形式，都要从成本、自身条件等多个方面进行综合考量，重要的是要敢于踏出第一步，不断实践，不断试错，积累经验，这样才能输出优质内容，打造出热门视频。

2.2 撰写脚本

通常，脚本是指表演戏剧、拍摄电影等时所依据的底本或书稿的底本，而短视频脚本是介绍短视频的详细内容和具体拍摄工作的说明书。最初的短视频创作通常没有脚本，短视频拍摄也较为随意。后来，随着用户对短视频质量的要求不断提高，短视频的内容越来越丰富，进一步明确短视频的具体内容和各项具体工作就显得很有必要了，于是为短视频撰写脚本就成了一项重要的工作。下面就详细介绍撰写短视频脚本的相关知识。

2.2.1 短视频脚本的构思

随着短视频的火爆，越来越多的人和机构参与进来，短视频的制作门槛也越来越高，原来只是简单的PPT翻页都能获得几十万点赞量，现在却有可能连机器审核都过不了。因此，很多人从事短视频创作的时间越长，越不知道做什么。脚本就是用来解决拍什么的问题的，通过需要解决的问题来构思整个视频的拍摄。图2-16所示为短视频脚本主要解决的3个问题。

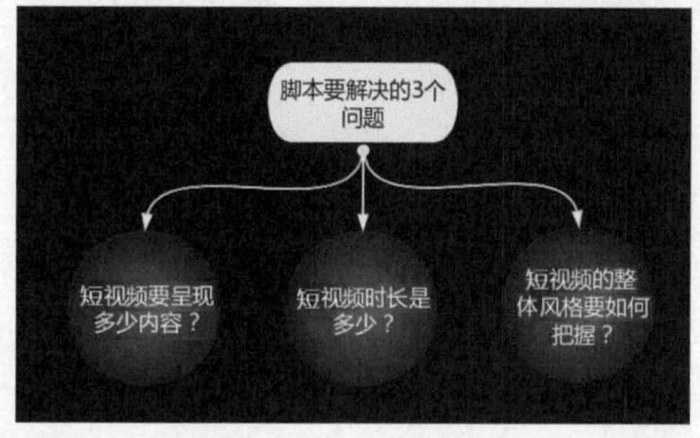

图 2-16

1. 短视频要呈现多少内容

短视频最大的特点就是短，因此内容也要力求“精”，在内容的甄选上要把控节奏，不要贪多，不要复制，既要简单，又要能呈现出最精华的东西。短视频内容的逻辑就是简单呈现，表达不清楚的地方可以通过短视频标题文案加以补充、升华。

2. 短视频时长是多少

短视频最理想的播放时长是15秒，如果剧情需要，也可以加长至1分钟、2分钟，最长3分钟。尽管最长可以拍摄3分钟，但这其实大大限制了内容的创作和发展，更何况为了短视频的完播率，很少有短视频超过1分钟。因此，我们在设定短视频时长时最好控制在15秒左右，再长的话，对节奏和内容的质量要求会更高（几乎呈指数级增长）。

3. 短视频的整体风格要如何把握

短视频非常讲究风格的一致性，短视频的风格决定着短视频的人设，也决定着打开率和用户在5秒内会不会被吸引过去。一般来说，一个短视频播放5～8秒，基本上就跨过了第一个大坎，后面的内容只要节奏正常，或者有适当的亮点或者反转，用户基本上就能把整个短视频都看完。

2.2.2 短视频脚本的结构

确定了短视频内容的多少、时长、风格之后，就可以开始脚本的创作了。从结构的角度看，写一个脚本与写一篇文章是一样的，都必须具有最基本的3个部分，即开头部分、展开部分和结尾部分。3个部分的具体创作要求如图2-17所示。

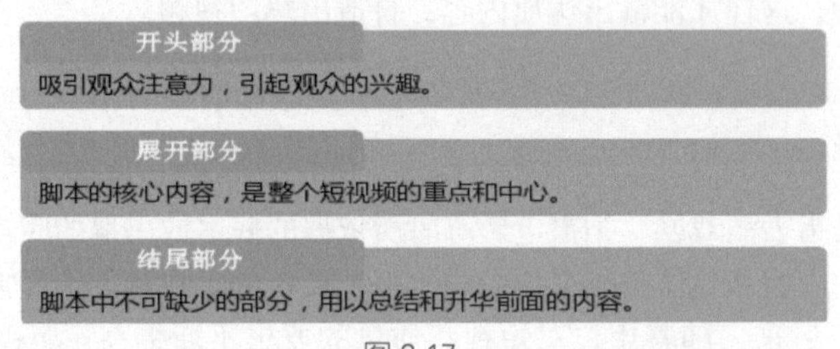

图 2-17

1. 开头部分

开头在脚本中占有很重要的地位，目的是点出主题。好的开头可以吸引观众的注意力，引起观众继续观看的兴趣。

开头部分通常不宜过长，一般只需要简单的几个镜头，或几句解说就可以了。可以开门见山，直接进入正题；也可以先提出问题，设置悬念，再引出主题。对于一些情感类的短视频还可以安排序幕，以起到烘托气氛的作用，通过要表达和说明的问题，给观众留下深刻印象。

2. 展开部分

展开部分是脚本的核心内容，是整个短视频的重点和中心。这部分内容尤其重要，撰写要求较高，需要根据短视频的主题充分思考。常见的要求有4个，如图2-18所示。

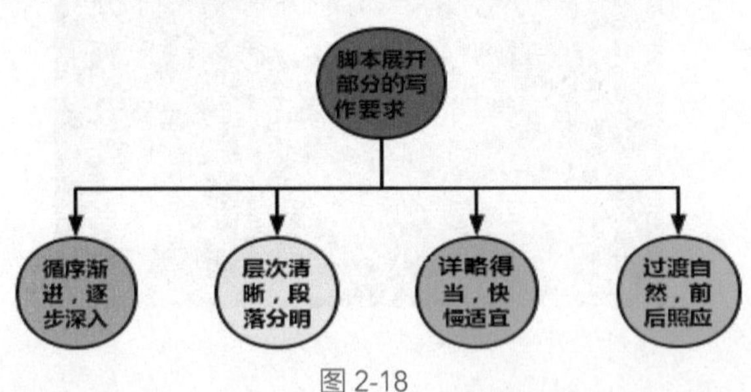

图 2-18

（1）循序渐进，逐步深入

若未达到循序渐进，逐步深入的效果，可以不断提出问题，然后按一定的逻辑顺序解决问题，逐步深入地去揭示问题。

（2）层次清晰，段落分明

为了让层次更清晰、段落更分明，必要时可采用字幕，让人更容易理解各个层次及它们之间的联系。每一个层次可用几个段落来表达，每个段落说明一个问题，段落与段落之间要相互联系。

（3）详略得当，快慢适宜

内容表述的详略直接关系到主题的体现效果，详略得当能使中心明确、重点突出、结构紧凑。因此，重点内容部分要详写，相关的其他问题则要略写。

（4）过渡自然，前后照应

过渡是指事物由一个阶段或一种状态转入另一个阶段或另一种状态，侧重于表示两个阶段、两种状态的渐变和转折。一般出现在不同层次、不同段落之间。

3. 结尾部分

结尾是脚本中不可缺少的部分，如果没有特别需要，任何一个脚本都需要设置结尾。好的结尾要做到简洁有力。结尾也是讲究技巧和方法的，通常采用总结和提问的方式。总结全片，升华主题；提出问题，发人深省。

总之，开头、中间、结尾3个部分是脚本的主要组成部分，头要开得好，尾也要收得好，中间主题展开部分更应丰富多彩。

2.2.3 提纲脚本和文学脚本

通常，短视频脚本分为提纲脚本、分镜头脚本和文学脚本，不同脚本适用于不同类型的短视频内容。分镜头脚本适用于有剧情且故事性强的短视频，脚本中的内容丰富而细致，需要投入较多的精力和时间。而提纲脚本和文学脚本则更有个性，更适合短视频新手。下面就先介绍提纲脚本和文学脚本。

1. 提纲脚本

提纲脚本涵盖短视频内容的各个拍摄要点，通常包括对主题、视角、题材形式、风格、画面和节奏的阐述。提纲脚本对拍摄只能起到一定的提示作用，适用于一些不容易提前掌握或预测的内容。在当下主流的短视频中，新闻类短视频、旅行类短视频就经常使用提纲脚本。需要注意的是，提纲脚本一般不限制制作团队的工作，可让摄像师有较大的发挥空间，对剪辑师的指导作用较小。表2-2为一个旅行类短视频的提纲脚本。

表 2-2

提纲要点	要点内容
主题	短视频的主题是展示大理的美丽风景
交通出行	1. 高铁沿途风景； 2. 高铁出站过程； 3. 前往民宿的沿途风景 （手持运镜为主，包括全景、远景、无人机航拍场景）
住宿环境	1. 民宿周边环境和大门； 2. 民宿内部环境和装饰品特写
游玩活动一（环海之行）	1. 车窗外的风景； 2. 环海骑行（自行车为第1视角，和同伴互动）； 3. 海景

续表

提纲要点	要点内容
游玩活动二（景点打卡）	1．景点风光（苍山、洱海）； 2．海鸥（飞行的海鸥，近距离和海鸥互动）； 3．景点内的店铺（店门立面、店内陈设、特色产品、城市明信片特写）

2．文学脚本

文学脚本中通常只需要写明短视频中的主角需要做的事情或任务、所说的台词和整个短视频的时长等。文学脚本类似于电影剧本，以故事的开始、发展和结尾为叙述线索。简单来说，文学脚本需要表述清楚故事的人物、事件、地点等。

文学脚本是一个故事的梗概，可以为导演、演员提供帮助，但对摄像师和剪辑师的工作没有太大的参考价值。常见的教学、评测和营销类短视频就经常采用文学脚本，中小型短视频团队为了节约创作时间和资金，也会采用文学脚本。表2-3是一个用于电商产品营销的剧情短视频的文学脚本。

表 2-3

脚本要点	要点内容
标题	闺蜜的熬夜生活
演员	两名女性
时长	45秒
场景1：客厅	一个素颜、穿着休闲家居服的女生无精打采地瘫在客厅的沙发上打电话。 女生A：你知道这个客户有多气人吗？那个设计稿，原本都已经确定了，他后面又说要改，改了七八次，我每天都熬夜到凌晨一两点，黑眼圈重，痘痘都冒出来了，但你知道他刚刚打电话过来说什么吗？他居然说要第1稿，真的是气死我了！（怒摔抱枕）我今天必须跟你好好吐槽一下，你现在到哪了
场景2：楼道	一个穿着知性风连衣裙、细跟高跟鞋，面容姣好的女生从楼道拐角处走出。 女生B：好了，别急，我已经到你家门口了
场景3：客厅	女生B开门走进客厅，女生A盘腿坐在沙发上探头看向女生B，很是惊讶。 女生A：你最近状态可以啊，你不是跟我说你最近也被客户烦得不行，天天熬夜吗？ 女生B（将头发往耳后撩，轻声笑说）：是啊，最近确实也天天熬夜，我这个客户也挺烦人的！ 女生A：但你这状态也不像是天天熬夜的样子呀！ 女生B：那是因为我发现了一个熬夜“神器”。 女生B打开手机，屏幕上是一个面膜的推广视频。 女生B：就是这个面膜，每次熬完夜，不是都会觉得皮肤暗沉、没有光泽吗？但是用完它之后你就会觉得皮肤变光滑了，它里面添加了八种天然植物精粹和品牌甄选的护肤精油，能在改善肌肤的同时帮我们赶走熬夜带来的疲惫感。 女生A：这么好，那我也想试试！ 女生B：行啊，我早就想推荐给你了。点击视频左下角的链接，领取五折优惠券，在评论区还可以领取专属的粉丝福利，有了这个，我们就再也不怕熬夜了

2.2.4 分镜头脚本

分镜头脚本主要是以文字的形式直接表现不同镜头的短视频画面。分镜头脚本的内容更加细致，能够表现前期构思时对短视频画面的构想，因此，比较耗费时间和精力。

通常，分镜头脚本包括景别、拍摄方式（镜头运用方式）、画面内容、台词（旁白）、音效和时长（景别、拍摄方式和音效等具体内容将在下一章进行详细讲解）等。有些专业短视频团队撰写的分镜头脚本中甚至会涉及摇臂使用方式、灯光布置和现场收音等内容。分镜头脚本就像短视频创作的操作规范一样，为摄像师提供了拍摄依据，也为剪辑师提供了剪辑依据。表2-4是一个微电影预告短视频的分镜头脚本。

表 2-4

镜号	景别	拍摄方式	画面内容	台词（旁白）	音效	时长/秒
			黑屏字幕：紧急行动/追光文化有限公司出品	男：喂。 女：他们已经开始搜查了	电话铃声、微弱的车流声	3.5
1	大远景	航拍	城市风光		突然出现的震撼音效和能够营造紧张氛围的音效	2.6
2	全景	航拍	城市车流		事物快速闪现的音效	0.2
3	近景	航拍	城市高楼			0.1
4	全景	航拍	黑衣男子在路边奔跑			0.2
5	远景	酒店对面高位俯拍，移动镜头	酒店门口有6辆宝马车排成一列，一群保镖从酒店里冲出来，飞速上车然后驶向马路	女：你原来的手下都是他们的目标	紧急行动的音效	3.2
6	全景	楼对面低位仰拍，移动镜头	从楼下马路看向楼顶，一个女生站在天台上打电话	女：赶紧让他们撤离	能够营造紧张、紧迫气氛的音效	3.1
7	中景	高位俯拍，移动镜头	桥上的车流	男：他们还有多久能到	逐渐进入高潮的音效	3.4
8	特写	侧面拍摄	驾驶座上正在开车的司机	女：10分钟		4.1
9	远景	航拍	城市风光	男：好		0.5
			领衔主演：周××、吴××、郑××		震撼出场的音效	1.5

2.2.5 打造高质量脚本的技巧

如果将创作短视频比作盖房子，那么脚本就相当于施工方案，其重要性不言而喻。撰写短视频脚本，除了要掌握基本的写作方法，还要必须掌握的一些技巧，以提升脚本的质量。

1．设置亮点

有人认为，原创内容一定能够得到大量的推荐和播放量。其实不然，短视频脚本的质量，文案的趣味性、创意性等，都是非常重要的影响因素。通常，高质量短视频的脚本都有独特的亮点，只要你的脚本有足够的亮点，就可以打造出吸引人的短视频。一个短视频的亮点通常有4个，即美点、笑点、泪点和槽点。

（1）美点

对于美，人们内心深处总是向往的。美好的东西往往会让人身心舒畅，让人憧憬。

短视频中只有始终展示美好的事物，才能得到粉丝的青睐。当然，这个美不仅仅是说人美，也包括美食、美情、美景，这些都能吸引人。

在各大短视频平台上，有很多专门拍摄美景的账号，集中展示全球各地的各种新奇的美丽景色。这类账号往往更容易得到平台的支持，吸引粉丝的能力也非常强。这类账号之所以如此受欢迎，是因为美景是其最大的亮点，如图2-19所示。

（2）笑点

在不开心时，很多人会选择看幽默搞笑的短视频。纵观如今，各大平台上的短视频，搞笑类视频占比最大，而且往往是自成一体，自有风格。很多短视频创作者专门制作这类短视频，如图2-20所示。搞笑类短视频十分有趣，会让人忍不住转发分享给好友，形成二次传播。

对于短视频来讲，笑点永远是不可忽视的，即使不是搞笑类的短视频，植入一个或若干个笑点也会增强视频的趣味性。需要注意的是，在设置笑点时不要为了搞笑而搞笑，太刻意的话很可能起到反作用。

图2-19

图2-20

（3）泪点

具有泪点的短视频常常以情感人，这类短视频很容易引起观众的情感共鸣。在这类短视频中，总有一些话语让观众心头一暖，或者总有一些片段直戳观众内心，让观众瞬间泪奔。其实，之所以一句话或一个片段能让观众热泪盈眶，主要原因就是文案中设置了泪点。

（4）槽点

槽点，由网络词汇“吐槽”引申而来，常常表示吐槽的“爆点”。短视频中有槽点往往可以吸引观众，引导观众参与讨论，评论量、转发量都会得到大大提升。槽点也可以成为矛盾点，即在剧情中设置矛盾，让剧情跌宕起伏。但这个方法最好慎用，因为不太好控制，很容易把短视频变成吐槽短视频，人气虽然上去了，但粉丝质量没上去。

2. 设置反转情节

有的短视频内容十分正能量，拍摄得也十分到位，然而完播率却很低。原因就是剧情过于平淡，既没有反转，也没有矛盾冲突。好的剧情都有出人意料的反转，反转则往往可以引导观众参与讨论，从而抓住观众的心。

然而，一个只有十几秒时间的短视频，如何设置情节上的反转呢？可以参考图2-21所示的模式，其以一个15秒的短视频脚本为例。

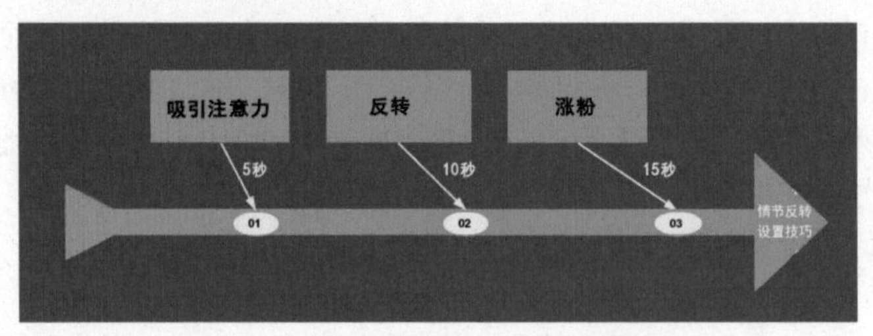

图2-21

这个模式理解起来比较容易，即在策划短视频脚本时将内容分成3个部分。第一，在5秒内设置一个吸睛点，用于抓住观众眼球，吸引观众的注意力，让观众继续观看。这个吸睛点可以是视频画面，也可以是人物动作、音效、特效等。第二，在视频的第10秒处设置反转。第三，在视频即将结束的时候进行互动，达到涨粉的目的。

反转的本质就是与预期不同，让观众看着看着就会发现故事与自己预想的完全不一样。

设置反转最常见的手法就是设置盲点，盲点可以分为初级盲点和高级盲点。

（1）初级盲点

初级盲点是显而易见的，能够让观众很快就发现。在具体的表现手法上可以对几个要素进行反转，比如最简单的人物反转，即人物出场时是坏人，然后通过各种实际剧情的表现，发现坏人实际上是个卧底，是好人。

初级盲点的设置需要把故事分为两层。第一层讲述一个所有人都知道的常见的故事；第二层笔锋一转，再说明真相。

（2）高级盲点

高级盲点基本上是隐含在剧情里的，通过各种伏笔一步一步将其揪出来，从而实现剧情反转，达到出人意料的效果。比如，隐藏关键信息，让观众从事件的某一个角度进入故事，而看不到全貌。换句话说，观众看到的信息是残缺的，但观众并不知道，需要暗设提示，启发观众自己去领会。

高级盲点的设置需要对其他要素进行反转，比如，博弈双方的实力反转，喜剧悲剧的反转，利用观众思维定式的反转。总之，反转的核心就是营造出让观众眼前一亮、心头一惊的效果。

3. 多多表现细节

人们常说“细节决定成败”，创作短视频脚本时也是如此。比如，有着相同故事大纲的两个短视频，注重刻画细节的短视频更容易获得观众的关注，而没有细节的短视频效果就会差很多。

如果主题是树干，框架是树枝，那么细节就是树叶。一棵树只有树叶茂盛，才显得生命力更顽强。

细节是调动观众情绪的重要枝干，在创作脚本时要善于刻画细节。细节可以增强观众的参与感，调动观众的情绪，使故事更加丰满。

2.3 拍摄的前期准备

如果短视频策划是对短视频创作的初步规划和设计，那么短视频拍摄的前期准备则是指落实短视频策划的内容，为短视频拍摄做好准备，主要涉及准备摄影摄像器材、辅助器材、场景和道具，以及确定导演和演员、预算等，下面分别进行介绍。

2.3.1 摄影摄像器材

摄影摄像器材是短视频创作中最重要的工具，主要功能是拍摄短视频的画面。目前，在短视频的拍摄中，常用的摄影摄像器材包括手机、相机和无人机。

1. 手机

大部分短视频是使用手机拍摄，然后通过手机中的App剪辑后直接发布到短视频平台中的。在短视频拍摄方面，使用手机拍摄具有拍摄方便、操作智能、编辑便捷和互动性强等优势，这也是手机成为主流拍摄器材的原因。

（1）拍摄方便：人们在日常生活中会随身携带手机，这就意味着只要看到有趣的画面、美丽的风景或突然发生的新闻事件，就可以使用手机进行拍摄。

（2）操作智能：无论是使用手机自带相机还是App拍摄短视频，其操作都非常智能，只需要点击相应的按钮即可开始拍摄，拍摄完成后手机会自动将拍摄的短视频保存到默认的文件夹中。

（3）编辑便捷：用手机拍摄的短视频直接存储在手机中，可以通过相关App来进行编辑，编辑好后可以直接发布。而用相机和摄像机拍摄的短视频通常需要先传输到计算机中进行编辑，然后再发布。

（4）互动性强：手机具备极强的互动性，用户能够在拍摄的同时通过网络与其他用户进行交流，这点是其他摄影摄像器材所不具备的。

但使用手机拍摄也有一定的缺点，手机在防抖、降噪、广角和微距等方面的性能与相机和摄像机这些专业的摄影摄像器材相比还有差距，需要进一步提升。

（1）防抖功能较弱：手机的防抖功能相对较弱。在使用手机拍摄短视频的过程中手部容易抖动，导致成像效果不好，这一点可以使用手机稳定器或三脚架来弥补。

（2）没有降噪功能：降噪是指减少噪点，噪点是短视频画面中肉眼可见的小颗粒。噪点过多会让画面看起来比较混乱、模糊，无法突出拍摄重点，影响短视频的播放效果。目前，大部分手机都不具备降噪功能，需要通过后期剪辑软件来降噪。

（3）广角和微距功能较弱：使用广角功能可以使短视频画面在纵深方向上产生强烈的透视效果，进而增强画面的感染力。使用微距功能则能拍摄一些细节画面，在提升画面质感的同时带给用户视觉上的震撼。手机的这两个功能相对较弱，无法与相机、摄像机相提并论。

2. 相机

如果短视频团队中的摄像师具备一些拍摄的基础知识，且团队的运营资金较为充足，可以考虑选用相机作为拍摄短视频的器材。相机有很多种类型，能够进行短视频拍摄的相机主要有单反相机、微单相机和运动相机3种，下面将分别进行介绍。

（1）单反相机

单反相机（Single Lens Reflex，SLR）的全称是单镜头反光式取景照相机，是指光线通过单镜头照射到反光镜上，通过反光取景的相机，其外观如图2-22所示。

图 2-22

单反相机拍摄短视频的优势主要在于，其比手机拥有更高的画质，同时其价格和使用的综合成本又低于摄像机，且兼顾静态和动态画面的拍摄，一机两用，具有极强的便利性。单反相机的感光元件、动态范围、编码率和镜头直径都比手机大。单反相机的镜头可以拆卸和更换，可以选择不同的镜头拍摄不同景别、景深及透视效果的画面，视觉效果丰富。表2-5为不同型号单反相机的性能对比。

表 2-5

型号	主要规格	性能优势	主拍类型
佳能200D Ⅱ	视频格式：4K，25帧/秒 屏幕类型：3英寸（1英寸=0.0254米）触控翻转屏 ISO值范围：100～25600	容易上手，操作简单、直观，同时带有可翻转触控屏（侧翻、旋转都可以）	Vlog、静态物品展示类
尼康D7500	视频格式：4K，30帧/秒 屏幕类型：3.2英寸触控上翻屏 ISO值范围：100～51200	支持进行8帧/秒的连续拍摄，具备成熟的51点自动对焦系统及捕获4K视频的能力，性价比高	Vlog、美食、剧情类
佳能5D Mark Ⅳ	视频格式：4K，30帧/秒 屏幕类型：3.2英寸触控固定屏 ISO值范围：100～32000	拥有顶级的画质，优秀的动态范围，令人满意的色彩，能够完美胜任绝大部分短视频的拍摄	各种类型均适用，特别是体育运动类或极限运动类

（2）微单相机

微单相机和单反相机最大的区别在于取景结构不同。单反相机采用光学取景结构，机身内部有反光镜和五棱镜；微单相机则采用电子取景结构，机身内部既没有反光板，也没有五棱镜，其外观如图2-23所示。

图 2-23

单反相机和微单相机在取景结构上的不同不影响它们的成像效果与画质水平，也就是说，这两种相机之间无绝对优劣之分。微单相机内部没有反光板和五棱镜等部件，因此普遍比单反相机更轻，体积更小，具有更好的便携性。表2-6为不同型号微单相机的性能对比。

表2-6

型号	性能优势	主拍类型
索尼Alpha 6100	能抓拍快速移动的人、动物或其他物体，也能拍摄风光、夜景	Vlog、旅行、萌娃和萌宠等
富士X-T30	具备胶片模拟功能，能够拍摄出具有质感和时代感的文艺画面，或者具有电影感的画面	剧情、旅行、美妆和穿搭等
佳能R6	非常适合拍摄儿童和宠物等需要抓拍的主体，以及各种商业题材	各种类型，甚至包括商业广告

（3）运动相机

运动相机是一种专门用于记录运动画面的相机，特别是体育运动和极限运动。由于这种相机拍摄的对象是运动中的人、动物或其他物体，且通常安装在运动主体上，例如滑板底部、宠物身上、头盔顶部等，因此，运动相机必须具备防水、防摔、防尘、结实耐用，体积小、可穿戴等特点，此外，它还具备超强的防抖性能。

运动相机受到体积影响，其镜头尺寸较小，理论上拍摄的视频的画质和手机是一个等级的。但运动相机具有以下3个手机没有的特点。

① 超广角：运动相机为了拍摄更多的画面，通常配备了超广角镜头，但同时这也会带来明显的镜头畸变（这里指视频画面的周围卷翘或膨鼓）。当然，部分运动相机已具备了消除畸变的功能，但这种功能通常也会降低视频的画质。

② 超焦距：使用运动相机拍摄视频的过程中通常无法进行手动对焦，只能预设超焦距让视频画面中的所有主体始终保持清晰，这导致运动相机几乎拍不出背景虚化的效果。

③ 定焦单摄：运动相机基本都是焦距固定、拍摄功能单一的相机，也就是说，运动相机无法实现光学变焦。这意味着虽然运动相机拍出来的视频画面都很宽广，但其很难拍摄清楚远处的景物，而近处的主体也必须在固定焦距的范围内才能被拍到特写。

表2-7为不同型号运动相机的性能对比。

表2-7

型号	主要规格	性能优势	主拍类型
GoPro	视频格式：5K，30帧/秒 高帧率视频格式：1080P，240帧/秒 最大续航：47～81min	机身小巧，可以直接安装到自行车或头盔上，便携性极高，还能外接话筒、前置翻转屏等	Vlog和体育类（常见户外运动，如骑自行车、徒步和越野跑等）
大疆Pocket 2	视频格式：4K，60帧/秒 高帧率视频格式：1080P，240帧/秒 防水性能：不防水/可选配防水壳 最大续航：140min	具有更大的传感器和更广角的大光圈镜头，同时夜拍表现不俗	日常的户外短视频均可

3. 无人机

无人机拍摄已经是一种比较成熟的拍摄方式，很多影视剧使用无人机来拍摄大全景，而无人机如今也被广泛应用于短视频拍摄。无人机拍摄的短视频具有清晰、视野广阔等优点，且无人机的起飞与降落受场地限制较小，在操场、公路或其他较开阔的地面均可起降，稳定性、安全性较好，并且便于转移拍摄场地。但无人机拍摄也有劣势，主要是成本太高且存在一定的安全隐患。

无人机由机体和遥控器两部分组成。机体中带有摄像头或高性能摄像机，如图2-24所示，可以完成视频拍摄任务；遥控器则主要负责控制机体飞行和摄像，并可以连接手机和平板电脑，实时监控拍摄效果并保存拍摄的视频。

图 2-24

无人机主要拍摄自然、人文风景，通过大全景展现壮观的景象。使用无人机拍摄短视频需要注意以下几点。

（1）考虑画面质量和传输问题：无人机拍摄时视角广阔，所以需要广角镜头，这样才能获得较好的画面质量。通常，无人机拍摄的视频画面需要连接到手机或平板电脑上观看，这都是在选择无人机拍摄短视频时应考虑的问题。

（2）选择操控方式：通常用于拍摄视频的无人机可以通过遥控器、手机和平板电脑及手表、手环，甚至语音等来操控。遥控器是主流的操控方式，手机和平板电脑则需利用App进行操控，拍摄时可根据操控的难易程度和操控习惯选择操控方式。

（3）综合考虑便携性和拍摄质量：一般来说，在户外使用无人机的概率较大，这就要求无人机的便携性要强。但是轻巧的无人机也不一定好，所以要根据具体情况来选择。轻巧的无人机扛不住风吹，稳定性较差，进而可能影响拍摄质量。如果需要进行高质量拍摄，就只能选择相对笨重的无人机了。

（4）要考虑续航能力：出门在外，充电可能不方便，所以续航对于无人机来说是很重要的，一般续航时间越长越好。通常，高端的无人机的续航能力更强。

总之，无人机作为一种拍摄短视频的摄影摄像器材，不如手机和相机常用，只是在需要拍摄一些特殊的视频画面时才使用，其定位更多的是一种拍摄短视频的辅助器材。

2.3.2 辅助器材

为了保证短视频的拍摄质量和拍摄进程，有时候还需要用到一些辅助器材，这些辅助器材通常在筹备阶段就要准备好。拍摄短视频常用的辅助器材包括录音设备、补光灯、支架、稳定器等。

1. 录音设备

对于短视频拍摄而言，声音与画面同等重要，很多新人入门时容易忽略这一点。在进行短视频拍摄时，不仅要考虑后期对声音的处理，还得做好同期声音的录制工作。

很多短视频创作都是在户外进行的，因此难免会存在一些嘈杂的声音，为了降低这些声音对视频音质的影响，拍摄时可以选择使用录音设备，例如常见的领夹式麦克风、外接麦克风和智能录音笔。

（1）领夹式麦克风

领夹式麦克风类似有线耳机，如图2-25所示，它配有一个小夹子，可以直接夹在衣领上，使用起来很方便，插上手机就可以了，适用于舞台演出、人物对话等场合。

这种麦克风是现在使用得比较多的麦克风，它不像传统的麦克风那么大，而是小巧、便于携带，带出门录视频非常方便，性价比也很高。

（2）外接麦克风

外接麦克风在直播间或街头采访中经常出现，如图2-26所示，它的特点是体积小、便携，连接耳机孔就可以直接使用。不同价位的外接麦克风收音效果也会有很大的差别，好的外接麦克风的降噪效果很好，人声的清晰度比较高。在购买时一定要多比较，根据自己的拍摄情况选择性价比高的外接麦克风。

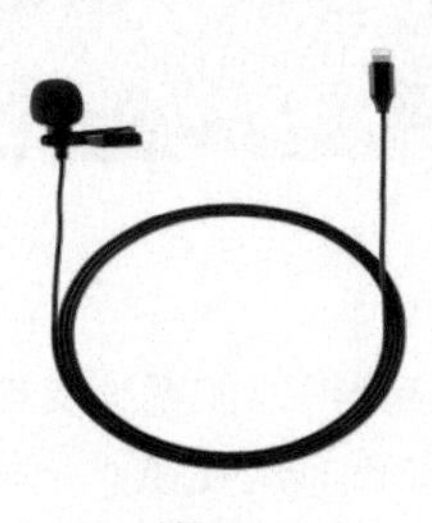

图 2-25

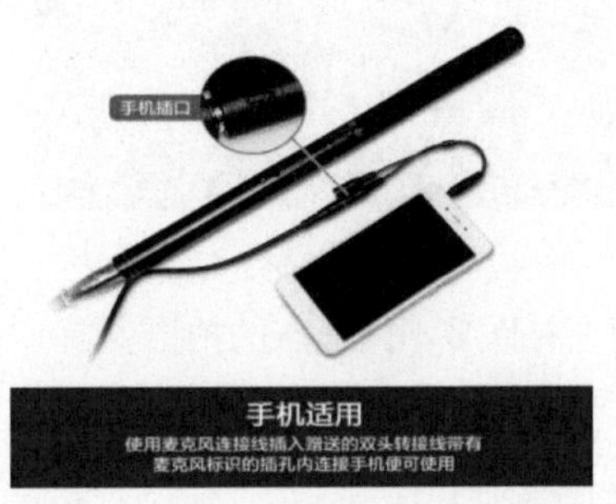

图 2-26

（3）智能录音笔

智能录音笔是基于人工智能技术，集高清录音、录音转文字、同声传译、云端存储等功能于一体的智能硬件，其体积小、质量轻，非常适合日常携带，如图2-27所示。

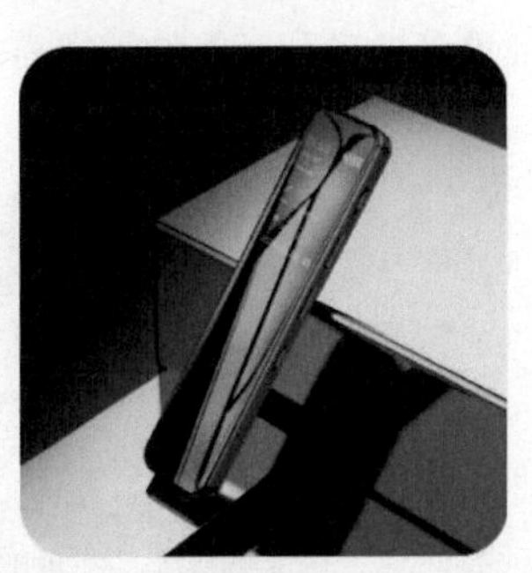

图 2-27

与上一代的数码录音笔相比，新一代智能录音笔最显著的特点是能将录音实时转换为文字，录音结束后，可以即时成稿并支持分享，极大地方便了后期字幕的处理工作。此外，市面上大部分智能录音笔支持OTG文件互传，或者通过App进行录音控制、文件实时上传等，非常适用于手机短视频的即时处理和制作。

2. 补光灯

熟悉摄影的人都应该知道，灯光对于画面质量有着重要影响。一般来说，当初学者开始拍摄短视频时，他们对打光的技巧和原则不太熟悉。如果对照明效果有要求，或想在晚上拍摄短视频，可以使用补光灯进行照明。补光灯的光线较为柔和，加装补光灯进行拍摄，可以有效地照亮周围拍摄环境和提亮人物肤色，同时补光灯还具有柔光效果。

补光灯大致可以分为两种。一种是夹在手机上的，非常小巧，价格也很低，如图2-28所示。

还有一种是带有支架的补光灯，如图2-29所示，它可以把手机固定在支架上，解放拍摄者的双手，还支持任意调节角度，可谓是直播、自拍两不误。这种补光灯的价格相对来说会高一些。

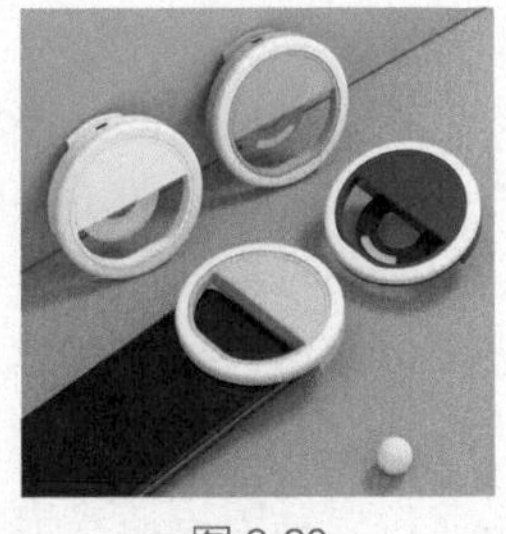

图 2-28

图 2-29

3. 支架

在拍摄过程中，支架的作用不可忽视，特别是在拍摄一些机位固定、特殊的大场景或进行延时拍摄时，使用这类辅助器材可以很好地稳定机器，帮助拍摄者拍出更好的画面，如图2-30和图2-31所示。

图 2-30

图 2-31

市面上有许多不同形态的拍摄支架，便于随时使用。

甚至在常规的三脚架的基础上，还出现了一些创意“神器”，如壁虎支架。这类支架除了有普通支架的稳定性，还能随意变换形态，可以固定在如汽车后视镜、户外栏杆等狭窄的地方，如图2-32所示，从而带来出人意料的镜头视角效果。

除此之外，还有一些三脚架支持安装补光灯、机位架等配件，如图2-33所示，可以满足更多场景和镜头的拍摄需求。

图 2-32

图 2-33

4. 稳定器

在拍摄短视频时，最重要的就是确保画面的稳定。如果短视频画面抖动得比较厉害，就会很影响观感。在拍摄一些运动镜头时，画面的稳定更难控制，这个时候就需要用到稳定器。

使用三轴手机稳定器可以最大限度地消除画面抖动，以确保画面的流畅和稳定。同时三轴手机稳定器持握方便，可以满足多种场景的拍摄需求，几乎是所有手机视频拍摄者的首选，如图2-34所示。

图 2-34

2.3.3 场景和道具

场景和道具在短视频中有着非常重要的作用。一方面，场景和道具能够体现短视频的真实性，反映出相应的社会背景、历史文化和风土人情；另一方面，场景和道具能体现短视频内容的意境，传达出短视频创作者想表达的内心情感，从而触动观众的内心，引发共鸣，并获得观众的关注。所以，在短视频拍摄筹备过程中，还需要提前布置场景和准备道具。

1. 场景

可以通过布置各种能够提升短视频内容价值的场景来获得更好的传播效果。在拍摄短视频前需要对相关的场景进行考量，有日常生活场景和工作、学习及交通场景等。

（1）日常生活场景

短视频中常见的日常生活场景包括居家住所、宿舍、舞蹈室和室外运动场地等。

① 居家住所：以居家住所为场景拍摄的短视频的内容涉及亲情、爱情、友情和与宠物之间的感情，甚至可以表现一个人独处时的情感。这种场景布置方便，通常只要干净、明亮即可。而且，在不同居家住所拍摄的短视频所表达的内容可以不同。

② 宿舍：宿舍场景中拍摄的短视频的内容主要是主角与室友的生活，例如唱歌、搞怪表演、正能量互动等，以展现同学间的友谊或个人才艺等，如图2-35所示。在这种场景中拍摄的短视频能使学生群体或初入职场的年轻人产生较强的代入感，适合植入目标用户为年轻人的产品。

图 2-35

③ 舞蹈室：以舞蹈室为场景拍摄的短视频的内容主要为人物角色间的互动及舞蹈表演、教学，很多热门的舞蹈（如海草舞等）最初都是在舞蹈室中拍摄的。

④ 室外运动场地：室外运动场地较为开阔，在其中拍摄的短视频能够容纳很大的信息量，其内容主要为强对抗运动或高难度运动挑战，以及运动会集体跳操或跳舞、接力赛等。

（2）工作、学习及交通场景

短视频中常见的工作、学习及交通场景包括办公室、课堂、专业工种工作场所和公共交通场所等。

① 办公室：以办公室为短视频的拍摄场景，可以给身处职场的观众很强的代入感。办公室场景的短视频内容包括表现职场关系的各种剧情故事、办公室娱乐和职场技能教学等。在以办公室为场景的短视频中，适合植入办公用具和电子用品等，如图2-36所示。

图 2-36

② 课堂：以课堂为场景的短视频主要针对在校学生群体，内容主要涉及友情、同学情和师生情。目前，利用该场景创作短视频的创作者多为年轻的学校教师，其通过拍摄短视频

来展示自己在学校的日常生活，或展现一些有趣的场面。

③ 专业工种工作场所：以专业工种工作场所为场景的短视频主要是展现职业的工作内容，让观众能够身临其境地感受不同的工作氛围，例如，快递员的日常送货工作、播音员的新闻播音工作和二手车商收购汽车的流程等。

④ 公共交通场所：公交、地铁等公共交通与大多数观众的日常出行密切相关，所以也是进行短视频创作的主要场景。这类场景的短视频的主要内容是与陌生人互动或路边趣闻，以及街头艺人表演等。

2. 道具

通常，短视频中有两种道具。一种是根据剧情需要而布置在场景中的陈设道具，例如，居家住所中的各种家具和家用电器，其功能是充实场景环境；另一种则是直接参与剧情或与人物动作有直接联系的戏用道具，其功能是渲染场景的气氛、修饰人物的外部造型，以及串联故事情节、深化主题等。例如，在很多短视频中出现过的巨型拖鞋、迷你键盘和超长筷子等就是戏用道具。这些戏用道具被故意放大或缩小数倍，利用强烈的大小对比来制造喜剧效果。拖鞋、口红等日常用品，配合着主角的固定动作，也可以作为标志性戏用道具贯穿于短视频的剧情中，成为吸引观众关注的记忆点。

2.3.4 导演和演员

在短视频的拍摄过程中，导演是组织者和领导者，负责组织短视频团队成员，将脚本内容转变为视频画面。而演员则通过自己的表演来展现脚本内容，表达导演的想法。

1. 导演

导演在短视频的拍摄过程中的主要工作是把控演员表演、拍摄分镜及现场调度。

（1）把控演员表演：短视频的时长较短，所以需要演员在较短的时间内塑造形象、传达情绪和表现内容主题。而很多短视频由非专业演员出演，所以，为了保证演员能表演到位，需要由导演来把控演员的表演，以提升其表演质量。

（2）拍摄分镜：通常，拍摄分镜由设置景别、进行画面构图和运用镜头等步骤组成，有时候还需要设置灯光和声效等，这些步骤通常需要导演根据脚本的设置来调控和分配，以完成最终的拍摄任务。

（3）现场调度：在短视频的拍摄过程中，调度主要有演员调度和摄像机调度两种。演员调度是指导演指挥演员在镜头画面中移动，安排演员在画面中的位置，从而反映角色性格，表现内容主题。摄像机调度是指由导演指挥摄像师调整摄影摄像器材的运动形式、镜头位置和角度等。

2. 演员

在选择演员之前，导演和编剧等应共同讨论短视频脚本中的人物形象，归纳出各个人物的一些显著特点。例如，在表现校园青春故事的短视频中，男主角具备弹吉他或打篮球的技能；在搞笑类短视频中，主角应有幽默感，性格开朗。归纳出人物特点有助于有针对性地选择演员。同时，在选择演员时通常要考虑短视频的主题，例如，校园类短视频需要选择贴合学生形象的演员，时装展示类短视频则需要选择外表时尚的演员。

2.3.5 确定预算

在短视频的拍摄筹备过程中，预算也是一个需要确定的重要因素，因为拍摄短视频需要资金支持。短视频个人创作者确定预算时只需要考虑摄影摄像器材和剪辑软件，以及服装道具的成本。而短视频团队则需要准备更多的资金用于购买或租赁器材、场地和道具，以及雇用演员和工作人员，并支付其他人工费用等。表2-8为短视频创作所涉及的基本预算项目。

表2-8

预算项目	说明
器材成本	器材成本包括摄影摄像器材、灯光和录音设备，以及其他器材的购买或租赁费用
道具费用	道具费用主要是指用于布置短视频拍摄场景所需的道具的购买和租赁费用，以及服装和化妆品的购买和租赁费用
场地租金	一些拍摄场地需要支付租金才能使用，如摄影棚的租赁费用通常是按天计算的，这在短视频制作成本中占据很大的比例
后期制作费用	后期制作费用主要是指制作短视频所涉及的所有工作人员的劳动报酬
人员劳务费用	人员劳务费用是指拍摄短视频所涉及的所有工作人员和演职人员的劳动报酬
办公费用	办公费用主要是指撰写短视频脚本、拍摄和运营过程中购买或租赁办公设备及材料的费用，包括打印纸、笔、文件夹和信封等
交通费	交通费是指在筹备、拍摄和运营期间，所有工作人员租车、乘坐出租车（或网约车）、乘坐公共交通工具的费用，以及油费和过路费等
餐饮费	餐饮费是指短视频拍摄过程中所有工作人员的餐费
住宿费	住宿费是指短视频拍摄过程中所有工作人员租住宾馆或旅店的费用
其他费用	为某些工作人员购买保险、交纳税费，以及购买原创短视频脚本时支付的版权费用等

总之，无论是个人还是团队，拍摄短视频都需要一定的资金支持，这就需要在短视频的拍摄筹备阶段提前确定预算，为接下来的拍摄、剪辑和运营做好充分的准备。

2.4 课堂实训：撰写美食类短视频《我的美食日记》的提纲脚本

本实训将为美食类短视频《我的美食日记》撰写提纲脚本，其具体步骤如下。

（1）明确短视频主题。本实训的短视频题目为《我的美食日记》，该短视频属于美食类短视频，主要是记录一天的美食。

（2）确定短视频的主要内容。根据实际情况确定需要拍摄的美食，具体内容包括牛排、小龙虾、凉拌皮蛋、面包、西瓜、柠檬汽水。

（3）确定提纲脚本的主要项目。本实例的提纲脚本的项目有两个，拍摄场景和拍摄内容，具体脚本内容见表2-9。

表 2-9

拍摄场景		拍摄内容
家中	厨房	牛排（厨师将做好的牛排放在餐盘上，使用拉镜头拍摄）
		面包（厨师将做好的面包放在灶台上，使用推镜头拍摄）
	餐厅	凉拌皮蛋（将做好的凉拌皮蛋放在餐桌上，使用推镜头拍摄）
		小龙虾（将做好的小龙虾放在可旋转的餐盘上，使用固定镜头拍摄）
体育馆	游泳池旁	柠檬汽水（将饮品放在游泳池边，使用从左至右的移镜头拍摄）
	休息厅	西瓜（将西瓜放在休息厅的桌子上，使用从右至左的移镜头拍摄）

2.5 课后练习：撰写短视频《小城美食记》的提纲脚本

试着参考短视频《我的美食日记》的提纲脚本，撰写短视频《小城美食记》的提纲脚本。

第3章 短视频拍摄

摄像师是将短视频脚本内容直接转化为视频画面和视听语言的“中间人”，摄像师的基本技能和画面意识是决定短视频图像质量的关键。这也要求摄像师既要掌握专业的理论知识，又要掌握熟练的拍摄技巧。具体来说，对于短视频拍摄，摄像师需要熟悉景别的设置技巧和常用的构图方式，以及镜头运用和现场录音、布光技巧，下面就介绍短视频拍摄的相关知识。

学习目标

- ❖ 学习常用的拍摄设置
- ❖ 熟悉短视频的景别类型和光线类型
- ❖ 掌握常见的构图方式
- ❖ 掌握镜头的运用
- ❖ 掌握拍摄短视频时的现场录音方法

3.1 拍摄设置

对于绝大多数人来说，拍短视频其实只要一部手机就足够了，手机轻巧、方便，想拍就可以拍，是适合新手的最佳拍摄工具。近两年的手机在摄影摄像上已完全可以满足我们的视频拍摄需求。

手机中有很多专业功能，能满足很多视频拍摄的技巧要求，后期剪辑也可以在手机中轻松完成。本节主要介绍一些用手机拍摄短视频时的设置。

3.1.1 对焦

对焦是指在用手机拍摄视频时调整好焦点距离。对焦是否准确，决定了视频主体是否清晰。

在手机中进行对焦很简单，只要用手指触碰一下屏幕，就会看到屏幕上有一个小方框，如图3-1所示。小方框的作用就是对其所框住的景物进行自动对焦和自动测光。也就是说，在这个小方框范围内的画面都是清晰的；在纵深关系上，焦点前后的景物会显得模糊一些。

在拍摄时一定要注意点击的位置是否为希望对焦的位置。如果发现位置不准确，就需要重新点击屏幕进行对焦。比如图3-2所示的画面是在拍摄时对焦到了笔记本上，导致主体模糊，需要在主体处点击一下，调整对焦位置。

图 3-1

图 3-2

在拍摄视频时，对某个较远的区域进行对焦后，其附近的区域也会保持清晰。所以在运镜范围不大，并且希望能拍清远处景物的情况下，不需要担心对焦的问题。比如图3-3所示的画面中在对热气球进行对焦后，其周围的景物也都是清晰的。

图 3-3

目前，手机在拍摄那些运动范围很大、距离又较远的景物时，还无法保证能够准确跟焦。但部分高端手机在视频录制模式下，会自动识别画面中的人物并进行对焦；在录制运动中的人物时，可以提升准确合焦的概率。

3.1.2 测光

使用手机拍摄视频时，用手指触碰一下屏幕，屏幕上会出现一个小方框（此处以华为手机为例，其他品牌的手机可能显示形状不同，但基本都有此功能），这个小方框可以对其框住的景物进行自动测光。当点击屏幕上亮度不同的地方或景物时（小方框的位置也会随之改变），画面整体的亮度会随之发生变化。

如果想要调整画面的亮度，可采取如下办法。

若想拍出较暗的画面效果，可对准白色（较亮）的物体进行测光，也就是说，要将小方框移到白色（较亮）的物体上。比如对准图3-4中的卷纸进行测光，整体画面就会偏暗。

若想拍出较亮的画面效果，可对准黑色（较暗）的物体进行测光，也就是说，要将小方框移到黑色（较暗）的物体上。比如对准图3-5中的相机进行测光，拍出的画面就会比较亮。

图 3-4

图 3-5

3.1.3 曝光补偿

在拍摄视频时，由于手机只能根据小方框范围内的画面亮度来确定整个画面的曝光，因此在拍摄明暗不均的场景时，很难通过选择某一对焦位置来得到理想的画面亮度，这时就需要通过曝光补偿来进行调整。

曝光补偿听起来很专业，其实意思就是调整画面的亮度。如果希望画面亮一些就增加曝光补偿，如果希望画面暗一些就减少曝光补偿。

无论是安卓手机还是苹果手机，其简易曝光补偿功能使用起来都非常方便。在视频录制模式下，当点击画面进行对焦和测光时，小方框附近会出现一个小太阳图标，如图3-6所示。此时向上滑动即可增加画面亮度，效果如图3-7所示；向下滑动即可减少画面亮度，效果如图3-8所示。

需要注意的是，如果需要锁定对焦和曝光进行视频拍摄，那么应该在长按小方框将其锁定后，再上下滑动调整亮度。此时，除非手动调节曝光补偿，否则手机不会自动调整曝光。

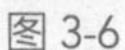

图 3-6

图 3-7

图 3-8

3.1.4 分辨率

分辨率能反映画面的清晰程度，分辨率越高，画面会越清晰，细节也越丰富、细腻；分辨率越低，画面将会越模糊。

下面以华为手机为例，讲解在拍摄视频时设置分辨率的方法。

在拍摄时，点击界面中的“设置”按钮，如图3-9所示，进入“设置”界面，选择“视频分辨率”选项，如图3-10所示，即可设置视频的分辨率，如图3-11所示。

图 3-9

图 3-10

图 3-11

1. 720p 高清分辨率

720p的分辨率为1280px（像素）×720px（像素）。720p比480p的画质更加清晰，拍摄的视频还具有立体音效果。它对手机内存和网络的要求也比较适中，不管是拍摄视频还是观看视频，720p都是一个不错的选择。

2. 1080p 全高清分辨率

1080p的分辨率为1920px（像素）×1080px（像素）。1080p有着更高的清晰度，将画面细节展示得更加清楚。此外，它也具有720p的立体音效果，对网络的要求更高。如果想要观看1080p的视频，建议使用无线网络。

3. 4K超高清分辨率

4K的分辨率为4096px（像素）×2160px（像素），是2K投影机和高清电视分辨率的4倍。观众可以看清画面中的每一个细节和特写，画面色彩也非常鲜艳丰富，观影体验极佳。

3.1.5 帧率

通俗来说，帧率就是指一个视频里每秒展示出来的画面数。例如，一般电影是以每秒24个画面的速度播放，也就是1秒内在屏幕上连续显示24个静止画面。由于视觉暂留效应，观众看到的画面是动态的。很显然，每秒显示的画面数多，视觉动态效果就流畅；反之，每秒显示的画面数少，观看时就会感觉到卡顿。

下面以华为手机为例，讲解在拍摄视频时设置帧率的方法。

在拍摄时，点击界面中的“设置”按钮，如图3-12所示，进入“设置”界面，选择“视频帧率”选项，如图3-13所示，即可设置视频的帧率，如图3-14所示。

图 3-12

图 3-13

图 3-14

3.2 景别类型

在拍摄中为了更好地描述取景的素材量，于是形成了景别的概念。取景框中素材量的多少直接决定了景别的大小。常用的景别有特写、近景、中景、远景、全景等，通过拍摄不同的景别，把人物和环境完美融合在一起，才能创作出一套完整的、有内容的照片或视频。下面就来介绍一下不同的景别类型及它们的效果。

3.2.1 远景

远景是景别中最大的一种镜头，拍摄远距离景物和人物的画面，这种画面可使观众看到广阔深远的景象，以展示人物全身的动作，如图3-15所示。

这种镜头一般用于交代人物所处的环境，在电影中一般位于影片开头，让观众看得更清楚。

远景常常用于风景拍摄中，以展现自然风光的全貌。生活中常见的场景如辽阔的内蒙古草原、雄伟的万里长城等都属于远景，如图3-16所示。

图 3-15

图 3-16

3.2.2 全景

全景多用来表现场景的全貌与人物的全身动作，其范围较大，可将人物的体型、衣着打扮、身份，以及环境、道具等交代得比较清楚。在电视剧、电视新闻中全景镜头不可缺少，大多数节目的开头、结尾部分都会用到全景或远景。全景比远景更能全面阐释人物与环境之间的密切关系，可以通过特定环境来表现特定人物，被广泛应用于各类影视作品中。相比于远景，全景更能展示出人物的行为动作和表情，也可以从某种程度上展现人物的内心活动。

全景中的人物既不像远景中的那样由于细节过少而不能很好地观察，又不会像中景、近景中的那样无法展示人物全身或行为动作，如图3-17所示。在叙事、抒情和阐述人物与环境的关系方面，全景起到了独特的作用。

图 3-17

3.2.3 中景

中景俗称“七分像”，拍摄的是人物膝盖或腰部上方的画面，如图3-18所示。中景视距比近景视距远，能为被拍摄人物提供较大的活动空间，不仅能使观众看清人物表情，而且有利于展示人物的形体动作，表现出故事的情节。

中景既能拍到人物，又能拍到环境，在包含对话交流、动作和情绪交流的场景中，利用中景拍摄可以很好地表现人物之间、人物与周围环境之间的关系。

图 3-18

3.2.4 近景

近景仅表现人物胸部以上或者景物局部的画面。当拍摄人物的时候，近景的概念比较清晰，画面一般包含人物的胸部及以上的部位，如图3-19所示；当拍摄景物时，如图3-20所示，它就没有严格标准了，但它是相对的，相对于特写来说稍远，相对于中景来说稍近，它是介于特写和中景之间的一种镜头。

图 3-19

图 3-20

近景多用于展现人物面部形态及手部动作，能使画面看起来更加活泼、可爱。

3.2.5 特写

特写是景别中取景范围最小的一种镜头，展示的元素也不多，常用于展现被摄主体最重要或最突出的细节，也用于渲染强烈的情绪，起到强调、突出的重要作用。

通常，这种景别用来拍摄正脸、侧脸、头部，也可以用来强调人体的局部特征，如图3-21所示。

图 3-21

特写还用来拍摄主体的细节，图3-22中蝴蝶翅膀上的纹路和轮廓都表现得非常清晰。

图 3-22

3.3 构图方式

构图是指对画面中的各种元素进行搭配，交代它们之间的主次关系，使画面看起来协调、有美感。不管是初学者，还是有经验的摄像师、导演，只要拍摄就都离不开构图。构图的方式多种多样，每一种都有它独特的魅力。当然，有时不会只用到一种构图方式，而是需要多方面考虑，根据环境改变构图方式。下面详细介绍日常生活中经常用到的几种构图方式。

3.3.1 三分法构图

三分法构图是指将画面横着或者竖着分成3份，并且每一份都可放置主体，如图3-23所示。

图 3-23

通常在拍摄这类画面时，可以将相机的参考线打开，以便更好地辅助拍摄。把画面分成3份，将主体放置在任意1/3线条处即可。这样的构图可以让画面主体突出，构图简洁，如图3-24所示。

三分法构图既适合拍摄风景，也适合拍摄人像。拍摄风景时，可以把地平线放在三分线的位置，如图3-25所示，并根据想要突出的景物思考将地平线放在哪一条三分线上。

图 3-24

图 3-25

3.3.2 九宫格构图

九宫格构图也称井字构图，属于黄金分割的一种形式。这个构图方式是把画面中的上、下、左、右4条边三等分，然后将相对的等分点用直线连接起来，这样就形成了一个汉字的“井”，画面也就被分为了9个方格。构图时不要将主体放在正中间，建议将其放在左边或者右边，如图3-26所示。

打开相机中的网格线，拍摄的时候使主体处在画面的左三分之一或右三分之一处，这就是九宫格构图。在图3-27中，太阳放在画面左三分之一处，芦苇放在右三分之一处，这种构图方式既能够突出主体，又能使画面有一点留白，整体看起来十分协调，视野也更加广阔。

图 3-26

图 3-27

当使用九宫格构图拍摄一张海边风景照时，可以将天空、海和沙滩三等分，位置差不多与九宫格的线条保持一致，这样就得到了一张构图严谨的照片，如图3-28所示。

图 3-28

3.3.3 汇聚线构图

汇聚线构图是指让画面中的一些线条元素向相同的方向汇聚延伸，最终汇聚到画面中的某个位置。利用这种线条的汇聚来进行构图的方式就是汇聚线构图，如图3-29所示。汇聚线构图中用的线可以是实体线，也可以是抽象的视觉线条。比如图3-30中，视觉线条延伸至远方没有尽头，给画面增加了纵深感，产生了近大远小的透视效果。

图 3-29

图 3-30

汇聚线还可以起到引导的作用。比如图3-31中，河流延伸至远方的山脉，将近处的风景和远处的风景结合起来，同时也起到了引导的作用，让画面显得更宏伟、大气。

图 3-31

3.3.4 对称构图

对称构图是指画面具有对称性，并且在画面中可以找到一条中位线。这里的对称并非绝对对称，绝对对称的画面在自然界中是很难找到的，这里的对称是指相对对称，也就是说，中位线两侧的画面基本一致即可，不需要完全相同，如图3-32所示。

图 3-32

对称的方式有很多种。在生活中，绝大多数的建筑物都采用的是对称布局，且大多数都是左右对称。因此在拍摄建筑物时，运用对称构图能给画面营造一种庄重的气氛（示例见图3-33），使画面具有平衡、稳定的特点。

拍摄风景时，如果风景本身没有对称性，可以利用倒影进行拍摄（示例见图3-34），比如在海面、雨后积水、镜子等处都可以拍摄出比较令人满意的上下对称图，如图3-34所示。

图 3-33

图 3-34

3.3.5 框架式构图

简单来说，框架式构图就是在画面前景处用景物做一个“框架”，形成遮挡，将观众视线引向中景、远景处的主体，如图3-35所示。这类构图的重点在于找到框架和巧妙地利用框架。

不同的框架式构图可以根据不同的形式来实现，如门窗、洞口、镜框等都可以作为框架。比如图3-36中，将旁边的山洞作为框架，把观众的视线直接引向外面的天空，使画面具有极强的穿透力。

图 3-35

图 3-36

除了可以利用一些天然的可以触摸到的框架，还可以利用光影创建框架，比如，图3-37就是利用阴影打造了一个框架。图中利用颜色形成明暗对比，将主体放在框架中，观众能第一时间看到主体。

图 3-37

3.4 光线类型

光线不仅决定了画面的明暗，还决定了画面的氛围和效果，不管是拍摄视频还是拍摄照片，都需要用到光线。而对于光线的运用，许多人都会感到很头疼，觉得光线难以掌控，拍不出好的照片。其实只要用对了光线，拍摄水平就会上升一个档次。

3.4.1 顺光

当光线照射方向与手机拍摄方向一致时，这时的光为顺光，如图3-38所示。在顺光的照射下，景物的色彩饱和度很高，拍出来的视频画面颜色亮丽。例如，可以拍摄出颜色鲜艳的花卉，如图3-39所示。

图 3-38

图 3-39

很多摄影初学者很喜欢在顺光下拍摄，因为可以拍出颜色亮丽的画面，且不会产生明显的阴影或投影。在顺光下很适合拍摄人物，使其脸上没有阴影。

但顺光也有不足之处，即在顺光照射下的景物受光均匀，没有明显的阴影或者投影，不利于表现景物的立体感与空间感，画面显得较呆板、乏味。

为了弥补顺光的缺点，让画面更有层次，可考虑在画面中加入前景，或者以明亮的主体搭配深暗的背景。

3.4.2 侧光

当光线照射方向与手机拍摄方向成90° 角时，这种光线为侧光，如图3-40所示。侧光是风景摄影中运用较多的一种光线。这种光线非常利于表现景物的层次感和立体感，原因是在侧光照射下，景物的受光面在画面中形成明亮部分，而背光面形成阴影部分，明暗对比明显。

景物处在这种照射条件下，轮廓比较鲜明，纹理很清晰，立体感也很强。用这种光线进行拍摄，最易获得不错的效果，很多摄影爱好者都喜欢用侧光来表现建筑物、山峦、昆虫等景物的立体感，如图3-41所示。

图 3-40

图 3-41

3.4.3 逆光

逆光就是从被摄主体背面照射过来的光，被摄主体的正面处于阴影部分，而背面处于明亮部分。在逆光下进行拍摄，如果让主体曝光正常，较亮的背景会曝光；如果让背景曝光正常，那么主体往往很暗，缺少细节，从而形成剪影，如图3-42所示。

所以，逆光下拍摄剪影是常见的拍摄方法。拍摄时要注意以下两点。

第一，逆光拍摄时强烈的光线进入镜头会在画面上产生眩光，为了避免眩光长时间出现在画面中，建议采用移动手机的方式进行拍摄，让眩光从画面中消失，以增加画面美感。

第二，拍摄剪影时，测光位置应在背景中相对明亮的位置，以图3-43为例，对画面中的天空进行测光即可。若想剪影效果更明显，可以适当减少曝光补偿。

图 3-42

图 3-43

3.4.4 软光

软光实际上就是没有明确照射方向的光，如阴天、雾天的光或者添加了柔光罩的灯光，如图3-44所示。

在这种光线下拍摄的画面没有明显的受光面、背光面和投影关系，在视觉上明暗反差小，影调平和。这种光线适合拍摄唯美画面。例如，在拍摄人像时，常用散射光表现女性柔和、温婉的气质和娇嫩的皮肤质感，如图3-45所示。在实际拍摄时，建议在画面中制造一点亮调或颜色鲜艳的视觉趣味点，使画面更生动。

图 3-44

图 3-45

3.4.5 硬光

当光线没有经过介质散射，直接照射到被摄主体上时，这种光线就是硬光，如图3-46所示。在硬光下拍摄的画面的特点是明暗过渡区域较小，给人以明快的感觉。

硬光的照射会使被摄主体产生明显的亮面、暗面与投影，因而画面会表现出强烈的明暗对比，从而增强被摄主体的立体感。这种光线非常适合拍摄表面粗糙的物体，特别是在塑造被摄主体“力”和“硬”的感觉时，硬光很有优势。

图 3-46

3.5 镜头运用

镜头是影视创作的基本单位，电影或电视剧都是由一个个镜头组成的，短视频同样如此。通过各种镜头的组合运用可以制作出视觉表达效果丰富的短视频，吸引更多用户的关注。

3.5.1 固定镜头

固定镜头是指在拍摄短视频时，镜头的机位、光轴和焦距等都保持不变，而被摄主体可以是静态的，也可以是动态的。固定镜头在短视频拍摄中很常用，可以在固定的框架下，长久地拍摄运动的事物，从而体现其发展规律，比如短视频中常见的日出、日落等画面。

在拍摄流云延时视频时采用三脚架固定手机镜头，这种固定镜头的拍摄形式能够将天空中云卷云舒的画面完整地记录下来，如图3-47所示。

图 3-47

3.5.2 运动镜头

运动镜头是指在拍摄的同时会不断调整镜头的位置和角度，也可以称为移动镜头。在拍摄形式上，运动镜头要比固定镜头更加多样化。常见的运动镜头包括推镜头、拉镜头、摇镜头、移镜头、跟镜头、升降镜头、甩镜头。用户在拍摄短视频时可以使用这些运动镜头，更好地突出画面细节和表达主题内容。

1. 推镜头

推镜头是镜头指向被摄主体，向被摄主体不断接近，或者变动镜头焦距使画面框架由远而近的拍摄方法。推镜头可以形成视觉前移效果，会使被摄主体由小变大，使周围环境由大变小。图3-48所示为推镜头拍摄的前后对比效果。

图 3-48

推镜头在拍摄中起到的作用：突出被摄主体，使观众的视线慢慢接近被摄主体，并逐渐将观众的注意力从整体引向局部。在推镜头的过程中，画面所包含的内容逐渐减少，通过镜头的运动摒弃了画面中多余的物体，从而突出了重点，推进速度的快慢也可以影响和调整画面节奏。

2. 拉镜头

拉镜头则和推镜头相反，是摄像机不断地远离被摄主体。拉镜头的作用可以分为两个方面：一方面是为了表现主体人物或景物在环境中的位置，即在摄像机向后移动的过程中，逐渐扩大视野范围，从而在一个镜头内反映局部与整体的关系；另一方面是为了衔接镜头，比如前一个是一个场景中的特写镜头，而后一个是另一个场景中的镜头，将两个镜头通过拉镜头的方式衔接起来，会显得十分自然。图3-49所示为拉镜头拍摄的前后对比效果。

图 3-49

3. 摇镜头

摇镜头就是摄像机的位置保持不动，只靠镜头变动来调整拍摄的方向。这类似于人站着不动，靠转动头部来观察周围的事物，可以模拟人眼效果描述环境。图3-50所示为摇镜头拍摄的前后对比效果。

4. 移镜头

移镜头技巧是法国摄像师普洛米澳于1896年在威尼斯的游艇上受到的启发，他设想用“移动的电影摄像机”来拍摄，使不动的物体运动，于是他在电影中首创了“横移镜头”，即把摄像机放在轨道上，对轨道的一侧进行拍摄，横移镜头的运动方向如图3-51所示。这样拍出来的视频的稳定性是人工拍摄所不能达到的。该技巧在电影行业中应用颇多。

图 3-50

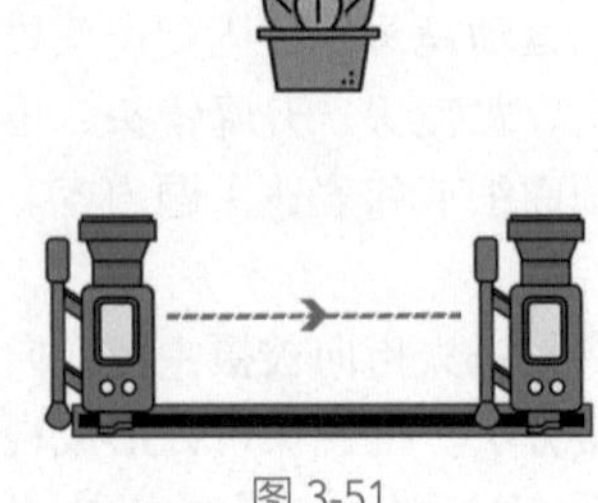

图 3-51

5. 跟镜头

跟镜头是指摄像机跟随运动状态下的被摄主体进行拍摄，有推、拉、摇、移、升降、旋转等形式。镜头跟拍使处于动态中的被摄主体在画面中的位置保持不动，而前景、后景可能在不断变化。这种拍摄技巧既可以突出运动中的主体，又可以交代主体的运动方向、速度、体态，以及其与环境的关系，使主体的运动保持连贯，有利于展示被摄主体处于动态中的精神面貌。跟镜头的运动方向如图3-52所示。

图 3-52

6. 升降镜头

升镜头和降镜头一般会借助无人机或摇臂摄像机等来拍摄，通过升降来扩大或缩小画面取景范围，使被摄主体从小变大或从大变小，画面从局部到整体或从整体到局部，能够起到渲染气氛的作用，同时可以展示场面的规模、气势和氛围。升镜头拍摄的画面如图3-53所示。

图 3-53

7. 甩镜头

甩镜头是指从一个画面过渡到另一画面时，快速移动相机进行拍摄，且前后两个画面的运动方向是一致的，过渡时，画面会呈模糊状态。甩镜头可以造成强烈的视觉冲击感，常用于表现内容的突然过渡，或者爆发性和情绪变化较大的场景。

图3-54和图3-55所示的两张图均是从右至左甩动的镜头画面，在后期编辑时可以在图3-54中从右甩动到中间的位置时暂停，把从中间甩动至左侧的这一段视频删除，删除图3-55中从右甩动到中间的视频，保留从中间甩动至左侧的镜头，最后将保留的两段视频拼接，就能达到甩镜头无缝转场的效果。

图 3-54

图 3-55

3.5.3 转场镜头

转场即视频场景的过渡，指段落与段落、场景与场景之间的过渡或转换。转场可分为两种：技巧转场和无技巧转场。

技巧转场使用电子特技切换台或剪辑软件中的特殊技巧，对两个画面进行剪辑和特技处理，从而完成场景转换，一般包括淡入/淡出、叠化、划像、定格、多画屏分割和字幕等转场。

无技巧转场是指用镜头的自然过渡来衔接上下两段内容，主要适用于蒙太奇镜头段落之间的转换和镜头之间的转换。与情节段落转换时强调的心理的隔断性不同，无技巧转换强调的是视觉的连接性。并不是任意两个镜头之间都可应用无技巧转场，运用无技巧转场需要注意寻找合理的转换因素和适当的造型因素。无技巧转场的方法主要有以下几种。

1. 两极镜头转场

前一个镜头中的景别与后一个镜头中的景别恰恰是两个极端。如果前一个镜头是全景或远景，后一个镜头则是特写，如图3-56和图3-57所示；如果前一个镜头是特写，后一个镜头则是全景或远景。

图 3-56

图 3-57

2. 同景别转场

前一个场景结尾的镜头与后一个场景开头的镜头中的景别相同，可以使观众将注意力集中，此时场景过渡自然，衔接紧凑。

3. 特写转场

无论前一个场景的最后一个镜头是什么，后一个场景都从特写开始。其特点是对局部进行突出强调和放大，展现一种平时在生活中用肉眼看不到的景别，因此也被称为“万能镜头”和“视觉的重音”。

4. 空镜头转场

空镜头是指以表现人物情绪、心态为目的的只有景物、没有人物的镜头。空镜头转场具有一种明显的间隔效果。

景物镜头大致包括以下两类。

一类是以景为主，以物为陪衬的镜头，如山村、田野、天空等。用这类镜头转场既可以展示不同的地理环境、景物风貌，又能表现时间和季节的变化，如图3-58所示。

另一类是以物为主，以景为陪衬的镜头，如在镜头前飞驰而过的火车、街道上的汽车、建筑、雕塑等，如图3-59所示。这类镜头的作用是渲染气氛，刻画心理，有明显的间隔感；另外，为了满足叙事的需要，还会表现时间、地点、季节的变化等。

图 3-58

图 3-59

5. 遮挡镜头转场

遮挡是指镜头被画面内的某些内容暂时挡住，根据遮挡方式的不同，遮挡镜头转场大致可分为以下两类情形。

一类是主体迎面而来遮挡摄像机镜头，形成暂时的黑画面。

另一类是前景暂时挡住画面内的其他事物，成为覆盖画面的唯一内容。例如，在大街上，前景中闪过的汽车可能会在某一时刻挡住其他事物。

画面被遮挡时就是镜头切换的时机，它通常用于表示时间、地点的变化。

6. 相似体转场

相似体转场是指前后两个镜头中具有相同或相似的主体形象，或者镜头中的物体形状相近、位置重合，在运动方向、速度、色彩等方面具有一致性，以此来达到视觉连续、转场顺畅的目的。例如，在图3-60～图3-62中，从女孩看地图的镜头，转换到女孩走路的特写镜头，再转换到女孩走在街道上的镜头。

图 3-60

图 3-61

图 3-62

7. 出画 / 入画转场

前一个场景的最后一个镜头是被摄主体走出画面，后一个场景的第一个镜头是被摄主体走入画面。

在图3-63和图3-64中，主角在上一个镜头中走出画面后，紧接着又在下一个镜头中走入画面，这样的两个镜头的衔接更有连贯性和故事性。

图 3-63

图 3-64

8. 主观镜头转场

主观镜头是指根据人物视线方向所拍摄的镜头。主观镜头转场就是按前后镜头间的逻辑关系来处理场景的转换，它可用于实现大时空转换，大时空转换是指转换后的画面接的是与之前的时间、场景不同的画面。这种转场具有一定的强制性和主观性。例如，前一个镜头是人物抬头凝望，后一个镜头可能就是人物所看到的场景，甚至是完全不同的事物、人物，如一组建筑、一段回忆等。

3.5.4 双人镜头

顾名思义，双人镜头里仅包含两个人物。从技术层面上看，只要是仅包含两个人物的镜头就可以称为双人镜头，且双人镜头一般都是全景、中景或特写镜头。

双人镜头常见的用法是作为两个人物对话时的主镜头，有时单独使用，有时与其他景别的镜头组合使用，以突出对话过程中人物的戏剧性动作。

双人镜头中人物的调度可以作为生动展示人物关系的叙事点。这对包含多个人物的镜头，如多人镜头也是适用的，但对双人镜头尤为重要。原因是如果画面中只有两个人物，那这两个人物必定存在某种关系，观众会对二人进行对比、审视，如图3-65所示。

图 3-65

3.5.5 变焦 / 虚焦镜头

变焦镜头是指不改变机位只改变焦距的镜头，通过只改变焦距来改变视角大小，给观众带来逼近或远离主体的感觉。其中的滑动变焦是一种非常有名的拍摄手法，摄像机一边向前推进，一边同步使用变焦摄影的方法，让移动目标产生缩放的视觉效果，从而有效地突出画面中的移动目标。这种拍摄手法常见于希区柯克的电影中。

虚焦镜头是指被摄主体处于虚化状态的镜头。虚焦镜头所呈现的朦胧、迷离之感，除了蕴含些许诗意外，还具有增强情感的作用。

3.5.6 越轴镜头

轴线是指被摄主体的视线方向、运动方向和不同对象之间形成的一条遐想的直线或曲线，它们所对应的称谓分别是方向轴线、运动轴线、关系轴线。在进行机位设置和拍摄时，要遵守轴线规律，即在轴线的一侧设置机位，不论拍摄多少镜头，摄像机的位置和角度如何变化，镜头的运动如何复杂，从画面来看，被摄主体的运动方向和位置的关系总是一致的，否则就称为“越轴”或“跳轴”。越轴的情况时有发生，而且很多导演在进入剪辑流程之前并不会注意到这种情况。

越轴会使人在时空分割或者运动的过程中产生非现实的感觉。

轴线规律一直是影视编辑中难以掌握的知识，也是初学摄影的人常出错的地方。轴线规律是一个专业的摄像师必须掌握的知识。

例如，有两位演员A和B，以他们之间的连线为轴线，当摄像机在左边拍摄的时候，如图3-66所示，不管如何改变机位都只能在左边进行拍摄，若在轴线的右边拍摄，就会给人带来一种跳跃感。

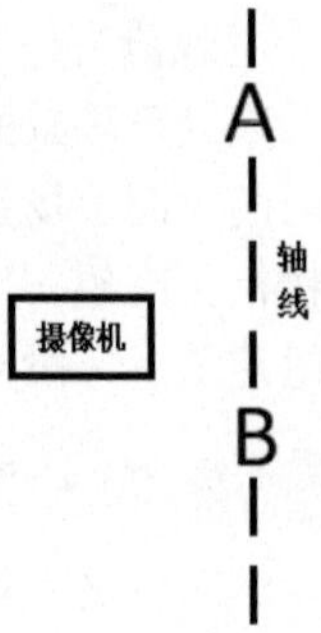

A
轴线
摄像机
B

图 3-66

解决越轴问题的方法如下。

（1）通过移动镜头将机位移过轴线，在同一镜头内实现越轴过渡，即利用摄像机的运动越过原来的轴线进行拍摄。

（2）利用被摄主体动作或路线的改变，在同一镜头内引起轴线的变化，形成越轴过渡。

（3）利用中性镜头或插入镜头分隔越轴镜头，以缓和给观众带来的视觉上的跳跃感。

（4）在越轴的两个镜头间插入一个被摄主体的特写镜头进行过渡。

（5）利用双轴线，越过一条轴线后，还可以通过另一条轴线去完成画面空间的统一。

3.5.7 情绪镜头

情绪镜头并没有固定的运动方式，通常会根据故事的内容、前后镜头及空间的具体情况来调整。通常会使用特写镜头来表现人物的情绪，如图3-67所示。

图 3-67

3.6 录音

录音是指在制作有声视频的各个阶段，把与画面配合的各种声音记录下来的过程。无论是在哪个制作阶段录制的声音，在最终将其制成短视频用的声带时，都既要与画面同步，又要注意整个短视频的连续性和完整性。

3.6.1 同期录音与后期配音

有时在拍摄画面的同时会把现场的声音记录下来，这种方法称为同期录音。而有时不适合现场录音，如在自然外景声音嘈杂的环境下不便录音，或因演员有发音障碍无法录音，这时会采用画面拍完后将声音配上去的方法，这种方法称为后期配音。

同期录音是电影录音的一种工艺，其记录的是现场的真实声音，它比后期的配音更自然、逼真，会使影片音效更有现场感。在分场景拍摄画面时，人物在各种环境的表演活动中所发出的声音都很真实。同期声在写实类、动作类的影片中用得比较多，但事实上，在影片后期制作的过程中，也会对同期声的效果进行修改、完善，剔除不必要的杂音等，所以同期声也不见得完全真实，只是相对真实而已。

同期录音的好处是演员的声音情感符合当时表演的情境，很多有极其细腻的情感的声音在后期是很难配出来的。同期录音的缺点显而易见，如果录音师出现失误或者拍摄环境比较嘈杂，录音中的噪声会很大。后期配音的好处：一在于声音干净；二在于审查中有许多需要规避的词汇，后期配音时能有效避开。后期配音也有局限性，如群戏中，所有人的声音都混在一起，这种声音效果很难用配音实现，除非召集所有演员一起配音。还有就是重场情感戏，需要配音演员去体会当时的情境，这是非常难的，那种微妙的情感在后期配音时是几乎表现不出来的。除此之外，还可能出现声音不匹配演员形象的情况。

3.6.2 环境音

环境音是指为增强场景的真实感，在背景中添加的不清晰的人声和其他声音，如街道杂乱声、人群扰叫声和交通噪声等。环境音可以起到增强场景真实感的作用。环境音分为室内音、气氛音、背景人声3种。

1. 室内音

室内音是指录制对白的地方的环境音。在室内录音时，所有人都要保持安静，需要模拟出视频中的所有原声；所有在拍摄时使用的器材、道具等均要在原位，以免声音混响有所改变。

后期制作中，室内音会使画面间的衔接更加顺畅。如果音轨中突然缺少室内音，就会显得非常突兀。

2. 气氛音

恰到好处的气氛音会为场景带来某些特殊的感觉。例如小溪的潺潺流水声可为宁静的乡村场景增加一种田园牧歌般的感觉。拥挤、喧闹的街道场景即使是在摄影棚内拍摄完成的，也需要加上交通噪声。要想获得工厂中机器运作时的噪声，就要在工厂开工的时候录好，因为真正的拍摄很可能在工厂下班之后才进行。和室内音一样，气氛音也是在后期制作时加入音轨中的。

3. 背景人声

背景人声是人物讲话的声音。例如，如果是在摄影棚内搭建的餐厅中拍摄一个只有几个人的场景，但又想要表现出一种餐厅里人很多的感觉，这时就需要加入背景人声。可以在餐厅场景中安排很多人，当主角在说台词时，让这些人进行交谈；也可以派出一个工作人员去实地录下真实的餐厅噪声，之后再将声音混合到音轨中；还可以雇用一些演员配出背景人声。在拍摄时，有许多场景，如博物馆或盛大的宴会等，都需要添加背景人声。

3.7 课堂实训：拍摄美食类短视频《我的美食日记》

拍摄短视频并不只是拍摄短视频画面这么简单，还包括准备拍摄器材、布置场景和准备道具、现场布光等操作。下面将根据2.4节撰写的《我的美食日记》短视频脚本，运用本章介绍的知识拍摄短视频素材。

1. 准备拍摄器材

在拍摄前需事先准备好拍摄器材。由于本短视频属于美食类短视频，且主要场景在室内，因此只需准备拍摄所用的手机、稳定器及灯光设备即可，如图3-68所示。

（1）手机：该短视频的内容较为简单，因此可直接采用手机进行拍摄。

（2）稳定器：采用三轴手机稳定器，可以最大限度地消除画面抖动，以确保画面的流畅和稳定。

（3）灯光设备：以自然光作为主光，并配合补光灯和五合一反光板。

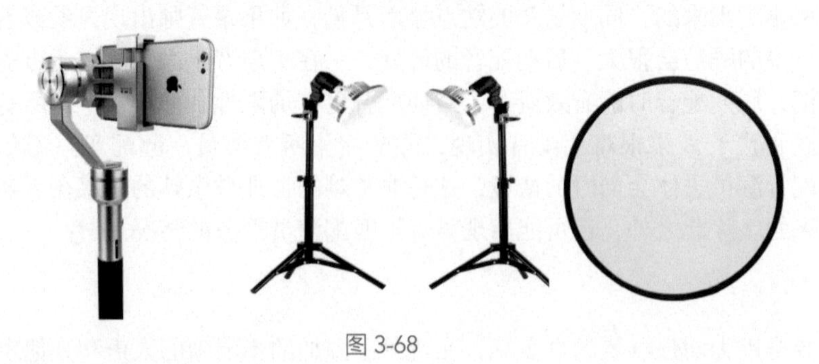

图 3-68

2. 布置场景和准备道具

根据短视频脚本来布置场景和准备道具，这两项工作都比较简单。该短视频中的主要场景有4个，家中的厨房和餐厅，体育馆中的游泳池和休息厅。而道具主要是拍摄所需要的菜品、餐盘、杯子及摆盘用的果蔬鲜花，具体如表3-1所示。

表 3-1

拍摄场景		道具
家中	厨房	牛排、白色餐盘、木质餐盘
		面包、白色餐盘、小蛋糕、果汁、切片的草莓和柠檬
	餐厅	凉拌皮蛋、白色餐盘
		小龙虾、可旋转的黑色餐盘
体育馆	游泳池旁	柠檬汽水、高脚杯、切片的柠檬
	休息厅	切片的西瓜、白色餐盘、鲜花

3. 现场布光

该短视频主要有体育馆场景和家中场景，应根据场景制订相应的布光方案。

（1）体育馆场景布光：体育馆中的透光效果通常较好，因此只需打开所有灯光，并选择合适的角度进行拍摄，便能取得很好的光照效果。

（2）家中场景布光：在拍摄厨房场景时选择光照效果较好的窗边进行拍摄；而在拍摄餐厅场景时，则需使用补光灯进行补光。具体布光方案可以参考“三点照明”法，如图3-69所示。

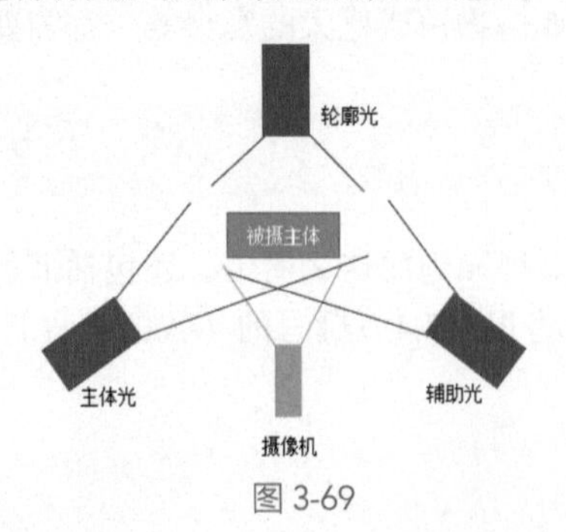

图 3-69

提示：

三点照明又称区域照明，顾名思义，是使用3个光源去照亮被摄主体，一般用于较小范围的场景照明。如果场景很大，可以把它拆分为若干个较小的区域进行布光。3个光源分别为主体光、辅助光与轮廓光。主体光通常用来照亮场景中的被摄主体及其周围区域，并负责为被摄主体添加投影。辅助光又称补光，是一种均匀的、非直射的光源，通常用来填充阴影区域及被主体光遗漏的场景区域，以调和明暗区域之间的反差，其亮度一般只有主体光的50%～80%。而轮廓光则是以大逆光的形式，从背面照向被摄主体，使被摄主体的边缘形成强烈的光照效果，以突出被摄主体的轮廓，让被摄主体的造型更加突出。

4. 拍摄短视频素材

完成现场所有布置工作后，就可以根据撰写的短视频脚本，拍摄与脚本相对应的短视频素材了。拍摄过程中要注意景别的变化和镜头的运用，主要使用突出被摄主体的构图形式。图3-70所示为拍摄的短视频素材。

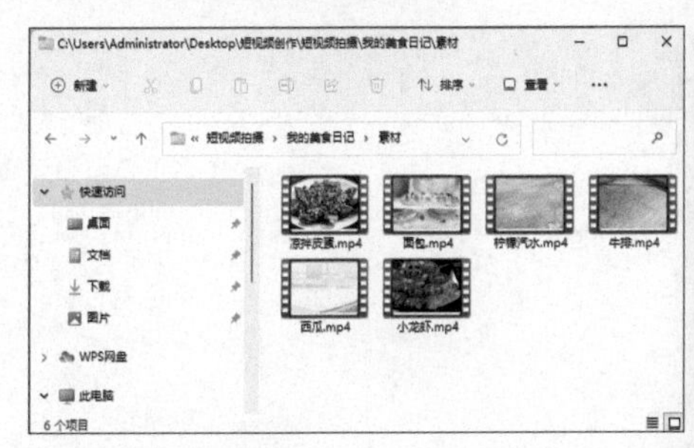

图 3-70

3.8 课后习题：拍摄短视频《小城美食记》

试着根据自己创作的《小城美食记》短视频脚本，自行准备拍摄器材、场景和道具，并进行现场布光和拍摄。

第4章 剪映的基础操作

视频的后期制作实际上就是对视频素材进行加工和完善，使它们变成一个完整的视频作品，为大众所接受、喜爱。但对于新手来说，专业的后期处理软件过于复杂，操作难度太大，并不实用。所以建议对剪辑并不熟练的新手使用抖音官方推出的剪辑工具——剪映，它操作简单且功能强大，非常容易上手。本章将介绍一些剪映的基础操作。

学习目标

- ❖ 掌握处理素材的基本技巧
- ❖ 掌握处理音频的基本方法
- ❖ 掌握添加字幕的方法
- ❖ 学会添加视频转场和特效

4.1 处理素材

如果将视频的编辑工作看作一个修建房子的过程，那么素材则可以被看作修建房子的基石。后期进行视频编辑的第一步，便是掌握编辑素材的各项基本操作，例如素材的导入、分割、替换、变速等。

4.1.1 导入素材

剪映作为一款手机端应用，它与PC端常用的Premiere、会声会影等剪辑软件有许多相似之处，例如，在素材的轨道分布上，同样做到了一类素材对应一个轨道。

打开剪映，在主界面中点击“开始创作”按钮+，如图4-1所示，打开手机相册，用户可以在该界面中选择一个或多个视频素材或图像素材，完成选择后，点击底部的“添加”按钮，如图4-2所示。进入视频编辑界面后，可以看到选择的素材分布在同一条轨道上，如图4-3所示。

图 4-1

图 4-2

图 4-3

> **提示：**
>
> 在进行素材的选择时，点击素材缩览图右上角的圆圈可以选中目标，若点击素材缩览图，则可以打开素材进行全屏预览。

在剪映中，用户除了可以添加手机相册中的视频素材和图像素材外，还可以选择剪映素材库中的视频素材及图像素材。

在图4-4所示的界面中点击时间线区域中的“添加”按钮+，在素材添加界面中切换至“素材库”选项，如图4-5所示。用户可以在素材库中选择需要的素材，完成选择后，点击界面右下角的“添加”按钮，进入视频编辑界面，可以看到所选的素材已经添加至时间线区域，如图4-6所示。

图 4-4

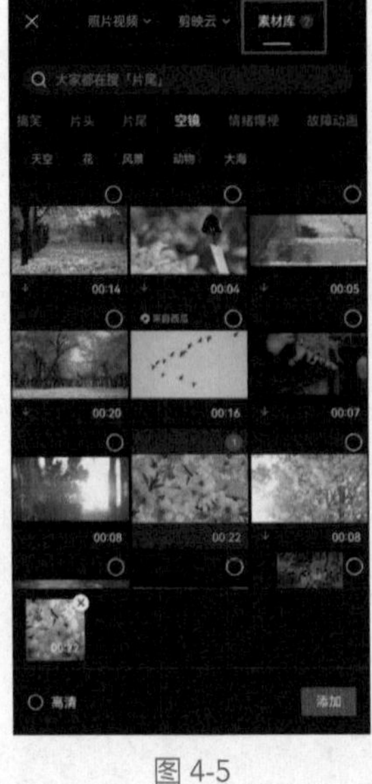

图 4-5

图 4-6

提示：

在添加素材的过程中，若时间线停靠的位置靠近素材的前端，则新增素材会衔接在该素材的前方；若时间线停靠的位置靠近素材的后端，则新增素材会衔接在该素材的后方。

4.1.2 调整画幅比例

画幅比例是用来描述画面宽度与高度关系的一组数值。对于视频来说，合适的画幅比例可以为观众带来更好的视觉体验；而对于视频创作者来说，合适的画幅比例可以改善构图效果，将信息准确地传递给观众，从而与观众建立更好的连接。

打开剪映，在素材添加界面中任意选择一个素材添加至剪辑项目中。在未选中任何素材的状态下，点击底部工具栏中的“比例”按钮▣，如图4-7所示，打开比例选项栏，在这里可以看到多个比例选项，如图4-8所示。

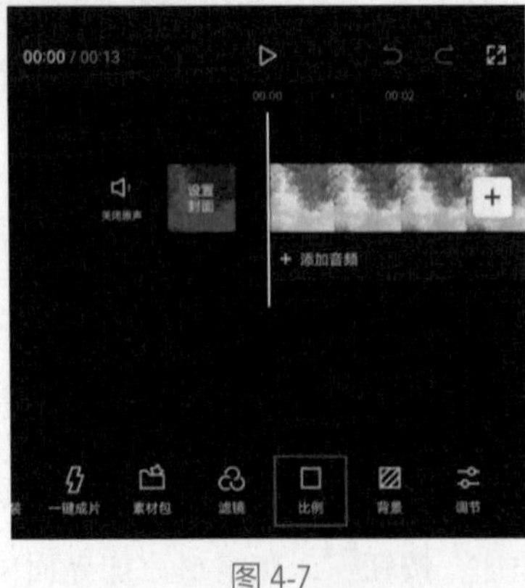

图 4-7

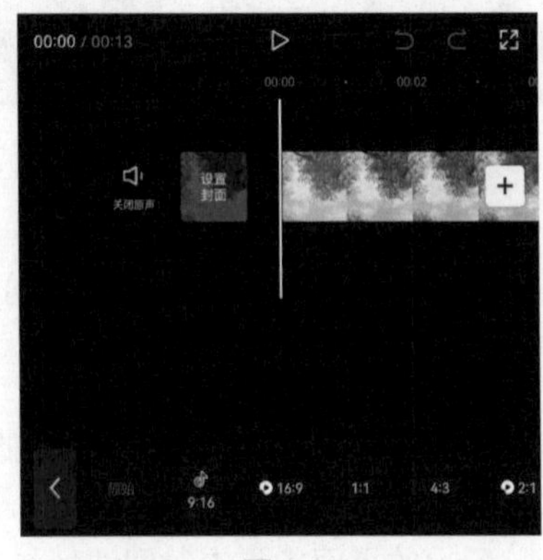

图 4-8

在比例选项栏中点击任意一个比例选项，即可在预览区域中看到相应的画面效果，如果没有特殊的视频制作要求，建议选择9∶16或16∶9，如图4-9和图4-10所示，因为这两种比例更加符合一些常规短视频平台的上传要求。

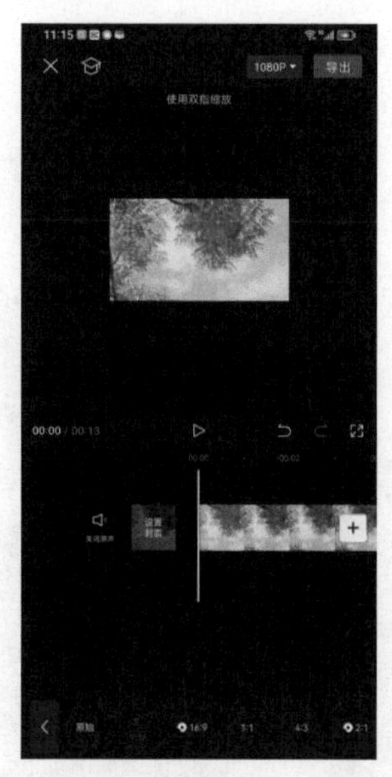
图 4-9

图 4-10

4.1.3 设置背景

在进行视频编辑工作时，若素材画面没有铺满画布，可能会对视频的播放效果产生影响。在剪映中，用户可以通过“背景”功能来添加彩色画布、模糊画布或自定义图案画布，以达到丰富画面效果的目的。

1. 画布颜色

在剪辑项目中添加一个横画幅图像素材，在未选中任何素材的状态下，点击底部工具栏中的“比例”按钮■，如图4-11所示。打开比例选项栏，选择9：16选项，如图4-12所示。由于画面比例发生了改变，素材画面出现了未铺满画布的情况，上下均出现了黑色区域，这是非常影响观众观感的。

图 4-11

图 4-12

要想在不丢失画面的情况下使画布被铺满，可进行如下操作。在未选中任何素材的状态下，点击底部工具栏中的“背景”按钮▨，如图4-13所示。打开背景选项栏，点击“画布颜色”按钮，如图4-14所示。接着，在打开的画布颜色选项栏中点击任意颜色，如图4-15所示，即可将其应用到画布中，操作完成后点击右下角的按钮。

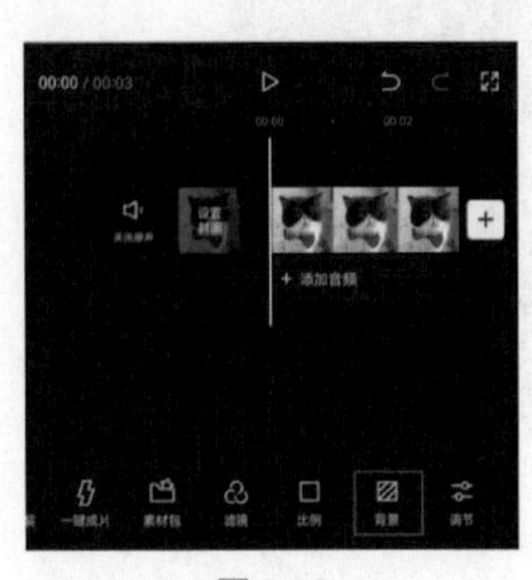

图 4-13

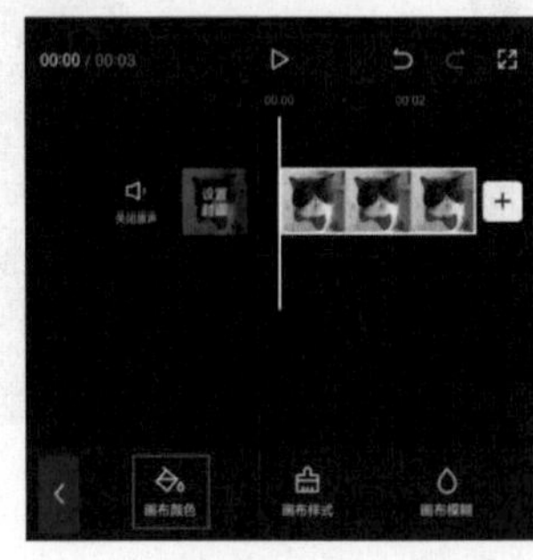

图 4-14

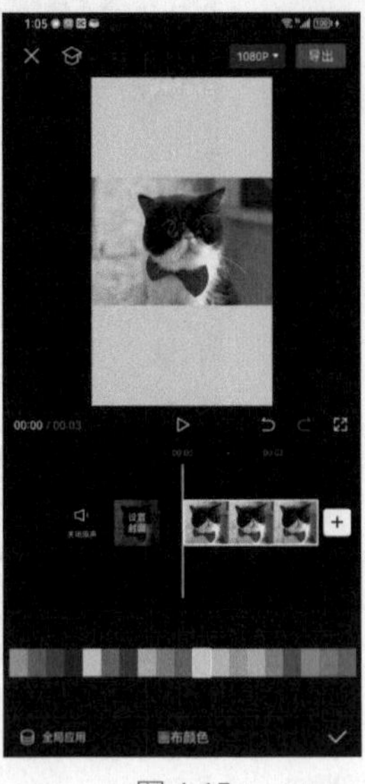

图 4-15

提示：

当剪辑项目中有多个素材，且需要为所有素材统一设置画布颜色时，那么在选择颜色后，可以点击界面中的“全局应用”按钮。

2. 画布样式

在剪映中，用户除了可以为素材设置纯色画布，还可以应用画布样式以打造个性化的视频效果。应用画布样式的方法很简单，在未选中素材的状态下，点击底部工具栏中的“背景”按钮，如图4-16所示。

接着在打开的背景选项栏中点击“画布样式”按钮，如图4-17所示。在打开的画布样式选项栏中点击任意一种样式，如图4-18所示，即可为画布应用样式。

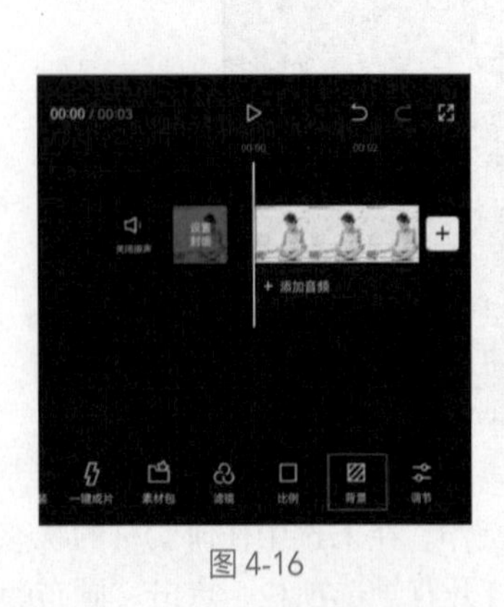

图 4-16

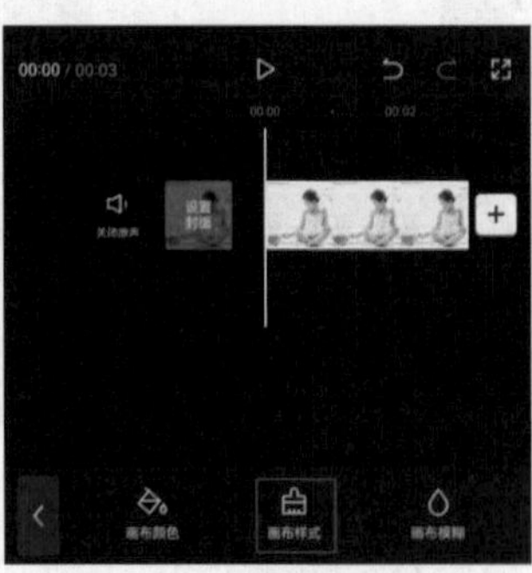

图 4-17

图 4-18

提示：

若不需要应用画布样式，在画布样式选项栏中点击“无”按钮⊘即可。

3. 模糊画布

前面为大家介绍的两类画布均为静态效果。若用户在添加视频素材后，想让画布跟随画面产生动态效果，则可以通过设置模糊效果来起到丰富画面、增强画面动感的作用。

在剪映中导入一段视频素材，在未选中任何素材的状态下，点击底部工具栏中的“背景”按钮▨，如图4-19所示。接着在打开的背景选项栏中点击“画布模糊”按钮💧，如图4-20所示。在打开的画布模糊选项栏中，可以看到剪映为用户提供了4个不同的模糊效果，如图4-21所示，点击任意一个效果即可将其应用到项目中。

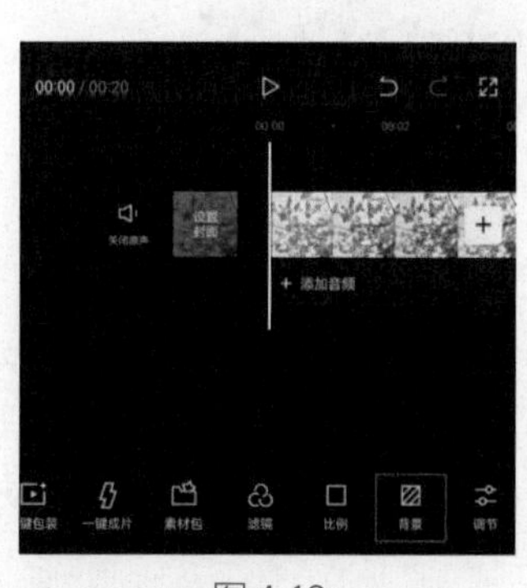

图 4-19

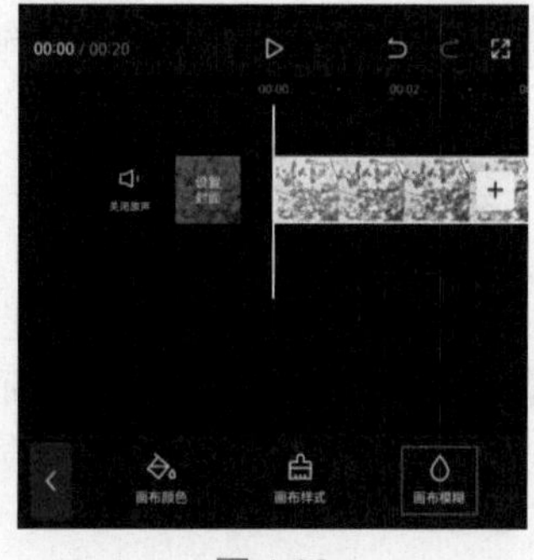

图 4-20

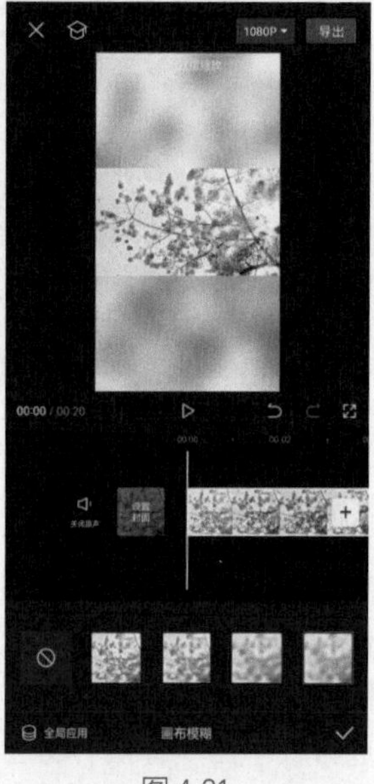

图 4-21

提示：

在剪映中，“背景”功能中的画布样式选项栏里有一个按钮，点击后可以打开手机相册，用户可以在其中选择合适的图片作为自定义背景。

4.1.4 分割素材

再厉害的摄像师也无法保证拍摄的每一帧都能在最终的视频中出现，当需要将视频中的某部分内容去除时，就需要用到“分割”功能。

在导入一段视频素材后，往往需要截取出其中的部分，当然，选中视频片段，然后拉动两侧的白色边框同样可以实现截取片段的目的，但在实际操作过程中，该方法的精确度不是很高。因此，如果需要精确截取片段，最好的办法就是使用“分割”功能。

在剪映中使用“分割”功能的方法很简单，首先将时间线定位至需要进行分割的时间点，如图4-22所示，接着选中需要进行分割的素材，在底部工具栏中点击“分割”按钮，即可将选中的素材一分为二，如图4-23和图4-24所示。

在时间线区域中选中分割出来的后半段素材，在底部工具栏中点击“删除”按钮，即可将选中的素材片段删除，只保留需要使用的部分，如图4-25和图4-26所示。

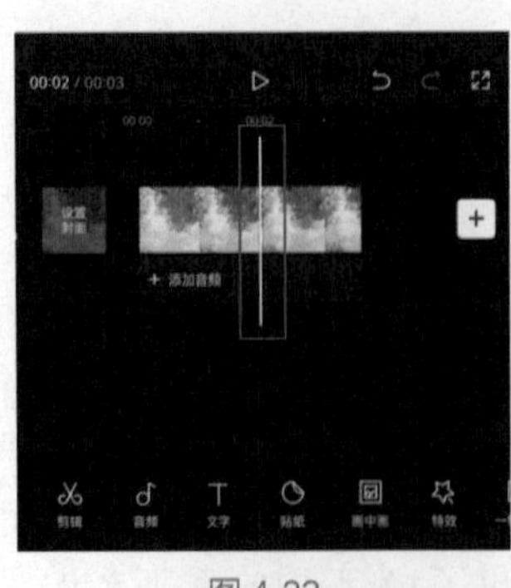

图 4-22

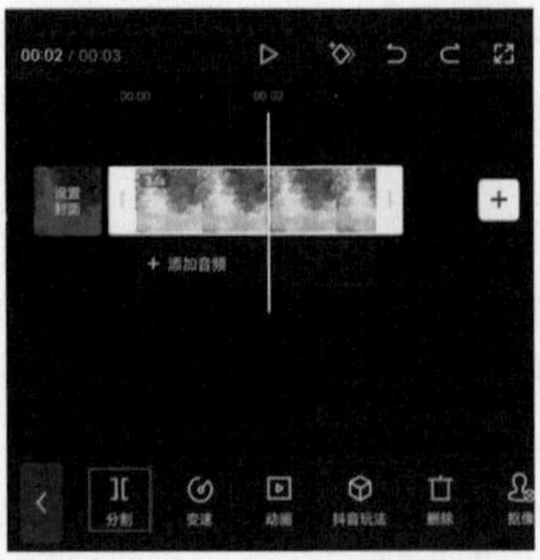

图 4-23

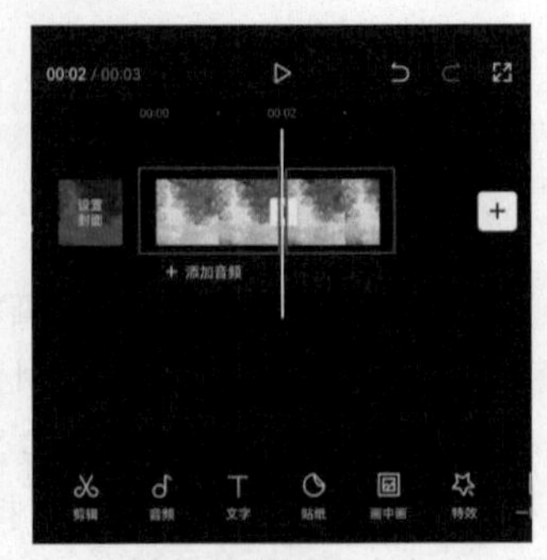

图 4-24

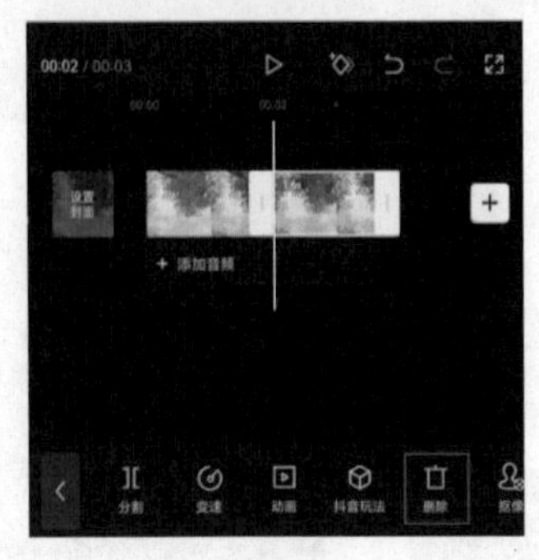

图 4-25

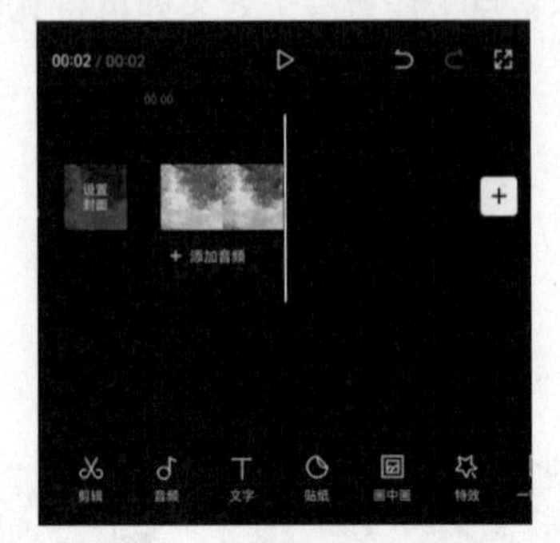

图 4-26

4.1.5 替换素材

替换素材是视频剪辑师的一项必备技能，运用该技能能够帮助用户打造出更加符合要求的作品。在进行视频编辑处理时，如果用户对某部分的画面效果不满意，直接删除该素材很可能会对整个剪辑项目产生影响，要想在不影响剪辑项目的情况下换掉不满意的素材，可以通过剪映中的“替换”功能轻松实现。

在时间线区域中选中需要进行替换的素材片段，在底部工具栏中点击“替换”按钮，如图4-27所示；接着进入素材添加界面，点击需要使用的素材，即可完成替换，如图4-28和图4-29所示。

图 4-27

图 4-28

图 4-29

> **提示：**
>
> 如果替换的素材出现没有铺满画布的情况，可以选中素材，然后在预览区域中通过双指缩放来调整画面大小。若替换的是视频素材，那么选择的新素材时长不能短于被替换的素材时长。

4.1.6 视频变速

当拍摄一些运动中的物体时，如果其运动速度过快，那么通过肉眼是无法清楚观察到每一个细节的。此时可以使用“变速”功能来降低画面中物体的运动速度，形成慢动作效果，从而令每一个瞬间都能清楚呈现。而对于一些变化太过缓慢，或者单调、乏味的画面，则可以通过“变速”功能适当提升播放速度，形成快动作效果，从而缩短视频的播放时间，让视频更生动。

另外，通过曲线变速功能，还可以让画面形成一定的节奏感，从而大幅度提升观众的观看体验。

1. 常规变速

剪映中的“常规变速”是指对所选视频素材进行统一的调速。在时间线区域中选中需要进行变速处理的视频素材，点击底部工具栏中的“变速”按钮，如图4-30所示。此时可以看到底部工具栏中有两个变速按钮，如图4-31所示。

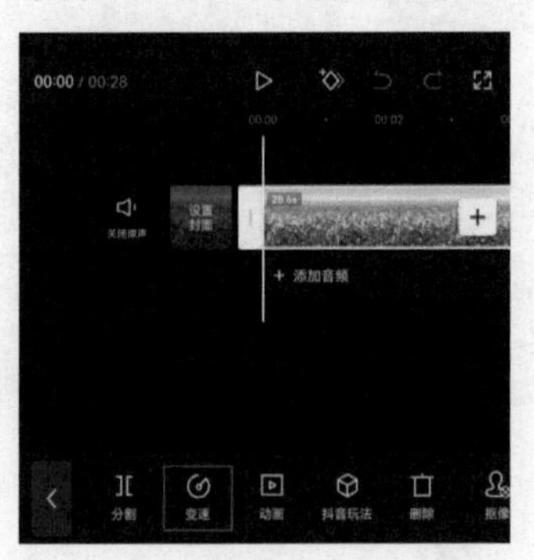

图 4-30

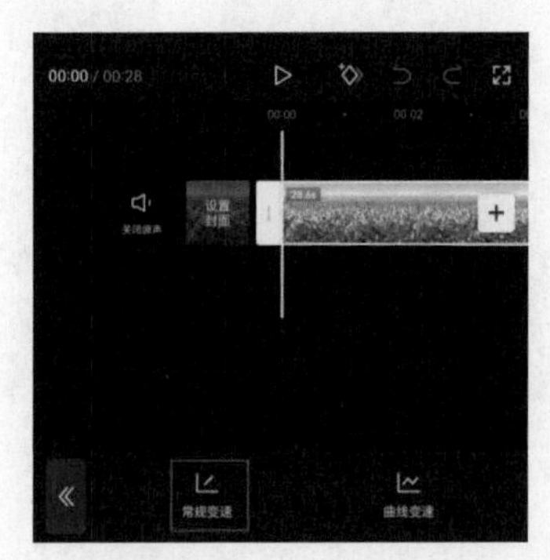

图 4-31

点击其中的“常规变速”按钮，可打开对应的变速选项栏，如图4-32所示。一般情况下，视频素材的原始倍速为1x，拖动变速滑块可以调整视频的播放速度。当数值大于1x时，视频的播放速度将变快；当数值小于1x时，视频的播放速度将变慢。

当用户拖动变速滑块时，上方会显示当前视频倍速，如图4-33所示。完成变速调整后，点击右下角的按钮即可保存操作。

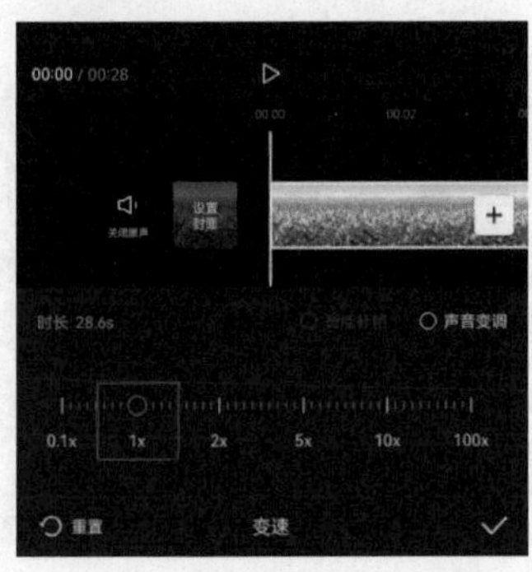

图 4-32

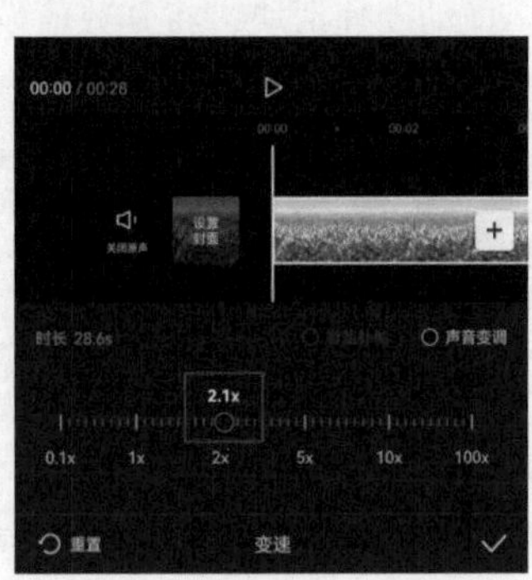

图 4-33

提示：

注意，对素材进行常规变速操作时，素材的持续时间也会发生相应的变化。简单来说，就是当倍速数值增加时，视频的播放速度会变快，素材的持续时间会变短；当倍速数值减小时，视频的播放速度会变慢，素材的持续时间会变长。

2. 曲线变速

剪映中的“曲线变速”可以有针对性地对一段视频中的不同部分进行加速或者减速处理，而加速、减速的幅度可以自由控制。

点击“曲线变速”按钮，打开“变速”选项栏，可以看到其中罗列了不同的变速按钮，包括原始、自定、蒙太奇、英雄时刻、子弹时间、跳接等，如图4-34所示。

在“变速”选项栏中点击除“原始”按钮和“自定”按钮的任意一个变速按钮，可以实时预览变速效果。下面以“蒙太奇”按钮举例说明。

首次点击该按钮，将在预览区域中自动显示变速效果，此时可以看到“蒙太奇”按钮变为红色，如图4-35所示。再次点击该按钮，可以进入曲线编辑面板，如图4-36所示，在这里可以看到曲线的起伏状态，左上角还会显示应用该速度曲线后素材的时长变化。

此外，用户可以对曲线中的各个锚点进行拖动，以满足不同的变速要求。

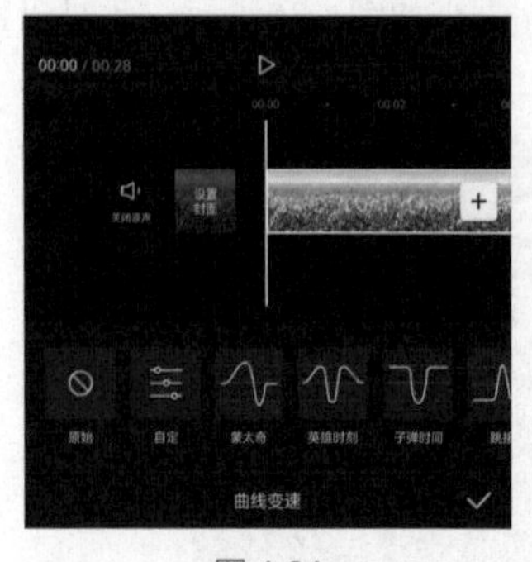

图 4-34

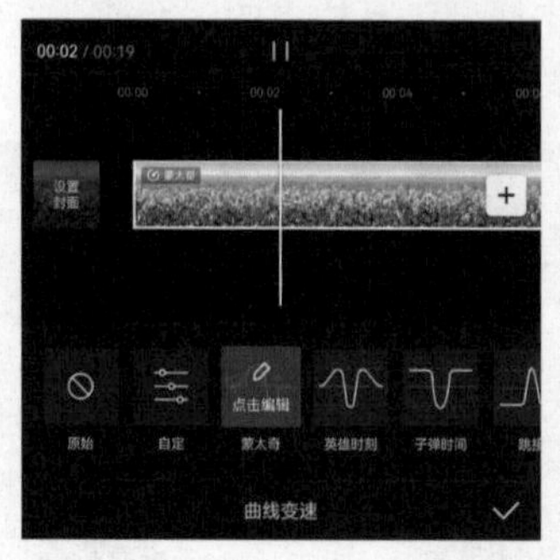

图 4-35

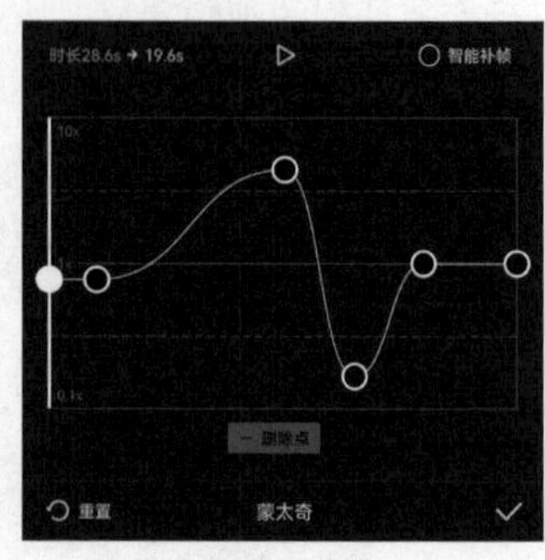

图 4-36

4.1.7 实战案例：制作短视频《美食混剪》

本案例介绍的是《美食混剪》短视频的制作方法，主要使用剪映的“变速”“分割”“素材包”功能，下面介绍具体的操作方法。

01 打开剪映，在素材添加界面中选择8段美食素材并添加至剪辑项目中。在时间线区域中选中第1段素材，点击底部工具栏中的“变速”按钮，如图4-37所示，打开“变速”选项栏，点击其中的“常规变速”按钮，如图4-38所示。拖动变速滑块，将其数值设置为2.3x，如图4-39所示。

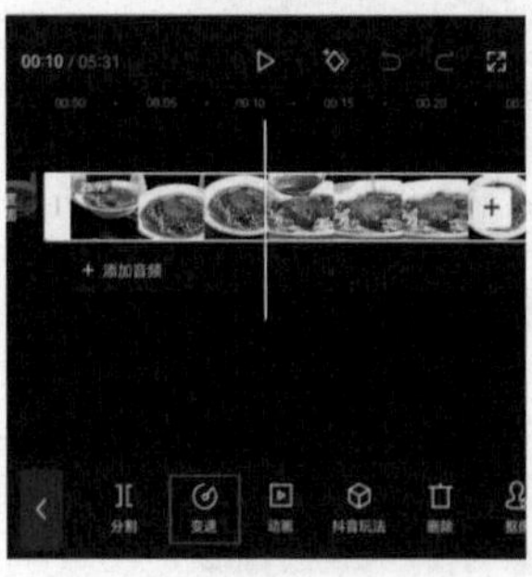

图 4-37

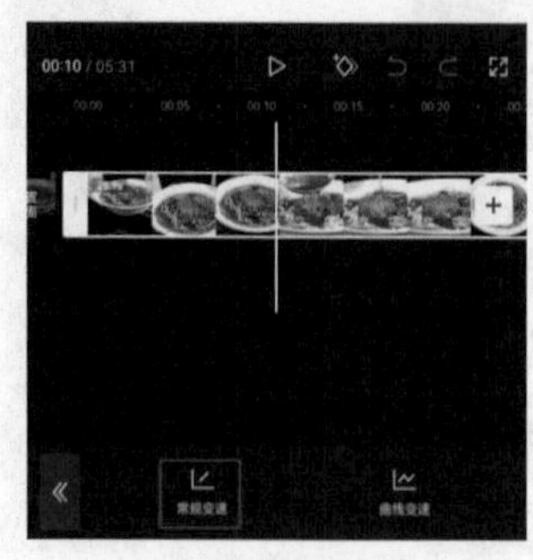

图 4-38

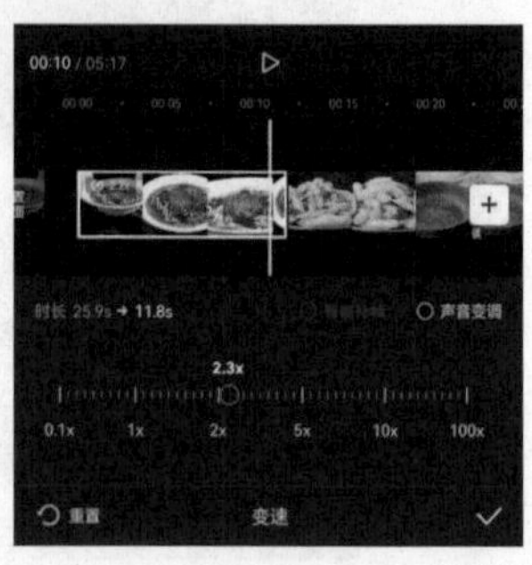

图 4-39

02 参照步骤01的操作方法，将第2段素材设置为2倍速，将第5段素材设置为2.8倍速。

03 将时间线移动至3.7秒的位置，在时间线区域中选中视频素材，点击底部工具栏中的“分割”按钮，将视频一分为二，如图4-40所示。执行操作后选中分割出来的前半段素材，点击底部工具栏中的“删除”按钮，将其删除，如图4-41所示。

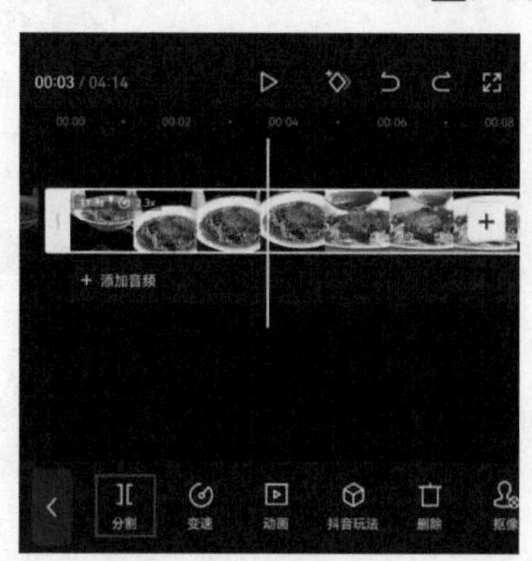

图 4-40

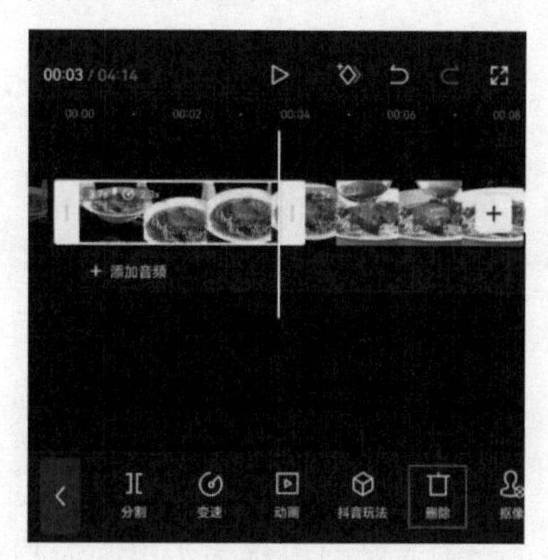

图 4-41

04 将时间线移动到3.2秒的位置，在时间线区域中选中视频素材，点击底部工具栏中的“分割”按钮，将视频一分为二，如图4-42所示。执行操作后选中分割出来的后半段素材，点击底部工具栏中的“删除”按钮，将其删除，如图4-43所示。

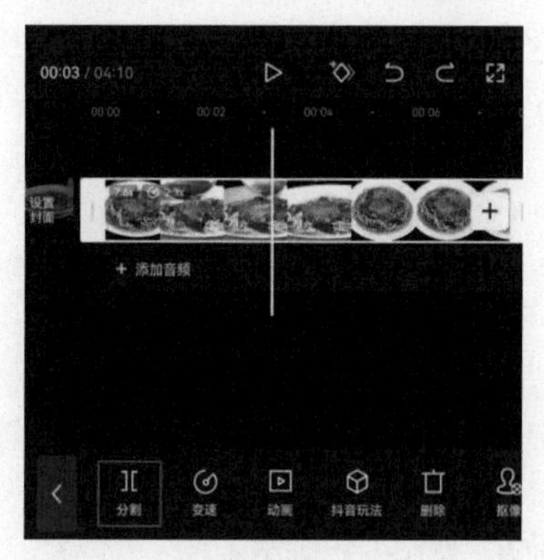

图 4-42

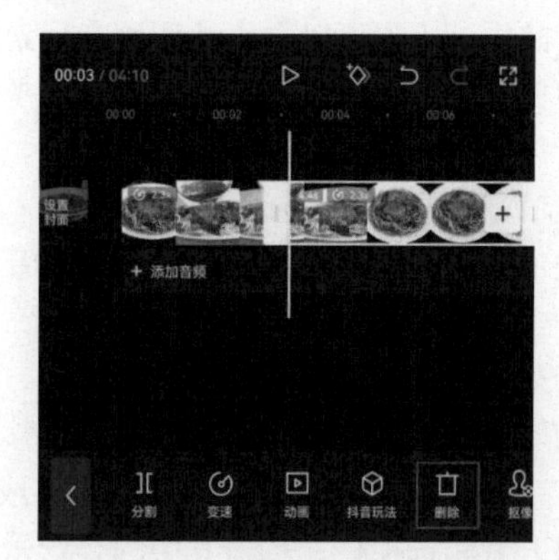

图 4-43

05 参照步骤04的操作方法对余下几段素材进行分割处理，只保留需要的片段，如图4-44所示。

06 将时间线移动至视频的起始位置，点击底部工具栏中的“素材包”按钮，如图4-45所示，打开素材包选项栏，在“片头”选项中选择图4-46所示的素材并将其添加至剪辑项目中。

图 4-44

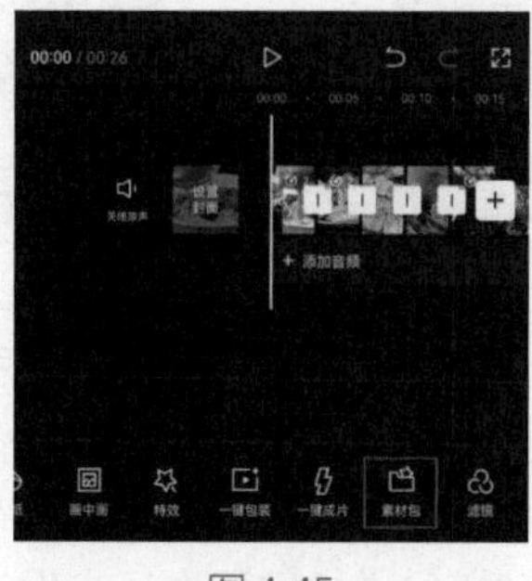

图 4-45

图 4-46

07 完成所有操作后，再为视频添加一首合适的背景音乐，点击界面右上角的“导出”按钮，将视频保存至相册，效果如图4-47所示。

图 4-47

4.2 处理音频

通常，一个完整的短视频是由画面和音频两部分组成的，视频中的音频可以是视频原声、后期录制的旁白，也可以是特殊音效或背景音乐。对于视频来说，音频是不可或缺的组成部分，原本普通的视频画面只要配上调性明确的背景音乐，就能更加打动人心。

4.2.1 添加背景音乐

在剪映中，用户可以自由地调用音乐素材库中不同类型的音乐素材，并且剪映还支持叠加音乐。此外，用户也可以将抖音等其他平台中的音乐添加至剪辑项目中。下面将进行详细介绍。

1. 选取剪映音乐素材库中的音乐

剪映的音乐素材库中有着非常丰富的音乐资源，并且还对这些音乐进行了十分细致的分类，如“舒缓”“轻快”“可爱”“伤感”等，用户可以根据视频内容的基调，快速找到合适的背景音乐。

在剪辑项目中导入素材后，将时间线移动至需要添加背景音乐的时间点，在未选中任何素材的状态下，点击“添加音频”按钮，或点击底部工具栏中的“音频”按钮，如图4-48所示，打开音频选项栏，点击其中的“音乐”按钮，如图4-49所示。

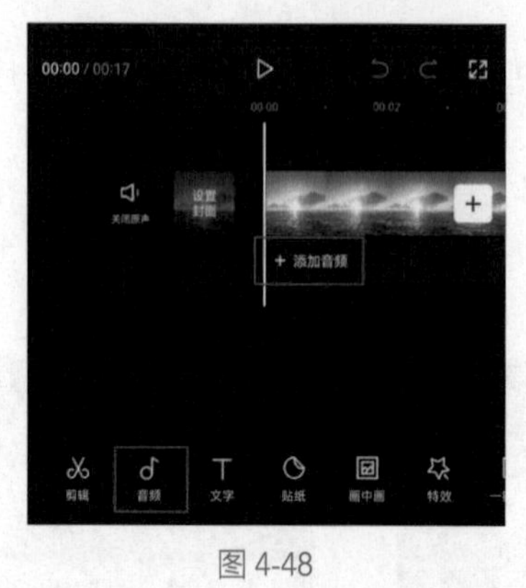

图 4-48

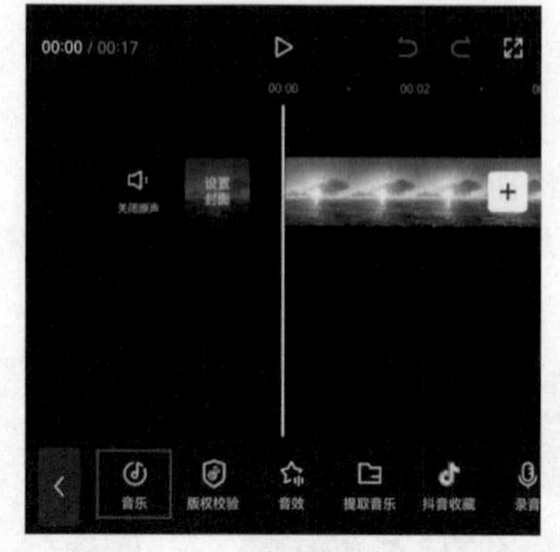

图 4-49

执行上述操作后，将进入剪映音乐素材库，如图4-50所示。剪映音乐素材库对音乐素材进行了细致的分类，用户可以根据音乐类别来快速挑选适合自己影片基调的背景音乐。

在音乐素材库中，点击任意一首音乐，即可试听该音乐，如图4-51所示。此外，点击音乐素材右侧的功能按钮，还可以对音乐素材进行进一步操作。音乐素材旁边的功能按钮说明如下。

（1）收藏音乐☆：点击该按钮，可将音乐添加至音乐素材库的“收藏”列表中，方便下次使用。

（2）下载音乐⤓：点击该按钮，可以下载音乐，下载完成后会自动进行播放。

（3）使用音乐 使用 ：在完成音乐的下载后，将出现该按钮，点击该按钮即可将音乐添加到剪辑项目中。

图 4-50

图 4-51

2. 提取本地视频中的背景音乐

剪映支持用户对本地相册中存储的视频进行音乐提取操作，简单来说，就是将其他视频中的音乐提取出来并单独应用到剪辑项目中。

在剪辑项目中导入素材后，将时间线移动至需要添加背景音乐的时间点，在未选中任何素材的状态下，点击底部工具栏中的“音频”按钮♪，如图4-52所示，打开“音频”选项栏，点击其中的“提取音乐”按钮▣，如图4-53所示。

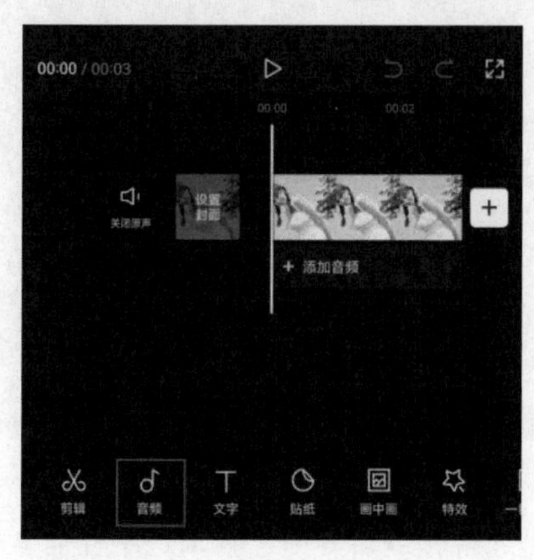

图 4-52

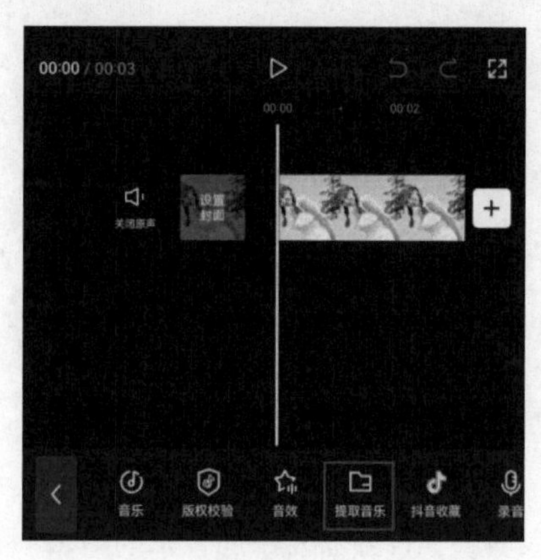

图 4-53

进入素材添加界面，选择带有音乐的视频，然后点击“仅导入视频的声音”按钮，如图4-54所示。执行上述操作后，视频中的背景音乐将被导入剪辑项目中，如图4-55所示。

图 4-54

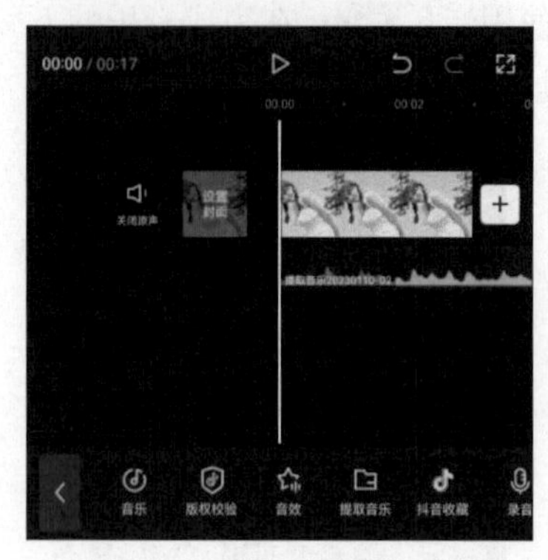

图 4-55

3. 使用抖音中收藏的音乐

作为一款与抖音直接关联的短视频剪辑软件，剪映支持用户在剪辑项目中添加抖音中的音乐。在进行该操作前，用户需要在剪映中切换至“我的”界面，登录自己的抖音账号。通过这一操作，建立剪映与抖音的连接，之后用户就可以直接在剪映的“抖音收藏”列表中找到在抖音中收藏的音乐并进行调用了，下面介绍具体的操作方法。

打开抖音，在视频播放界面中点击界面右下角的CD形状的按钮，如图4-56所示，进入拍同款界面，点击“收藏音乐”按钮，即可收藏该视频的背景音乐，如图4-57和图4-58所示。

图 4-56

图 4-57

图 4-58

进入剪映，打开需要添加音乐的剪辑项目，进入视频编辑界面，在未选中任何素材的状态下，点击底部工具栏中的“音频”按钮，如图4-59所示。打开“音频”选项栏，点击其中的“抖音收藏”按钮，如图4-60所示。进入剪映的音乐素材库，即可在界面下方的“抖音收藏”列表中看到刚刚收藏的音乐，如图4-61所示。

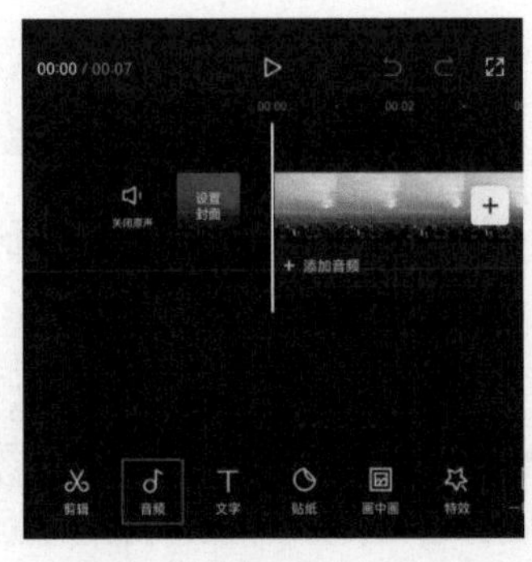

图 4-59

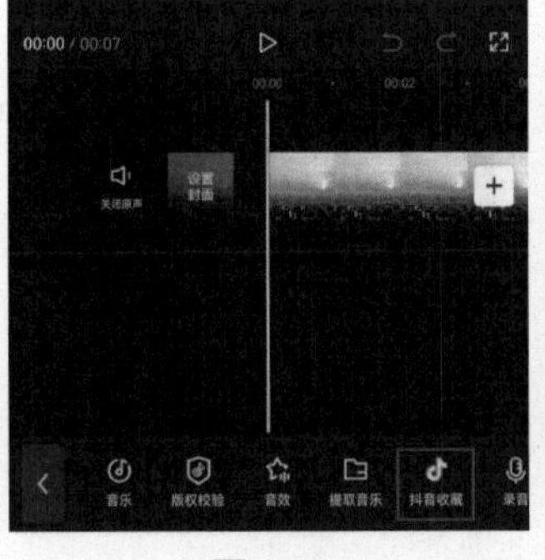

图 4-60

图 4-61

提示：

如果想在剪映中将“抖音收藏”列表中的音乐素材删除，只需要在抖音中取消对该音乐的收藏即可。

4. 通过链接提取音乐

如果剪映音乐素材库中的音乐素材不能满足剪辑需求，那么用户可以尝试通过视频链接提取其他视频中的音乐。

以抖音为例，用户如果想将该平台中的某个视频的背景音乐导入剪映中使用，可以在抖音的视频播放界面中点击右侧的“分享”按钮，再在底部弹窗中点击“复制链接”按钮，如图4-62和图4-63所示。

图 4-62

图 4-63

完成操作后，进入剪映音乐素材库，切换至“导入音乐”选项，然后点击“链接下载”按钮，在文本框中粘贴之前复制的音乐链接，如图4-64所示，再点击右侧的“下载”按钮，等待片刻，解析完成后，即可点击“使用”按钮将音乐添加到剪辑项目中，如图4-65和图4-66所示。

提示：

对于想要靠视频作品营利的用户来说，在使用其他平台的音乐前，需与平台或音乐创作者进行协商，避免发生侵权行为。

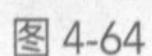
图 4-64

图 4-65

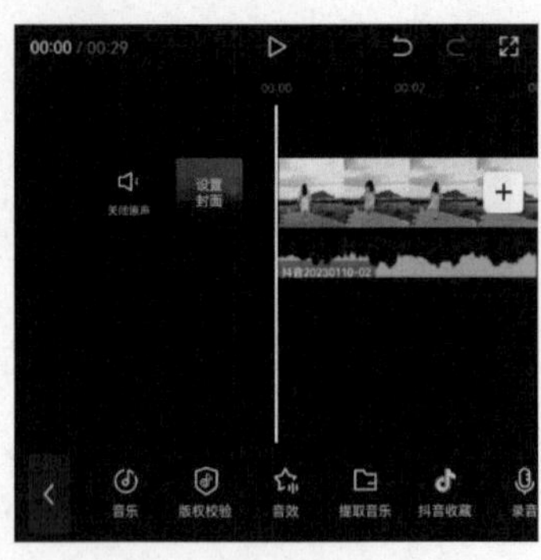

图 4-66

4.2.2 添加背景音效

在视频中添加和画面内容相符的音效，可以大幅增加视频的代入感，带给观者沉浸感。剪映中自带的“音效库”资源非常丰富，其中音效的添加方法与添加背景音乐的方法类似。

将时间线移动至需要添加音效的时间点，在未选中任何素材的状态下，点击“添加音频”按钮，或点击底部工具栏中的“音频”按钮，打开音频选项栏，然后点击其中的“音效”按钮，如图4-67和图4-68所示。

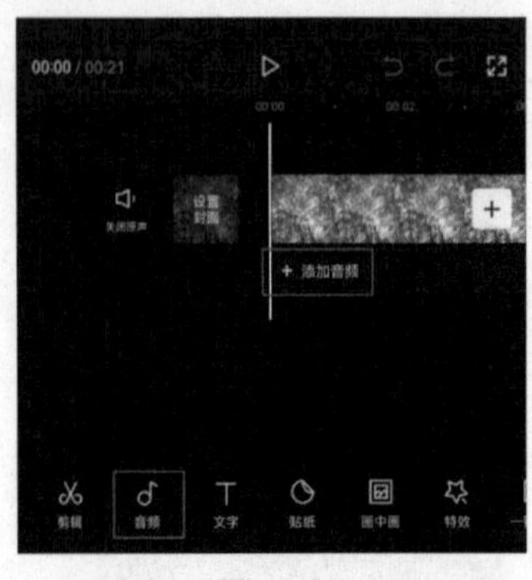

图 4-67

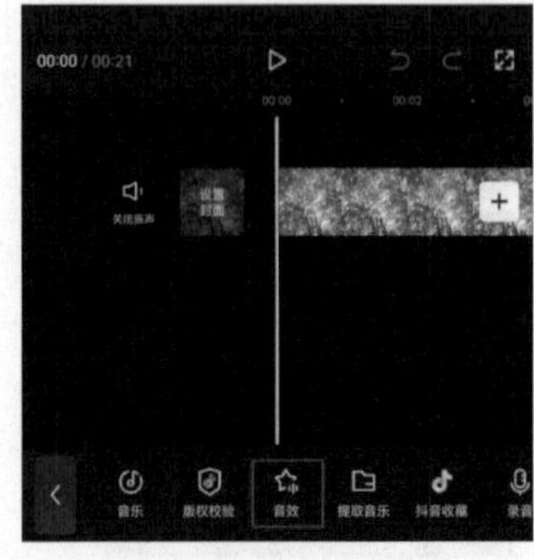

图 4-68

执行上述操作后，即可打开音效库，如图4-69所示，可以看到里面有综艺、笑声、机械等不同类别的音效。添加音效素材的方法与上述添加音乐素材的方法一致，选择任意一个音效素材，点击其右侧的“使用”按钮，即可将该音效添加至剪辑项目中，如图4-70所示。

图 4-69

图 4-70

4.2.3 音频淡化

对于一些没有前奏和尾声的音频素材，在其前后添加淡化效果，可以有效降低音乐出入场的突兀感；而在两个衔接音频之间加入淡化效果，则可以令音频之间的过渡更加自然。

在时间线区域中选中音乐素材，点击底部工具栏中的“淡化”按钮▥，如图4-71所示，在底部浮窗中滑动“淡入时长”滑块，将其数值调整为0.6s，如图4-72所示。

图 4-71

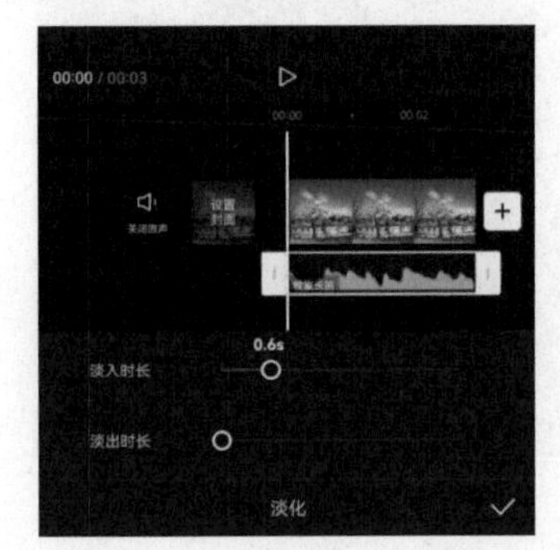

图 4-72

再在底部浮窗中滑动“淡出时长”滑块，将其数值调整为0.6s，并点击右下角的☑按钮保存操作，如图4-73所示。此时在轨道中可以看到音乐素材的前后分别添加了淡入和淡出效果，如图4-74所示。

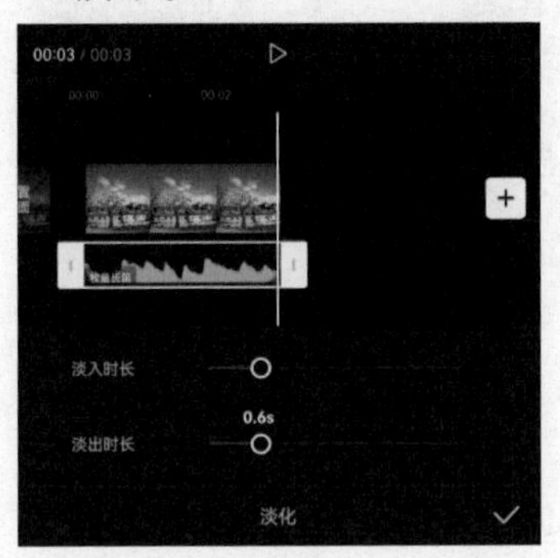

图 4-73

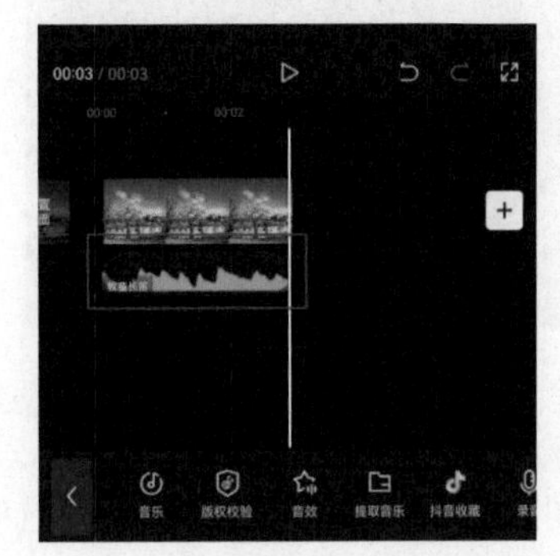

图 4-74

提示：

淡入是指背景音乐开始响起的时候，声音会慢慢变大；淡出是指背景音乐即将结束的时候，声音会渐渐消失。

4.2.4 音乐卡点

以往在使用视频剪辑软件制作卡点视频时，往往需要用户一边试听音频效果，一边手动添加标记点，这是一项既费时又费力的事情，因此制作卡点视频让很多新手创作者望而却步。如今，剪映这款全能型的短视频剪辑软件针对新手用户推出了特色“踩点”功能，不仅支持用户手动添加标记点，还能帮助用户快速分析背景音乐，自动生成节奏标记点。

1. 手动卡点

在时间线区域中添加音乐素材后，选中音乐素材，点击底部工具栏中的“踩点”按钮▣，如图4-75所示。在打开的“踩点”选项栏中，将时间线移动至需要添加标记点的时间点，然后点击“添加点”按钮，如图4-76所示。

执行上述操作后，即可在时间线所在位置添加一个黄色的标记点，如图4-77所示，如果对添加的标记点不满意，点击“删除点”按钮即可将其删除。

标记点添加完成后，点击☑按钮即可保存操作。此时在时间线区域中可以看到刚刚添加的标记点，如图4-78所示，根据标记点所处位置可以轻松地对视频进行剪辑，完成卡点视频的制作。

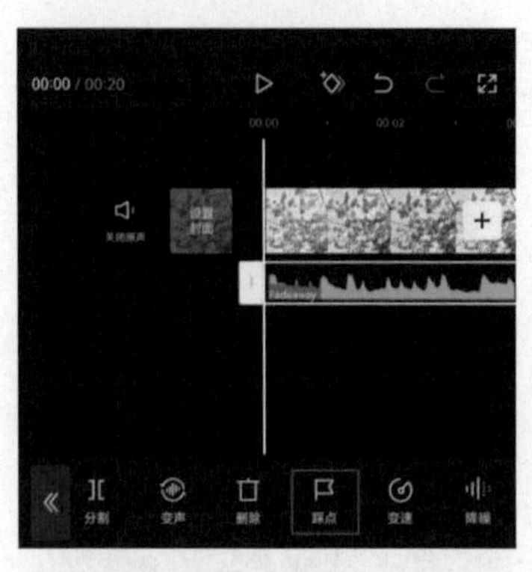

图 4-75

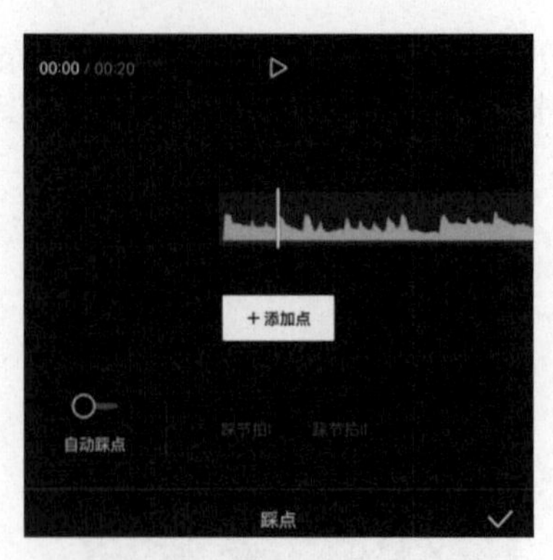

图 4-76

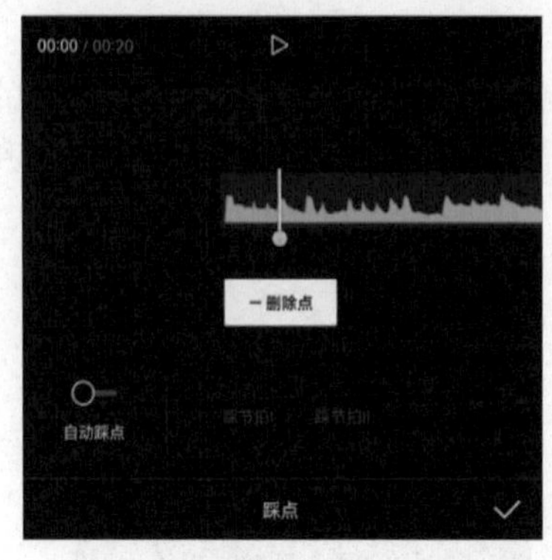

图 4-77

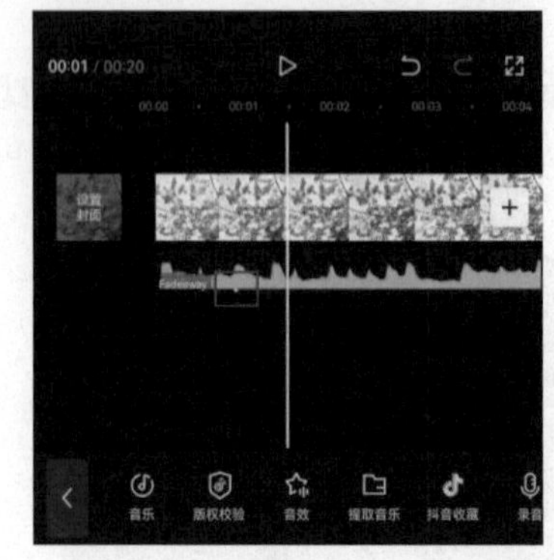

图 4-78

2. 自动卡点

在时间线区域中添加音乐素材后，选中音乐素材，点击底部工具栏中的“踩点”按钮■，如图4-79所示。在打开的“踩点”选项栏中点击“自动踩点”按钮，将打开自动踩点功能，用户可以根据自己的需要选择“踩节拍Ⅰ”或“踩节拍Ⅱ”选项，完成选择后音乐素材下方会自动生成黄色的标记点，如图4-80所示。

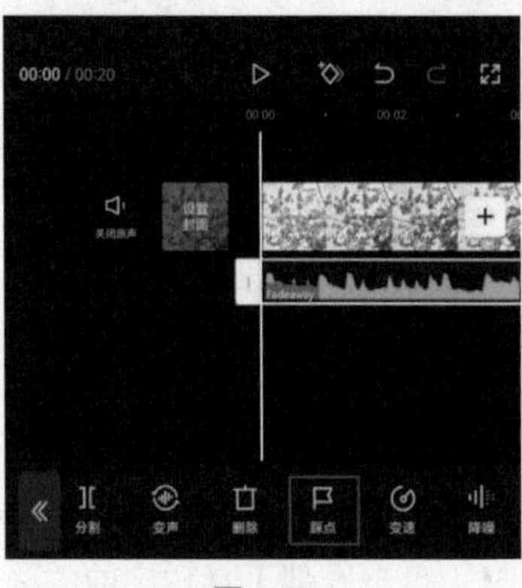

图 4-79

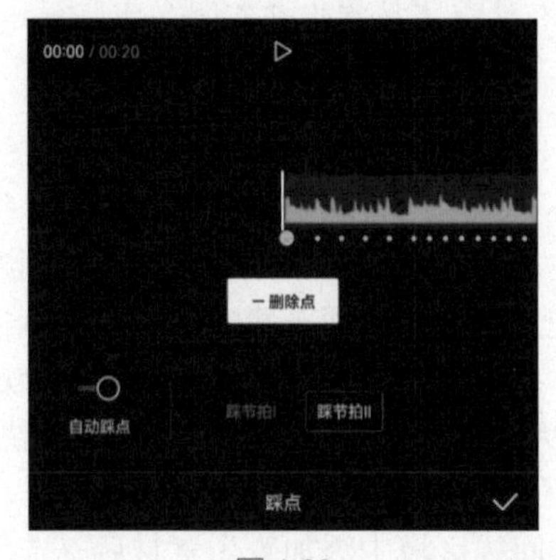

图 4-80

4.2.5 实战案例：制作卡点短视频《户外写真》

本案例介绍的是卡点短视频《户外写真》的制作方法，主要使用剪映的“编辑”“踩点”“分割”功能，下面介绍具体的操作方法。

01 打开剪映，在素材添加界面中选择多段写真素材并添加至剪辑项目

中。在时间线区域中选中第1段素材，点击底部工具栏中的“编辑”按钮，如图4-81所示，打开“编辑”选项栏，点击其中的“裁剪”按钮，如图4-82所示，打开“裁剪”选项栏，选择“16：9”选项，如图4-83所示。

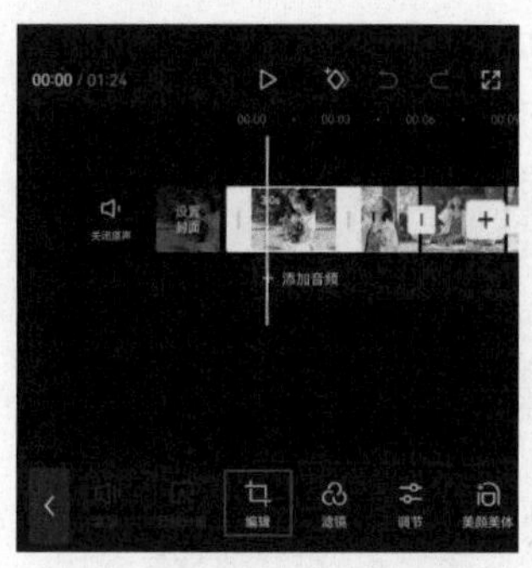

图 4-81

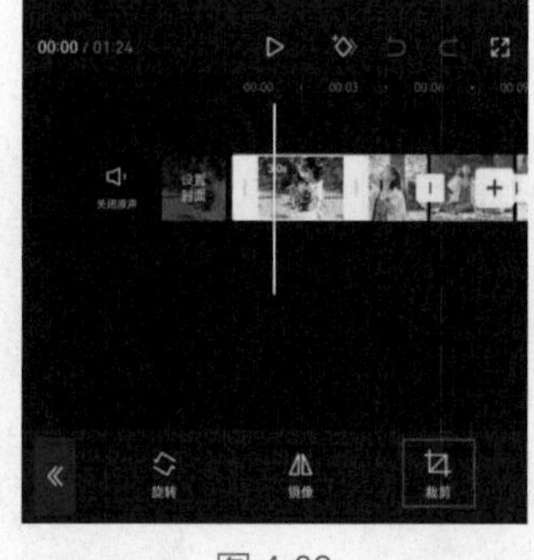

图 4-82

图 4-83

02 将时间线定位至视频的起始位置，在未选中任何素材的状态下，点击底部工具栏中的“音频”按钮，如图4-84所示，打开“音频”选项栏，点击其中的“音乐”按钮，如图4-85所示，进入剪映音乐素材库，在“卡点”音乐列表中选择图4-86所示的音乐，点击“使用”按钮将其添加至剪辑项目中。

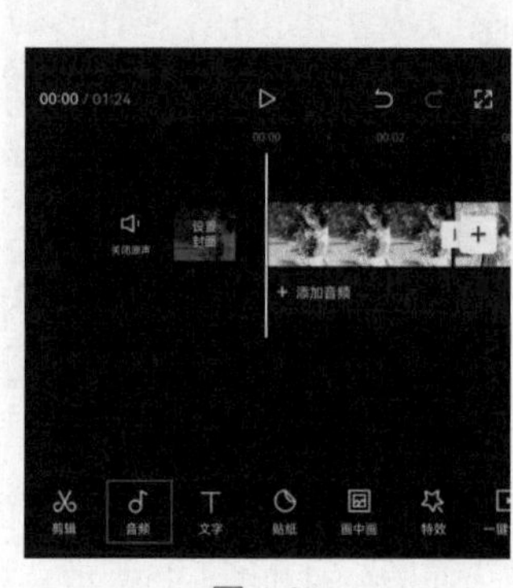

图 4-84

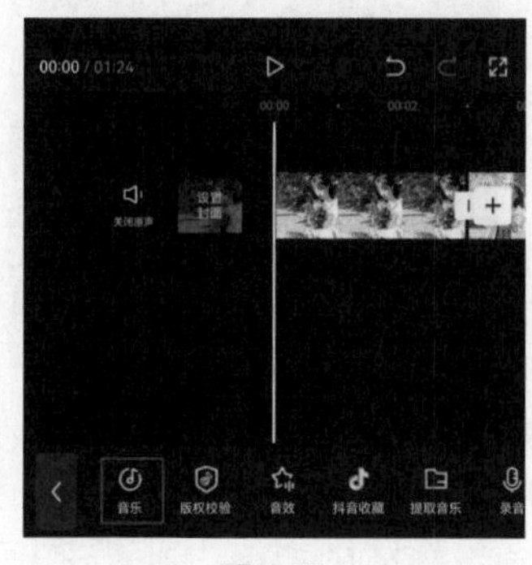

图 4-85

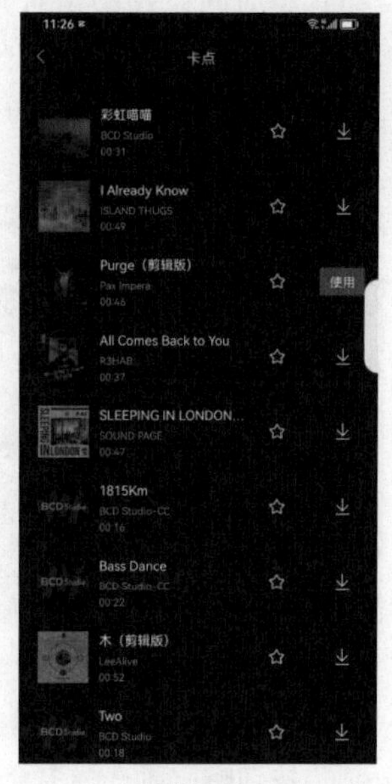

图 4-86

03 在时间线区域中选中音乐素材，点击底部工具栏中的“踩点”按钮，如图4-87所示，在“踩点”选项栏中点击“自动踩点”按钮，选择“踩节拍Ⅱ”选项，如图4-88所示。

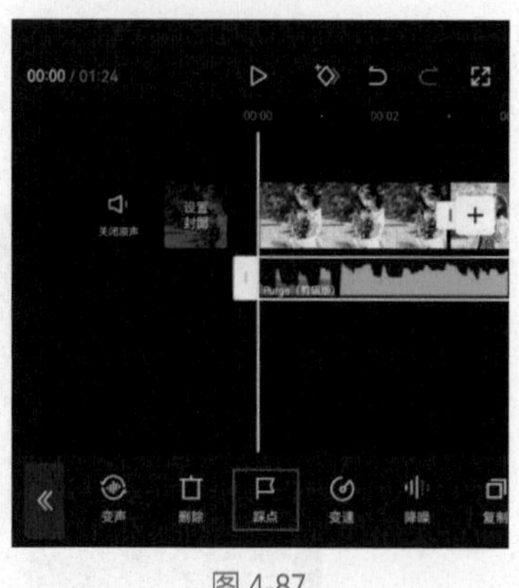

图 4-87

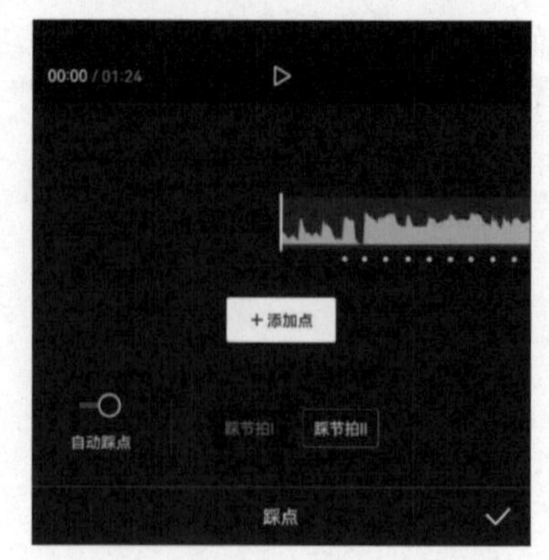

图 4-88

04 将时间线移动至音乐素材的第一个鼓点处（即音频的第一个波峰位置），点击界面中的“添加点”按钮，为音乐素材补上一个标记点，如图4-89和图4-90所示。

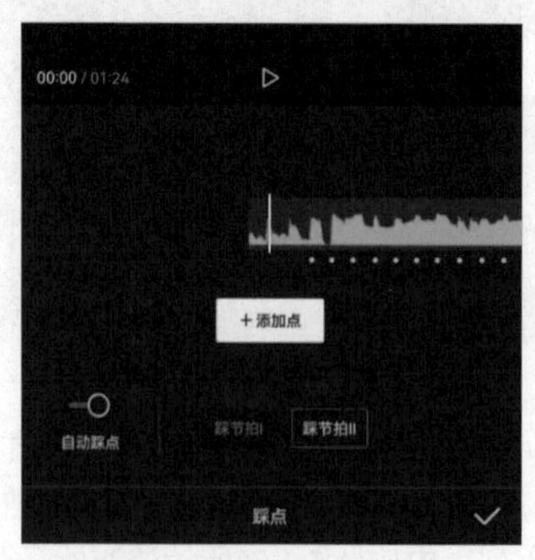

图 4-89

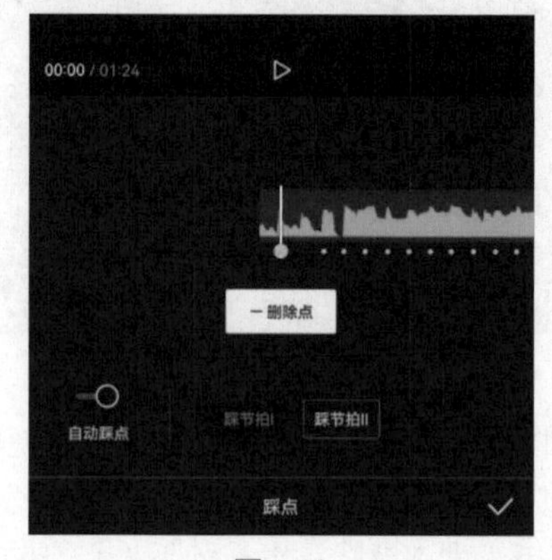

图 4-90

05 将时间线移动至音乐素材的第一个标记点的位置，在时间线区域中选中第1段素材，点击底部工具栏中的“分割”按钮，再选择多余的素材并点击“删除”按钮，将其删除，如图4-91和图4-92所示。参照上述操作方法根据音乐素材的标记点对余下素材进行剪辑，如图4-93所示。

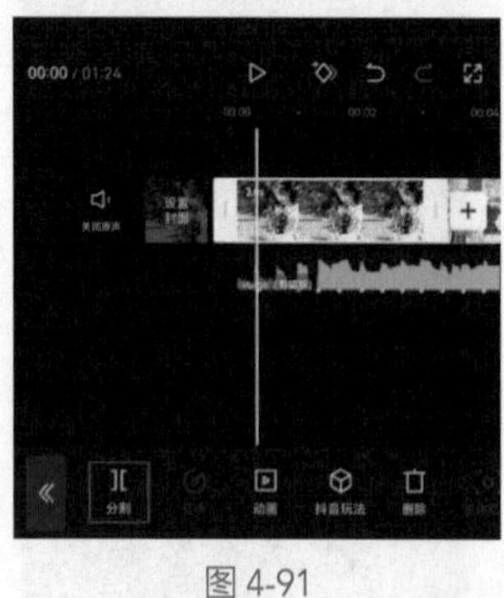

图 4-91

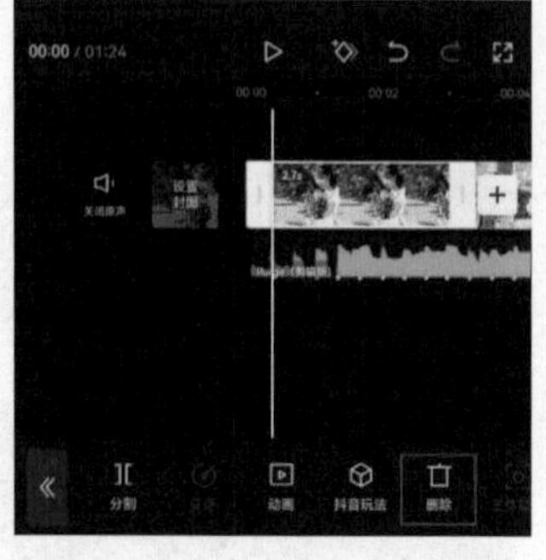

图 4-92

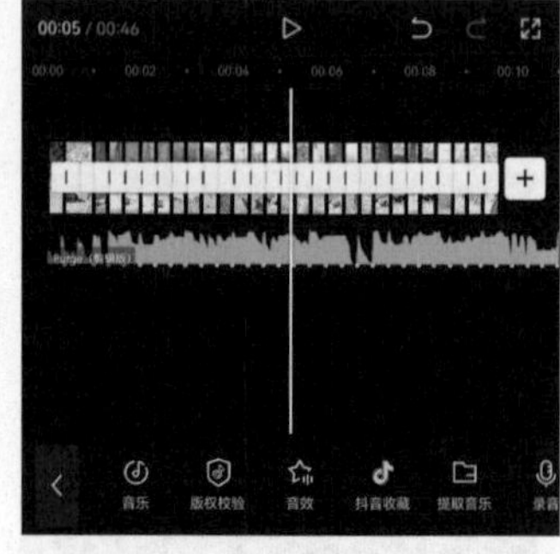

图 4-93

06 将时间线移动至视频的尾端，在时间线区域中选中音乐素材，点击底部工具栏中的“分割”按钮，再选择多余的音乐素材并点击“删除”按钮，如图4-94和图4-95所示，将其删除。

07 完成所有操作后，即可点击界面右上角的“导出”按钮，将视频保存至相册，效果如图4-96所示。

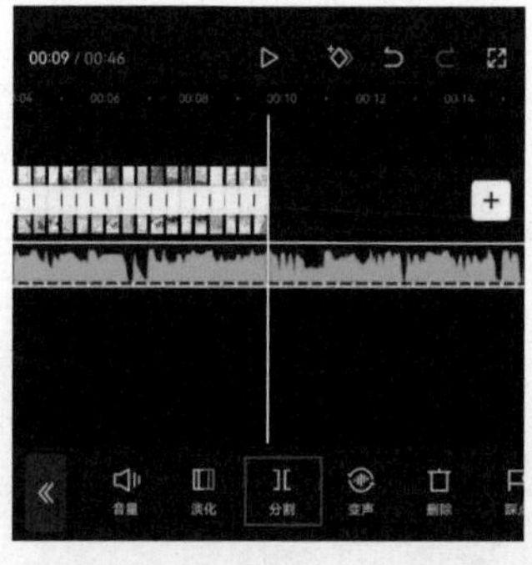

图 4-94

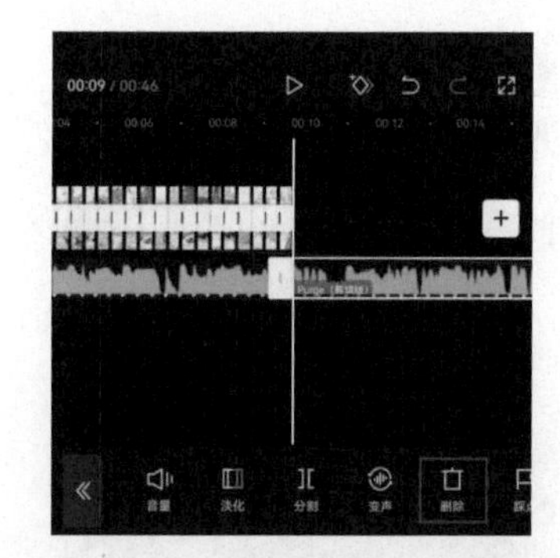

图 4-95

图 4-96

> **提示：**
>
> 在对素材进行裁剪后，若出现素材画面没有铺满画布的情况，则可以在预览区域进行手动调节。

4.3 添加字幕

为了让视频的信息更加丰富，重点更加突出，很多视频都会添加一些文字，比如视频的标题、人物的台词、关键词、歌词等。除此之外，为文字添加一些动画或特效，并将其安排在恰当的位置，也能使视频画面更具美感。

4.3.1 手动添加字幕

在时间线区域中添加背景素材后，在未选中任何素材的状态下，点击底部工具栏中的“文字”按钮T，在打开的文字选项栏中点击“新建文本”按钮A+，如图4-97和图4-98所示。

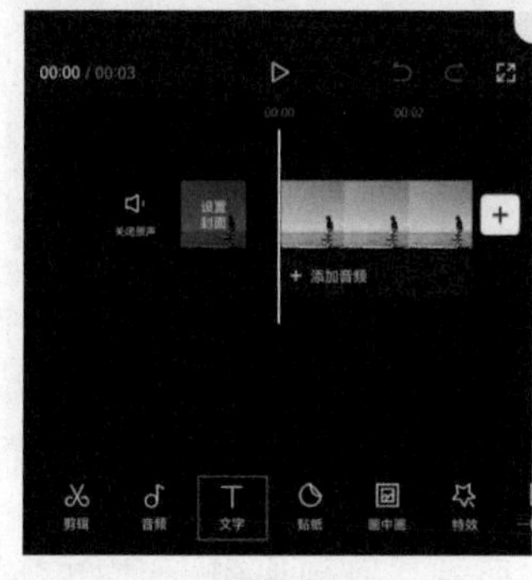

图 4-97

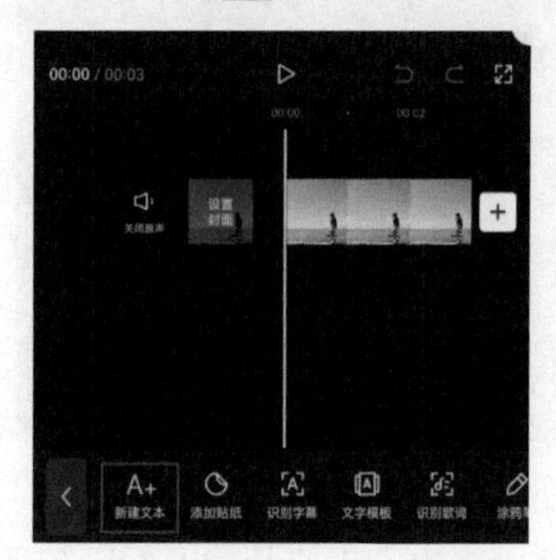

图 4-98

此时界面底部将弹出键盘，用户可以根据实际需要输入文字，文字将同步显示在预览区域中，如图4-99所示。完成操作后点击✓按钮，即可在时间线区域中生成文字素材，如图4-100所示。

图 4-99

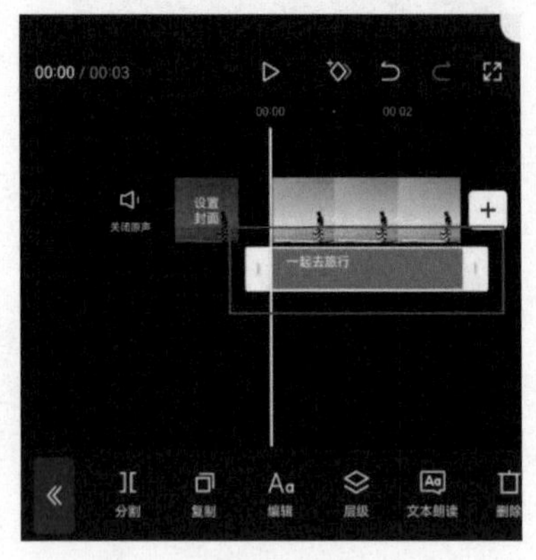

图 4-100

4.3.2 自动识别

在剪映里，用户不仅可以手动添加字幕，也可以使用剪映的“识别字幕”和“识别歌词”功能将视频中的语音自动转换为字幕。

1．识别字幕

剪映内置的“识别字幕”功能可以对视频中的语音进行智能识别，然后将其自动转换为字幕。通过该功能，可以快速且轻松地完成字幕的添加工作，达到节省工作时间的目的。

在时间线区域中添加背景素材后，在未选中任何素材的状态下，点击底部工具栏中的“文字”按钮■，如图4-101所示，在打开的“文字”选项栏中点击“识别字幕”按钮■，如图4-102所示。

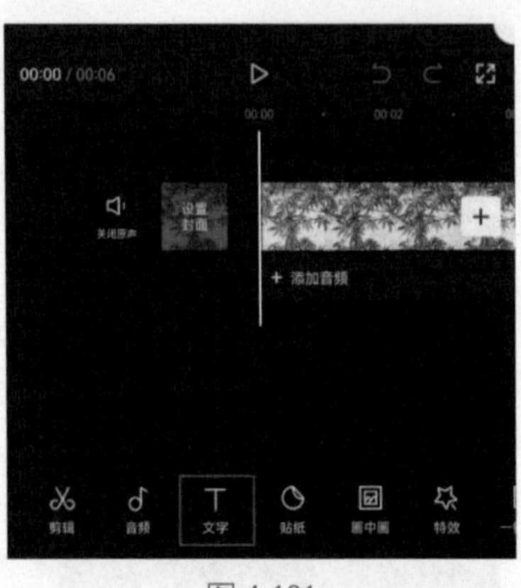

图 4-101

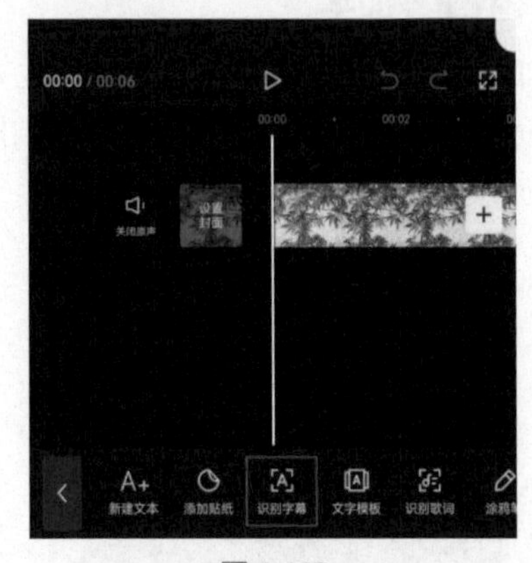

图 4-102

在底部浮窗中点击“开始匹配”按钮，如图4-103所示，等待片刻，识别完成后，时间线区域中会自动生成文字素材，如图4-104所示。

图 4-103

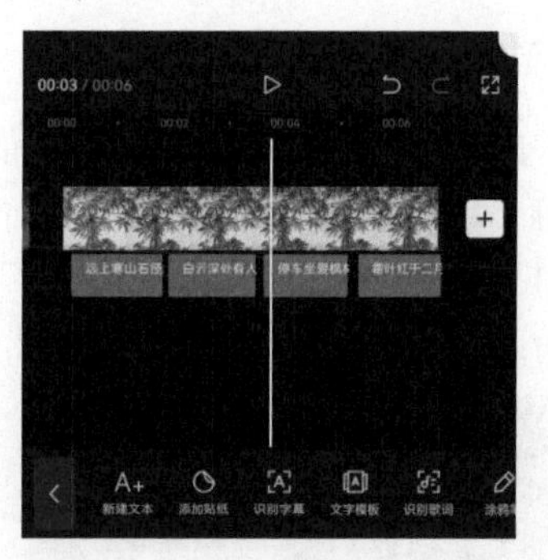

图 4-104

2. 识别歌词

在剪辑项目中添加背景音乐后，通过“识别歌词”功能，可以对音乐的歌词进行自动识别，并生成相应的文字素材。这对于一些想要制作音乐MV、卡拉OK视频效果的创作者来说，非常省时省力。

在剪辑项目中添加视频和音频素材后，在未选中素材的状态下，点击底部工具栏中的“文字”按钮，如图4-105所示。打开“文字”选项栏后，点击其中的“识别歌词”按钮，如图4-106所示。

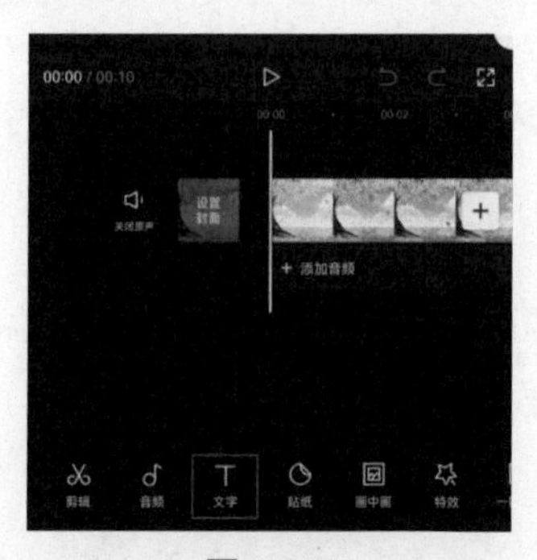

图 4-105

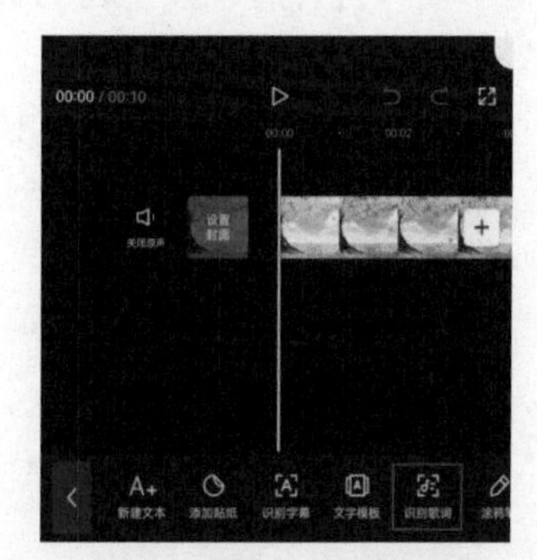

图 4-106

在底部浮窗中点击“开始匹配”按钮，如图4-107所示。等待片刻，识别完成后，时间线区域中会生成多段文字素材，并且生成的文字素材将自动匹配相应的时间点，如图4-108所示。

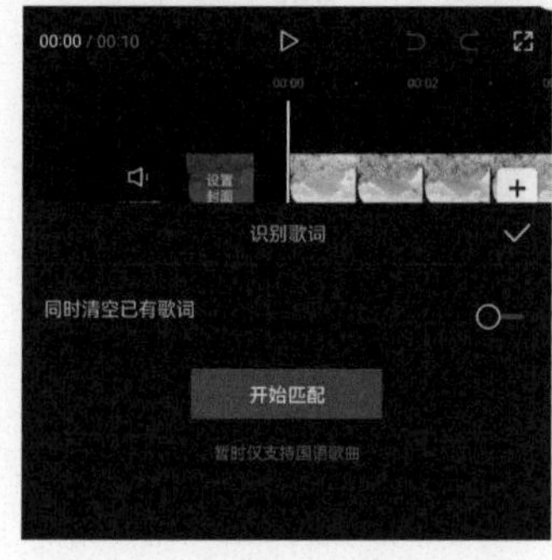

图 4-107

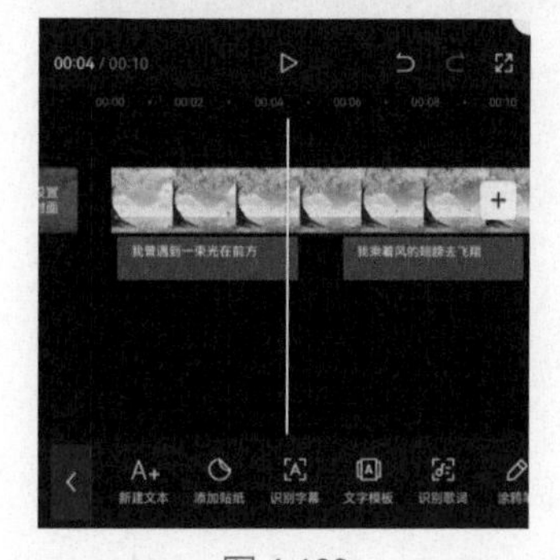

图 4-108

提示：

在识别人物台词时，如果人物的声音太小或者语速过快，就会影响字幕自动识别的准确性。此外，在识别歌词时，受演唱时的发音影响，也容易造成字幕出错。因此在完成字幕和歌词的自动识别工作后，一定要检查一遍，及时对错误的文字内容进行修改。

4.3.3 花字效果

剪映中内置了很多花字模板，可以帮助用户一键制作出各种精彩的艺术字效果，其应用方法很简单，具体如下。

在剪辑项目中导入视频素材后，点击底部工具栏中的“文字”按钮T，打开“文字”选项栏，点击其中的“新建文本”按钮A+，如图4-109和图4-110所示。

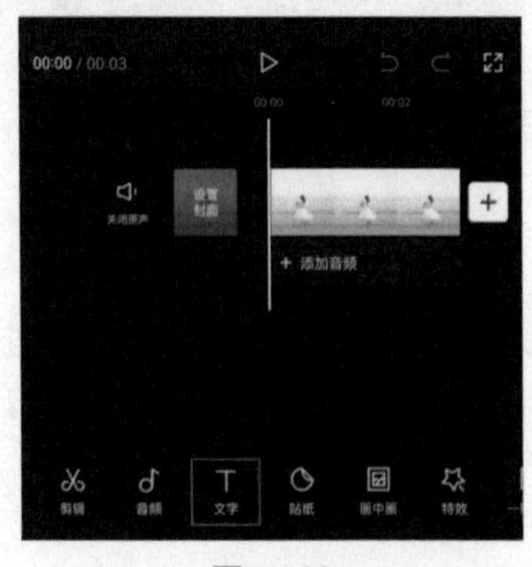

图 4-109

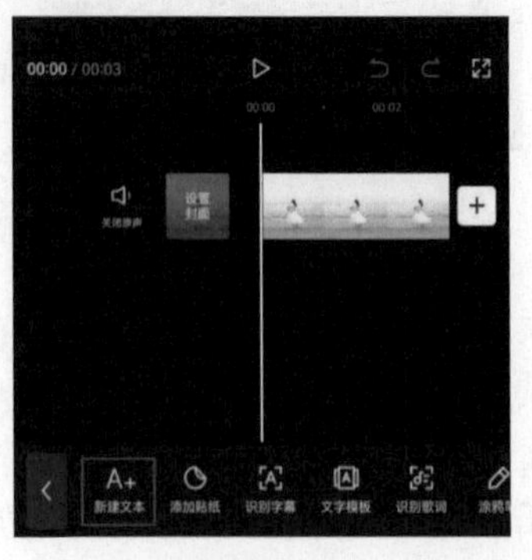

图 4-110

在输入框中输入符合短视频主题的文字内容，在预览区域中按住文字素材并拖曳，调整好文字的位置，如图4-111所示。

点击输入框下方的“花字”选项，切换至花字选项栏，在里面选择相应的花字样式，如图4-112所示，即可快速为文字应用花字效果。

图 4-111

图 4-112

4.3.4 文本动画

在剪映中打开一个包含文字素材的剪辑草稿，在时间线区域中选中文字素材，点击底部工具栏中的“动画”按钮，如图4-113所示。打开“动画”选项栏，可以看到有“入场”“出场”“循环”3个选项。入场动画往往和出场动画一同使用，从而让文字的出现和消失都很自然。选中其中一种入场动画后，下方会出现用于控制动画时长的滑动条，其中，蓝色部分用于控制入场动画的时长，如图4-114所示。

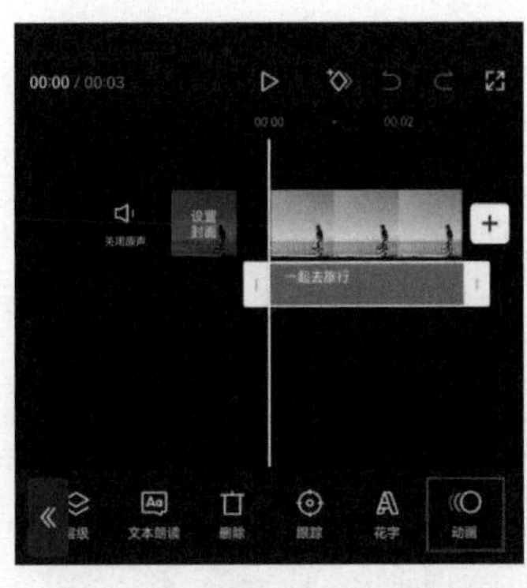

图 4-113

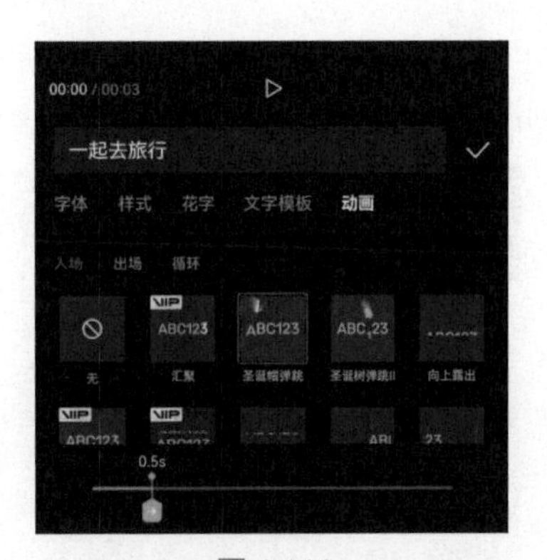

图 4-114

选择一种出场动画后，控制动画时长的滑动条上会出现红色部分。控制红色部分的长度，即可调节出场动画的时长，如图4-115所示。

而要使用循环动画往往需要文字在画面中长时间停留，且希望其有动态效果。在设置了循环动画后，界面下方的控制动画时长的滑动条将变为动画速度滑动条，用于调节动画效果的快慢，如图4-116所示。

图 4-115

图 4-116

4.3.5 实战案例：制作唯美的文字消散效果

本案例介绍的是文字消散效果的制作方法，主要使用剪映的“文字”和“滤色”功能，下面介绍具体的操作方法。

01 打开剪映，在主界面中点击“开始创作”按钮[+]，进入素材添加界面；选择一段背景视频素材，点击“添加”按钮，将素材添加至剪辑项目中。

02 进入视频编辑界面后，点击底部工具栏中的“文字”按钮[T]，如图4-117所示，打开“文字”选项栏，点击其中的“新建文本”按钮[A+]，如图4-118所示。

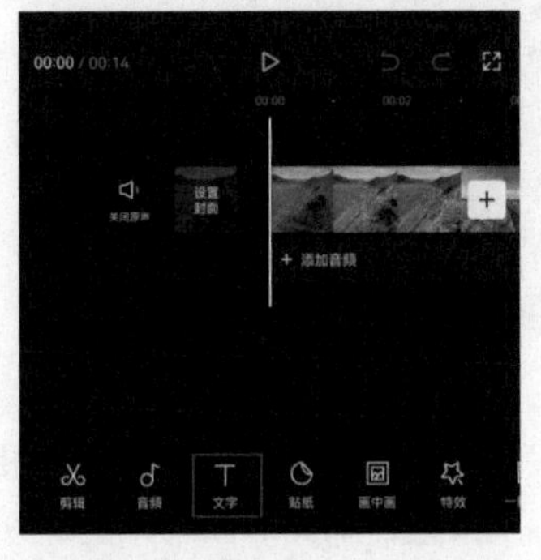

图 4-117

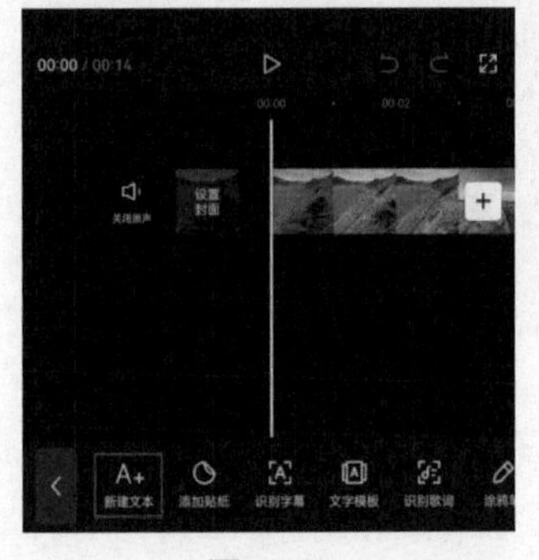

图 4-118

03 在输入框中输入需要添加的文字内容，并在字体选项栏中选择“飞影体”字体，如图4-119和图4-120所示。

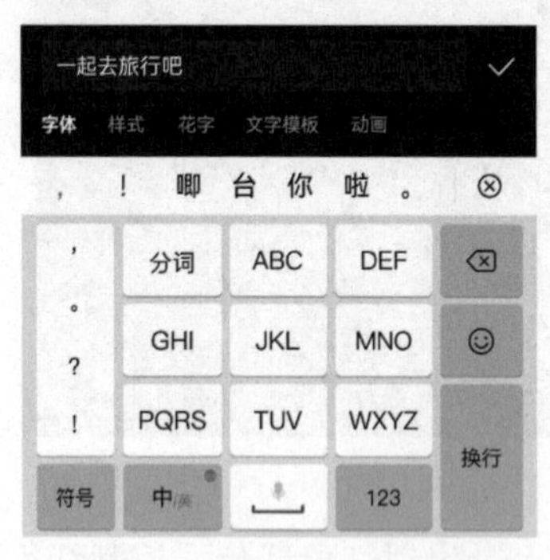

图 4-119

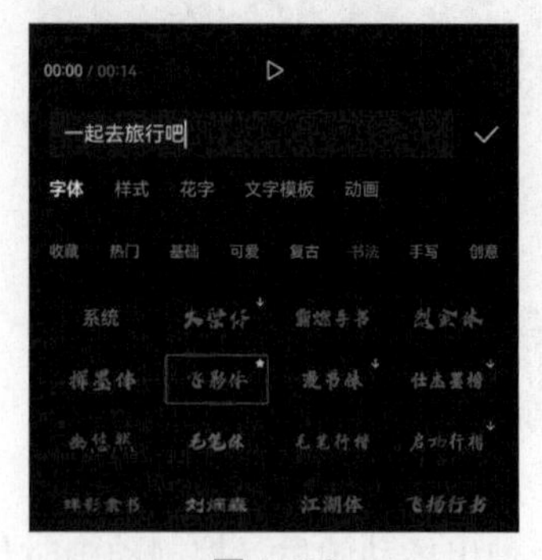

图 4-120

04 点击切换至样式选项栏，选择“排列”选项，将字间距的数值设置为2，如图4-121所示。点击切换至动画选项栏，在“出场”选项中选择“羽化向右擦除”效果，并将动画时长设置为1.8s，如图4-122所示。完成后点击☑按钮保存操作。

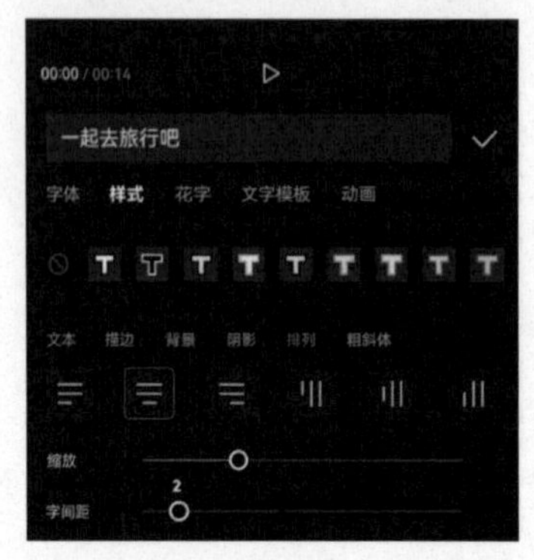

图 4-121

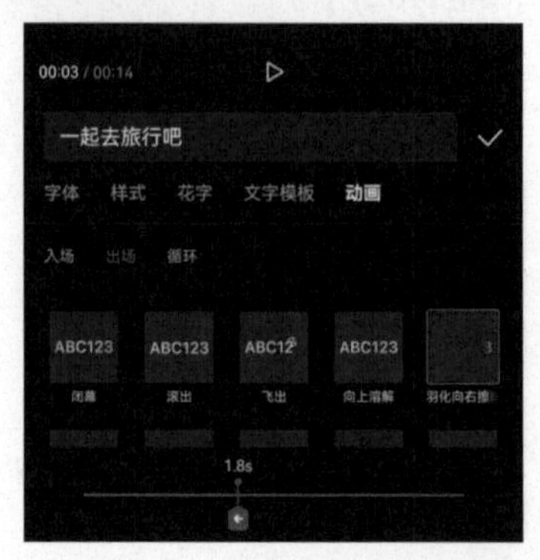

图 4-122

05 在时间线区域中选中文字素材，将其右侧的白色边框向左拖动，使其持续时长缩短至2.6s左右，如图4-123所示。

06 将时间线移动至视频的起始位置，点击底部工具栏中的“画中画”按钮▣，如图4-124所示。

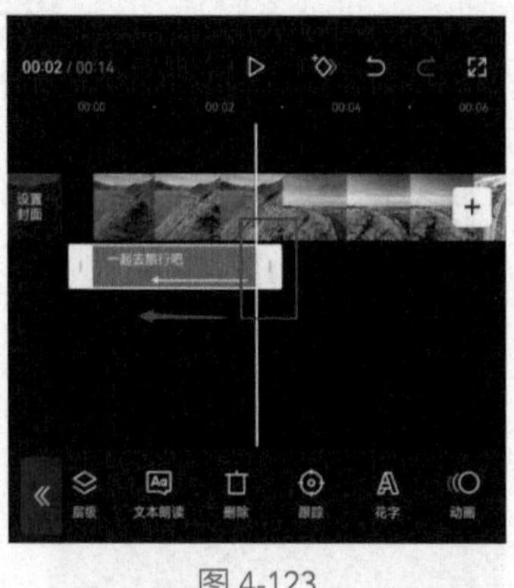

图 4-123

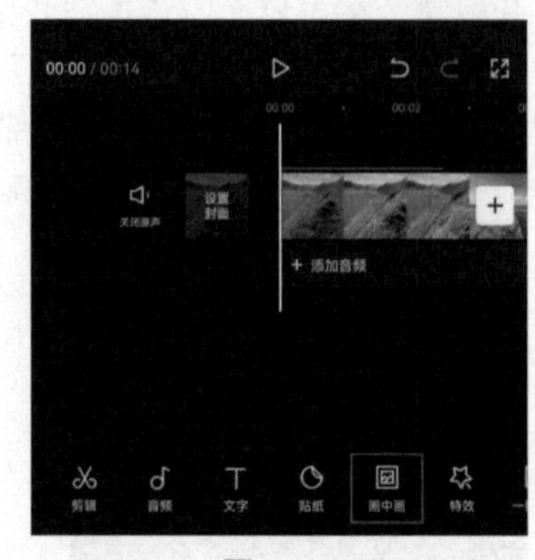

图 4-124

07 点击底部工具栏中的“新增画中画”按钮▣，如图4-125所示，打开手机相册，导入粒子素材，完成后点击底部工具栏中的“混合模式”按钮▣，如图4-126所示。

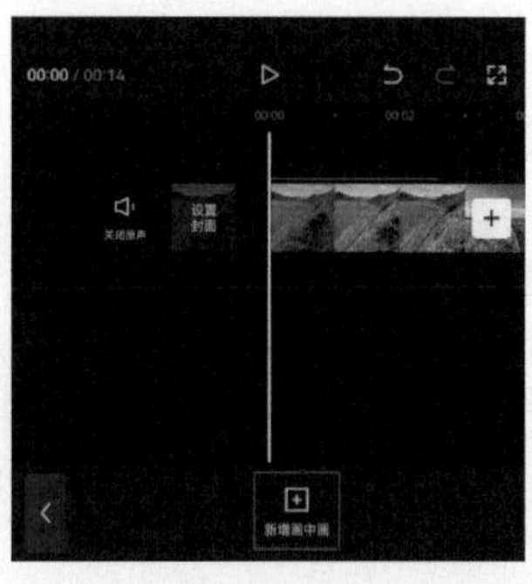

图 4-125

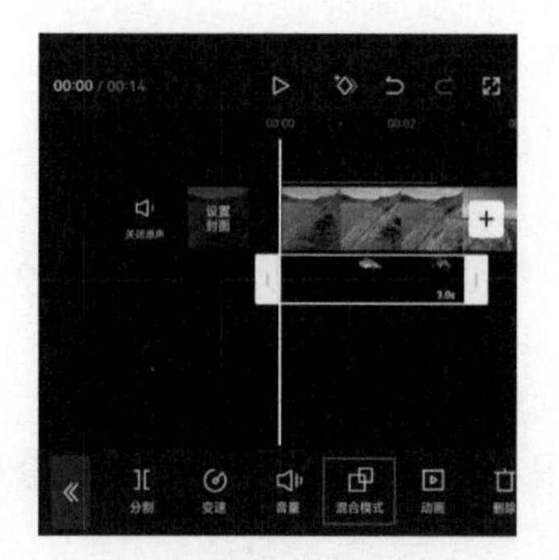

图 4-126

08 打开“混合模式”选项栏，选择“滤色”效果，并点击✓按钮保存操作，如图4-127所示。在预览区域中将粒子素材放大，并将其移动至合适的位置，用其将文字覆盖，如图4-128所示。

图 4-127

图 4-128

09 完成所有操作后，即可点击界面右上角的“导出”按钮，将视频保存至相册，效果如图4-129所示。

图 4-129

4.4 转场和特效

用户在对视频素材进行了一些基本的处理之后，可以使用剪映的“转场”功能使素材之间的过渡更加自然，也可以使用“特效”功能为视频添加一些吸睛元素，以打造出更加夺目的视频效果。

4.4.1 转场的应用

视频转场也称为视频过渡或视频切换，使用转场效果可以使一个场景平缓且自然地转换到下一个场景，同时可以极大地提升视频的艺术感染力。在进行视频剪辑时，利用转场可以改变视角，推动故事的发展，避免两个镜头之间产生突兀的跳转。

在时间线区域中添加两个素材之后，点击素材中间的□按钮，如图4-130所示，可以打开转场选项栏，此时可以在转场选项栏中看到“叠化”“运镜”“幻灯片”等不同类别的转场效果。用户若想应用其中的某个转场效果，直接点击该效果即可将其应用到视频中，如图4-131所示。

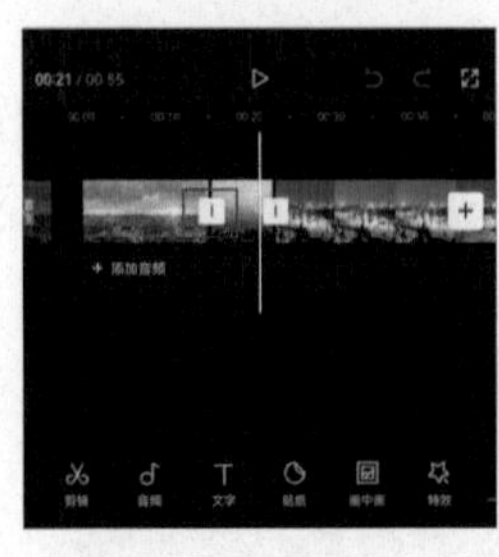

图 4-130

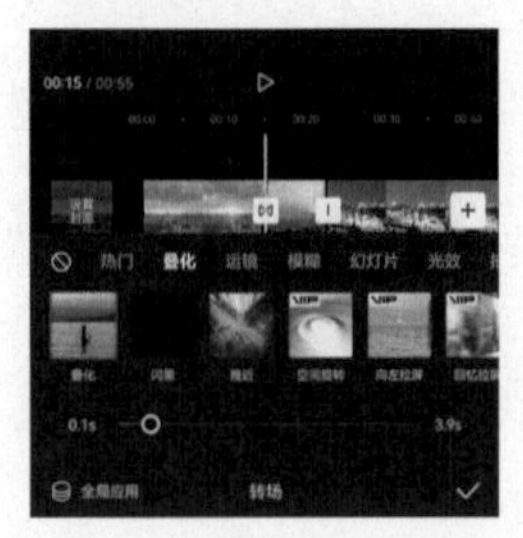

图 4-131

提示：

在选择转场效果后，通过效果下方的转场时长滑动条可以调整转场效果的时长，转场的时长范围为0.1～1.5秒，时间越长，转场动画越慢。如果对添加的转场效果不满意，想将其删除，在转场选项栏中点击“无”按钮即可。如果需要在多个片段之间添加同一种转场效果，为了节省剪辑时间，可以单击“全局应用”按钮。

4.4.2 特效的应用

剪映为广大视频爱好者提供了丰富且酷炫的视频特效，能够帮助用户轻松实现开幕、闭幕、模糊、纹理、炫光、分屏、下雨、浓雾等视觉效果。只要用户具备足够的创意和创作热情，灵活运用这些视频特效，就可以轻松打造出吸人眼球的“爆款”短视频。

在剪映中添加视频特效的方法非常简单，在创建剪辑项目并添加视频素材后，将时间线定位至需要出现特效的时间点，在未选中素材的状态下，点击底部工具栏中的“特效”按钮，如图4-132所示。

打开“特效”选项栏，这里以画面特效为例，在特效选项栏中点击“画面特效”按钮，如图4-133所示，打开画面特效选项栏。默认情况下，视频素材不具备特效效果，用户在特效选项栏中点击任意一种效果，可将其应用至视频素材，效果缩览图也会随之变为红色，如图4-134所示。若不再需要特效效果，点击“无”按钮即可取消特效的应用。

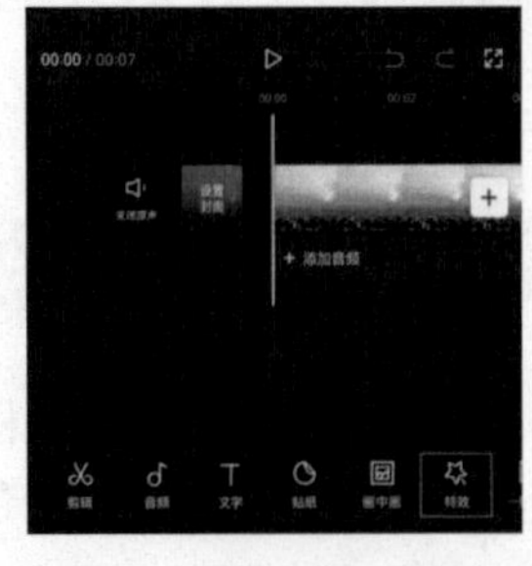

图 4-132

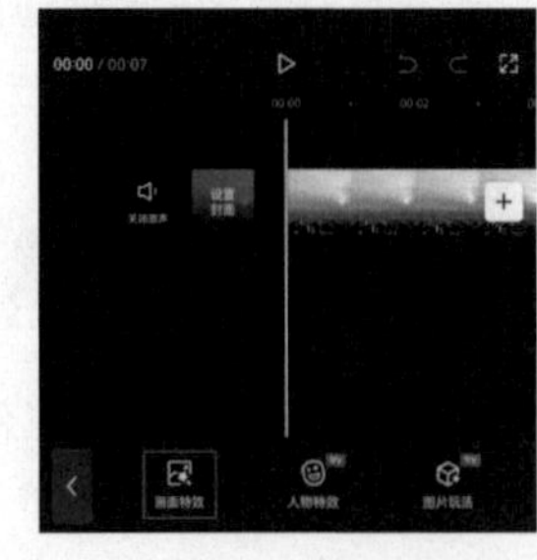

图 4-133

图 4-134

4.4.3 实战案例：制作音乐卡点定格拍照效果

当一段视频中多次出现定格画面，并且其时间点与音乐节拍匹配时，就可以让视频具有律动感。在此基础上，再结合快门转场、滤镜效果和边框特效，便能制作出好看的音乐卡点定格拍照效果。

01 打开剪映，在素材添加界面中选择9个人物图像素材并添加至剪辑项目中。在底部工具栏中点击“音频”按钮，如图4-135所示，打开“音频”选项栏，点击其中的“抖音收藏”按钮，如图4-136所示，在“收藏”列表中选择图4-137所示的音乐，点击“使用”按钮将其添加至剪辑项目中。

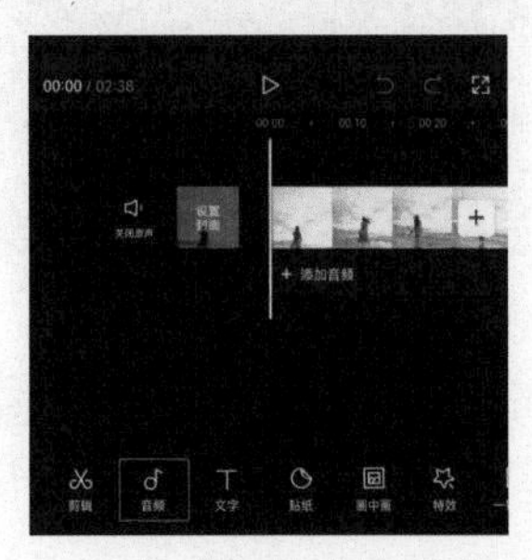

图 4-135

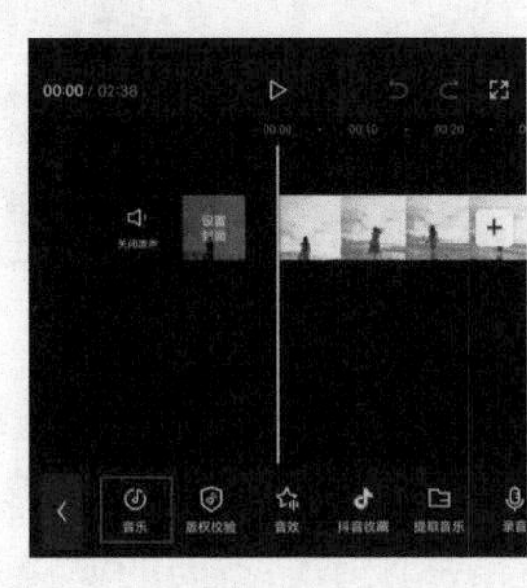

图 4-136

图 4-137

02 在时间线区域中选中音乐素材，点击底部工具栏中的“踩点”按钮，如图4-138所示，在“踩点”选项栏中点击“自动踩点”按钮，选择“踩节拍Ⅰ”选项，并点击按钮保存操作，如图4-139所示。

03 将时间线移动至第一个标记点的位置，选中第1段视频素材，点击底部工具栏中的“定格”按钮，如图4-140所示。

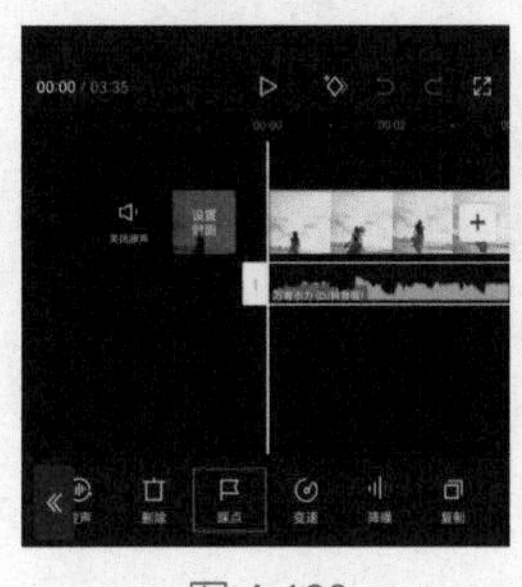

图 4-138

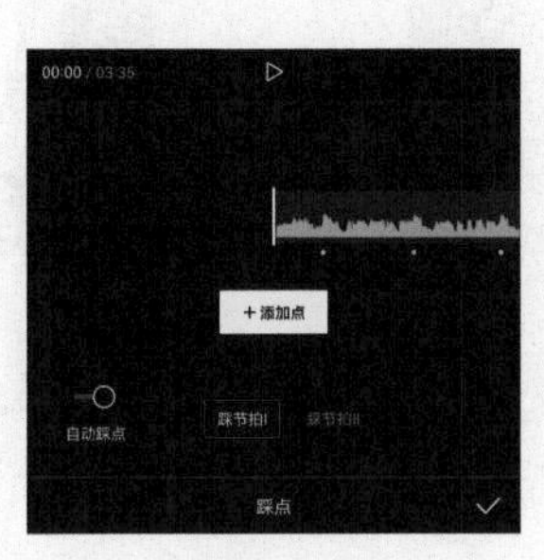

图 4-139

图 4-140

04 在时间线区域中选中定格片段，将其右侧的白色边框向左拖动，使其时长缩短至0.5s，如图4-141所示。再在时间线区域中选中衔接在定格片段之后的素材，点击底部工具栏中的“删除”按钮，将其删除，如图4-142所示。

05 参照上述操作方法根据音频的节拍为余下的每段素材都制作一个定格片段，并将多余的音乐素材删除，如图4-143所示。

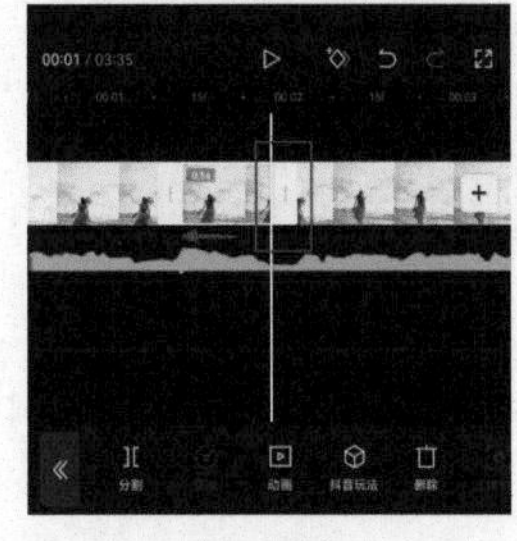

图 4-141

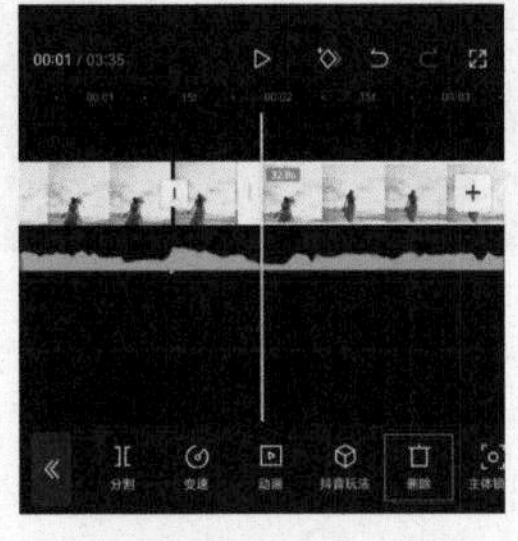

图 4-142

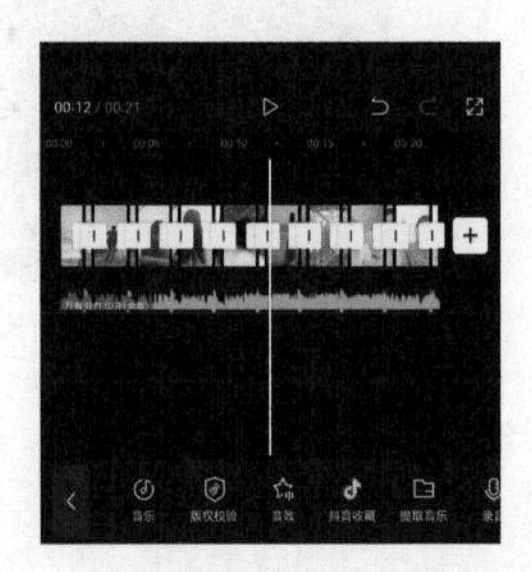

图 4-143

06 在时间线区域中点击第1段素材和其相应的定格片段中间的□按钮，如图4-144所示，打开“转场”选项栏，选择“拍摄”选项中的“快门”转场效果，并将其持续时长设置为0.1s，如图4-145所示。参照上述操作方法在余下素材和相应的定格片段中间添加“快门”转场效果，如图4-146所示。

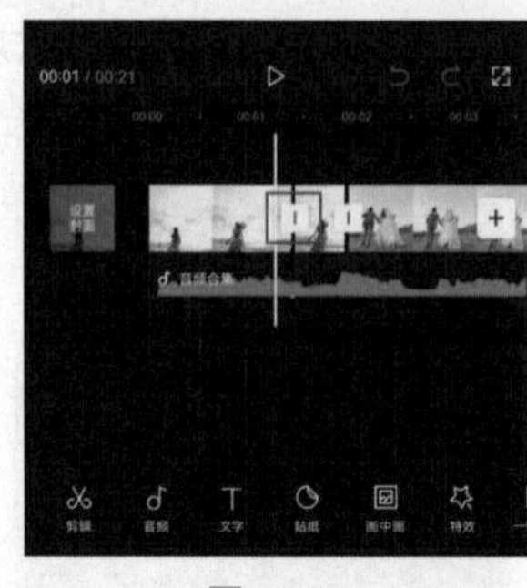

图 4-144

图 4-145

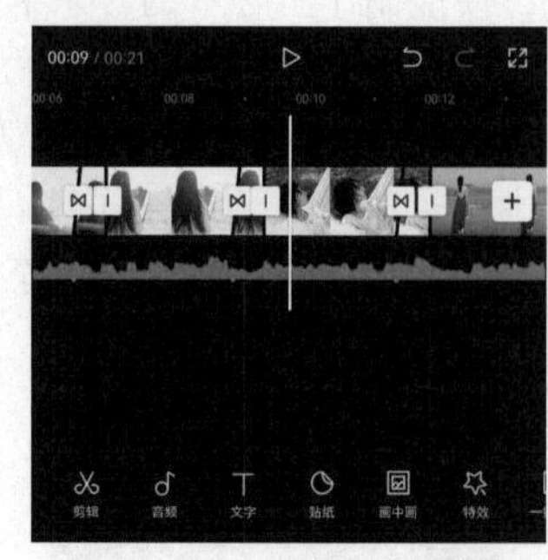

图 4-146

07 在时间线区域中选中第1段素材的定格片段，点击底部工具栏中的“滤镜”按钮，如图4-147所示，打开“滤镜”选项栏，选择“人像”选项中的“鲜亮”效果，如图4-148所示。参照上述操作方法为余下的定格片段添加不同的滤镜效果。

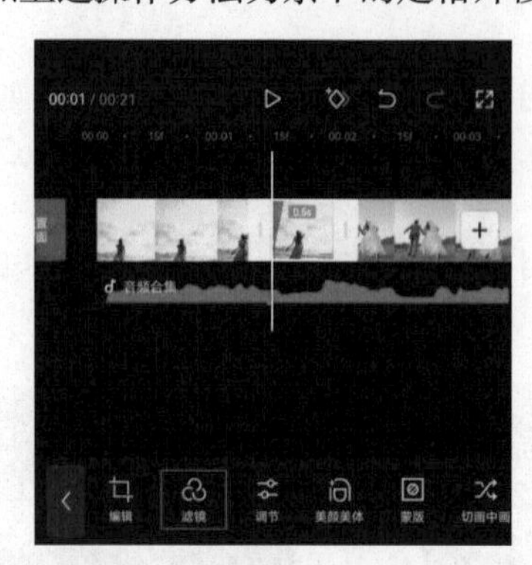

图 4-147

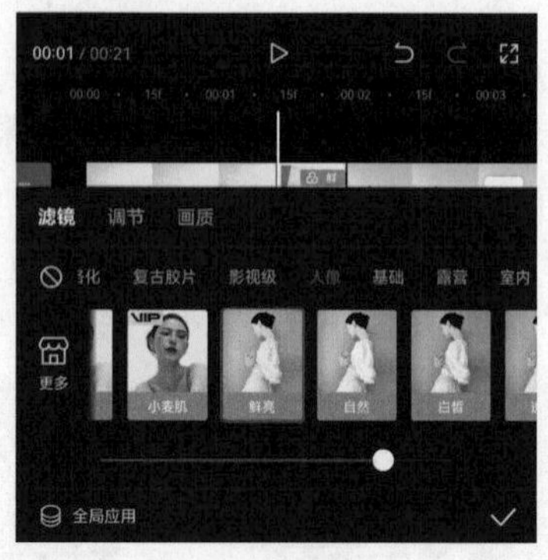

图 4-148

08 将时间线移动至视频的起始位置，在未选中任何素材的状态下，点击底部工具栏中的“特效”按钮，如图4-149所示，打开“特效”选项栏，点击其中的“画面特效”按钮，如图4-150所示。

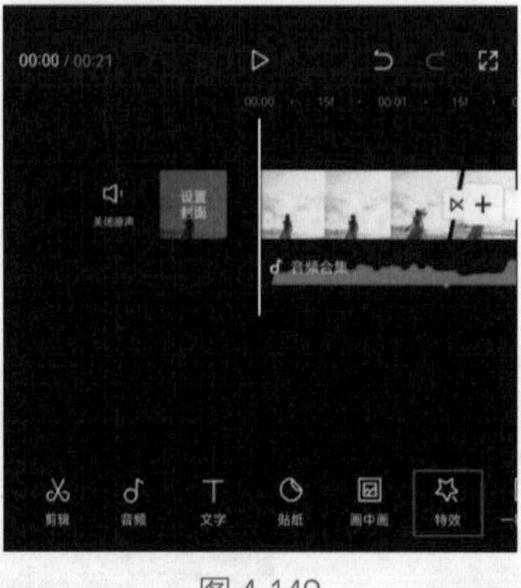

图 4-149

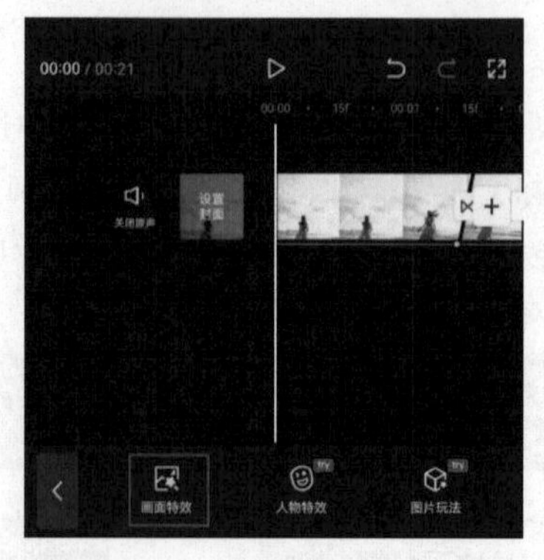

图 4-150

09 打开“画面特效”选项栏，选择“边框”选项中的“录制边框Ⅱ”特效，如图4-151所示，并将特效素材延长至和视频一样长，如图4-152所示。

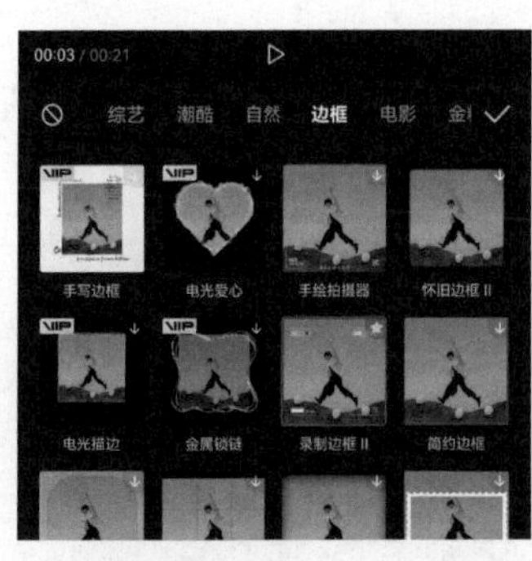

图 4-151

图 4-152

10 完成所有操作后，即可点击界面右上角的“导出”按钮，将视频保存至相册，效果如图4-153所示。

图 4-153

4.5 课堂实训：剪辑美食类短视频《我的美食日记》

本实训将结合前面讲解的剪辑技巧，介绍《我的美食日记》短视频的剪辑方法，主要使用剪映的“变速”“分割”“删除”“转场”“贴纸”功能，下面介绍具体的操作步骤。

1. 导入素材进行粗剪

下面主要对视频素材进行剪辑处理，首先导入多个视频素材，然后使用剪映的“变速”功能对素材的播放速度进行调整，具体操作方法如下。

01 在剪映中导入5段美食视频素材，在时间线区域中选中第1段素材，点击底部工具栏中的“变速”按钮，如图4-154所示，打开“变速”选项栏，点击其中的“常规变速”按钮，如图4-155所示。

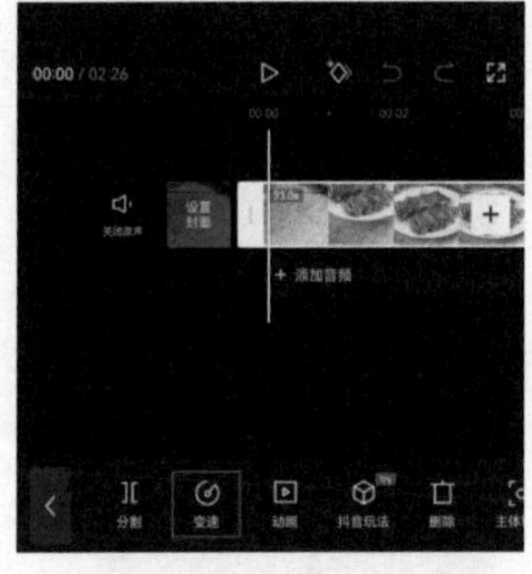

图 4-154

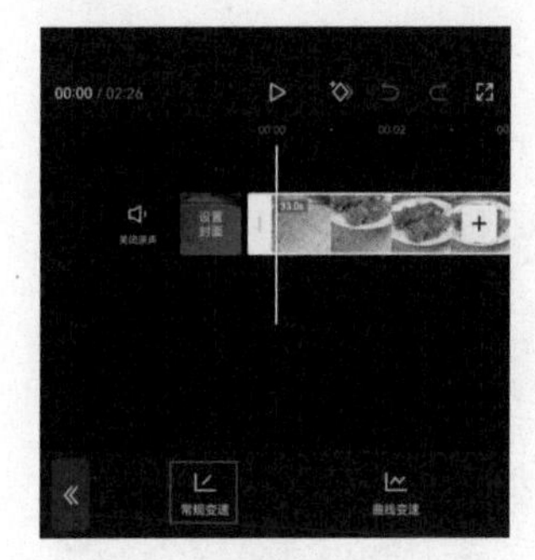

图 4-155

02 在底部浮窗中拖动变速滑块，将其数值设置为2.1x，完成后点击界面右下角的按钮保存操作，如图4-156所示。

03 参照步骤01和步骤02的操作方法，将第2段素材设置为4.1x，将第3段素材设置为1.3x，将第4段素材设置为2.2x，将第5段素材设置为2.9x，将第6段素材设置为2.1x，如图4-157所示。

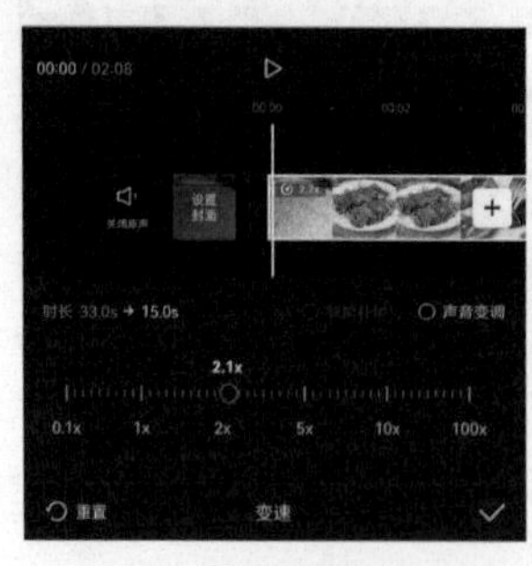

图 4-156

图 4-157

04 将时间线移动至2.4s处，在时间线区域中选中第1段素材，点击底部工具栏中的“分割”按钮，再选择分割出来的后半段素材，点击“删除”按钮，将其删除，如图4-158和图4-159所示。用同样的操作方法对余下素材进行剪辑，如图4-160所示。

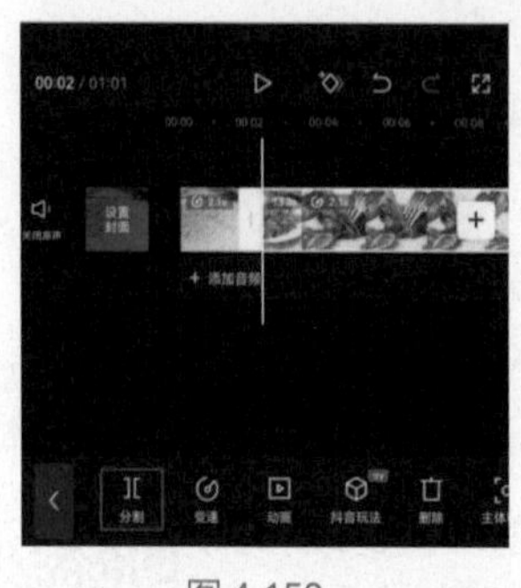

图 4-158

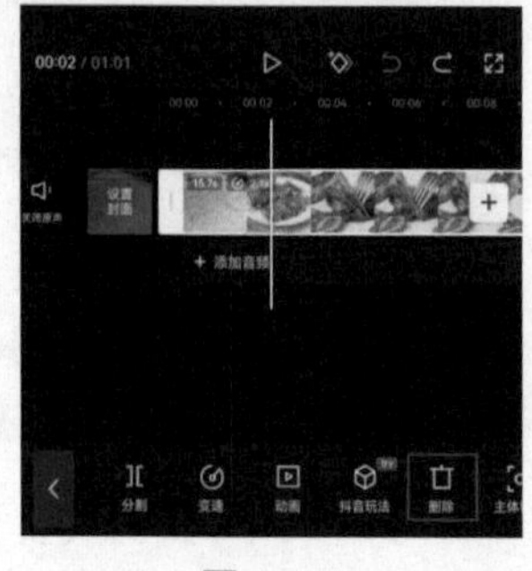

图 4-159

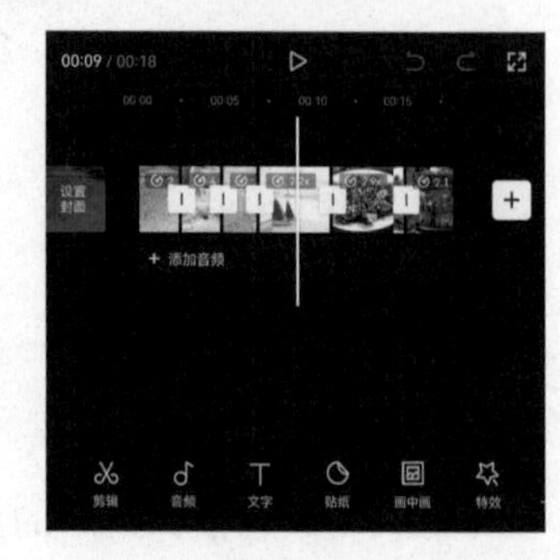

图 4-160

2. 为视频添加片头与片尾

下面将应用剪映素材库中的素材为视频添加片头与片尾，让视频作品显得更加有个性，具体操作如下。

01 将时间线移动至视频的起始位置，在时间线区域中点击“添加”按钮，如图4-161所示。进入素材添加界面，点击切换至“素材库”选项，在“片头”选项中选择图4-162所示的视频素材，并点击界面右下角的“添加”按钮将其添加至剪辑项目中。

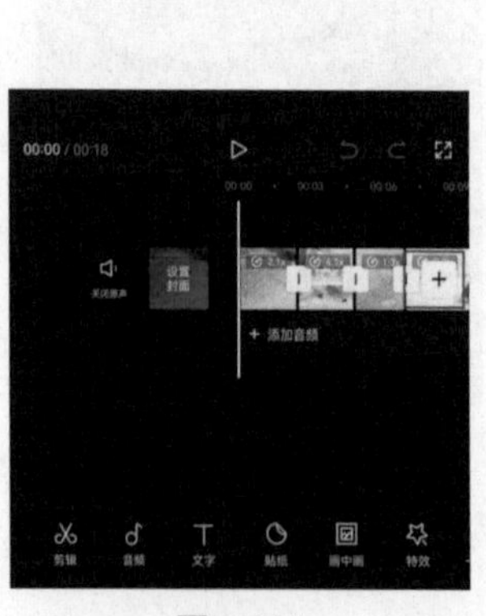

图 4-161

图 4-162

02 执行上述操作后即可在时间线区域中看到刚刚导入的片头素材，如图4-163所示。

03 将时间线移动至视频的结尾处，参照步骤01的操作方法为视频添加片尾素材，如图4-164所示。

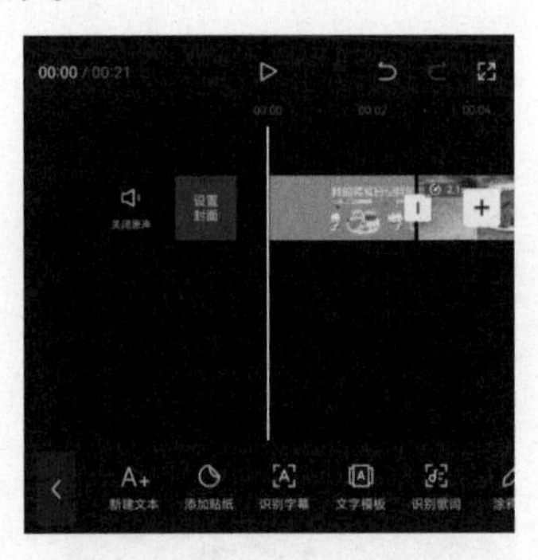

图 4-163

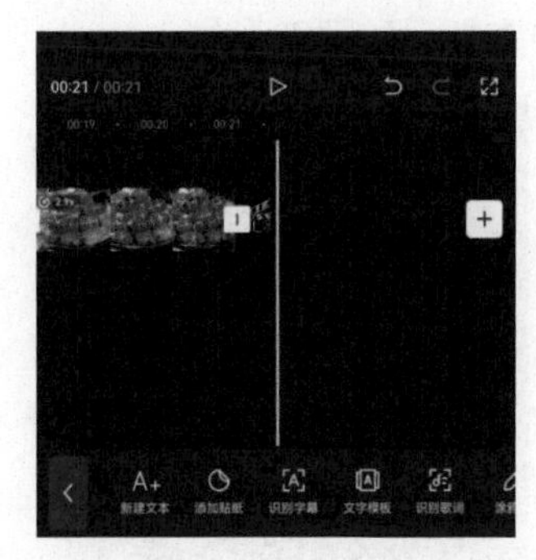

图 4-164

3. 为视频添加转场效果

下面将为视频素材添加转场效果，让各个素材之间的过渡效果变得更加协调，具体操作方法如下。

01 点击片头素材和第1段美食素材中间的□按钮，如图4-165所示，打开“转场”选项栏，在“叠化”选项中选择“叠化”转场效果，如图4-166所示。

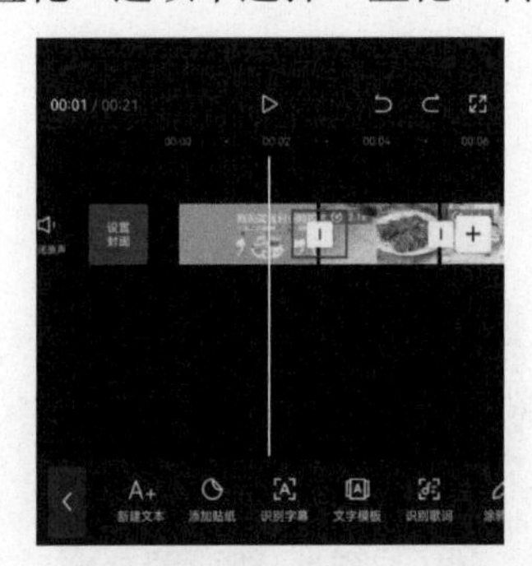

图 4-165

图 4-166

02 点击第1段美食素材和第2段美食素材中间的□按钮，如图4-167所示，打开“转场”选项栏，在“光效”选项中选择“炫光”转场效果，如图4-168所示。

03 参照步骤02的操作方法在第3、第4、第5和第6段美食素材中间添加“炫光”转场效果。参照步骤01的操作方法在第6段美食素材和片尾素材中间添加“叠化”转场效果。

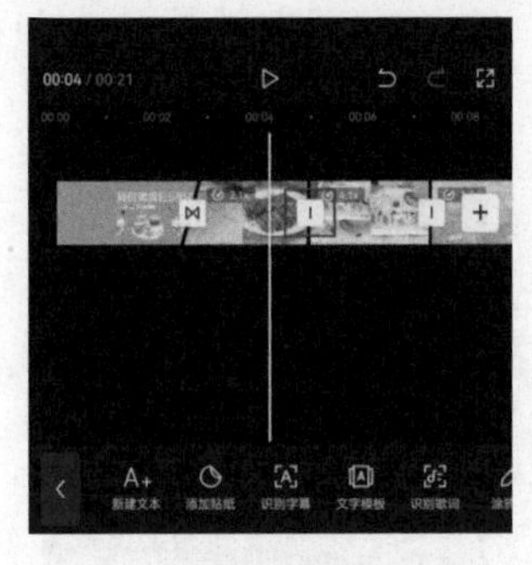

图 4-167

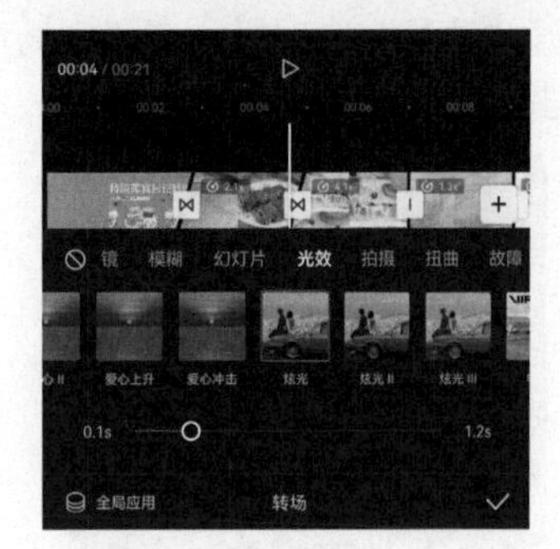

图 4-168

4. 为视频添加贴纸元素

下面将为视频添加好看的贴纸元素，为视频作品锦上添花，主要运用剪映的“贴纸”和

“动画”功能，具体制作方法如下。

01 将时间线移动至第1段美食素材的起始位置，在未选中任何素材的状态下，点击底部工具栏中的“贴纸”按钮，如图4-169所示，打开“贴纸”选项栏，在“电影感”选项中选择图4-170所示的贴纸素材。

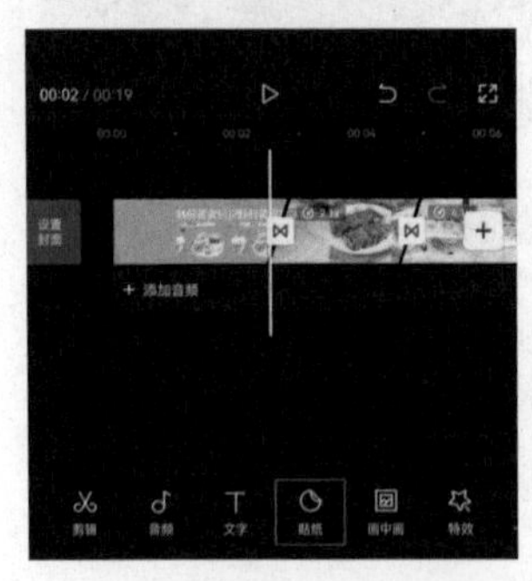

图 4-169

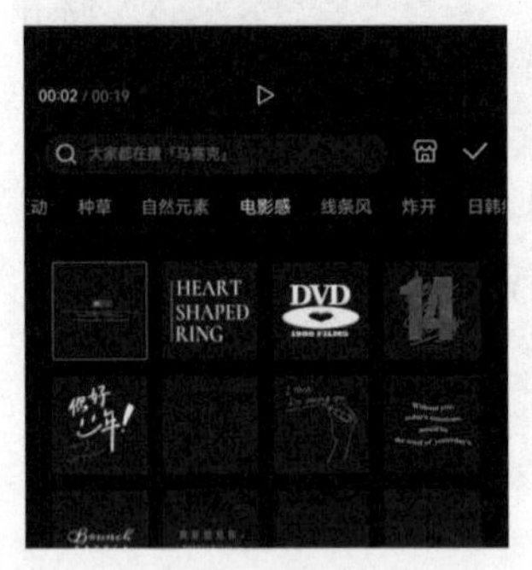

图 4-170

02 在时间线区域中选中贴纸素材，将其右侧的白色边框向右拖动，使其尾端和第6段美食素材的尾端对齐，在预览区域中将贴纸素材放大并置于画面的正下方，如图4-171所示。

03 执行操作后，在选中贴纸素材的状态下，点击底部工具栏中的“动画”按钮，如图4-172所示。

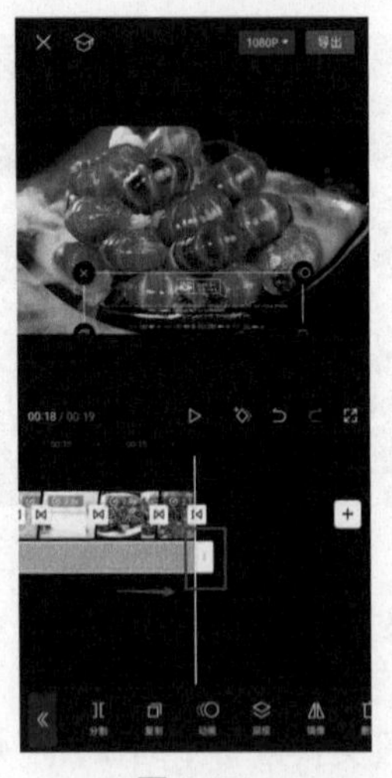

图 4-171

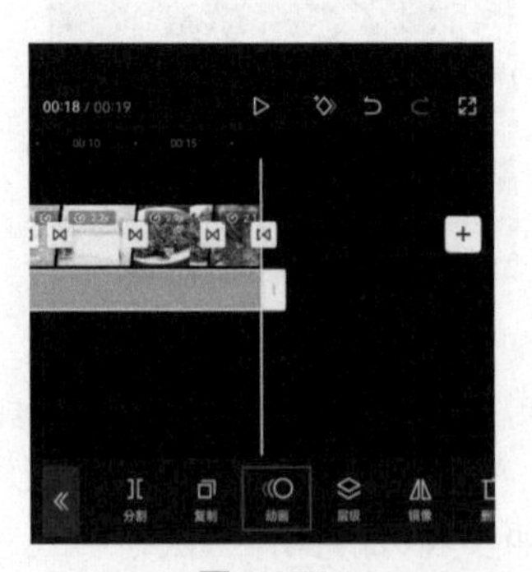

图 4-172

04 打开“动画”选项栏，在“入场动画”选项中选择“渐显”效果，如图4-173所示。

05 点击切换至“出场动画”选项，选择其中的“渐隐”效果，如图4-174所示。

图 4-173

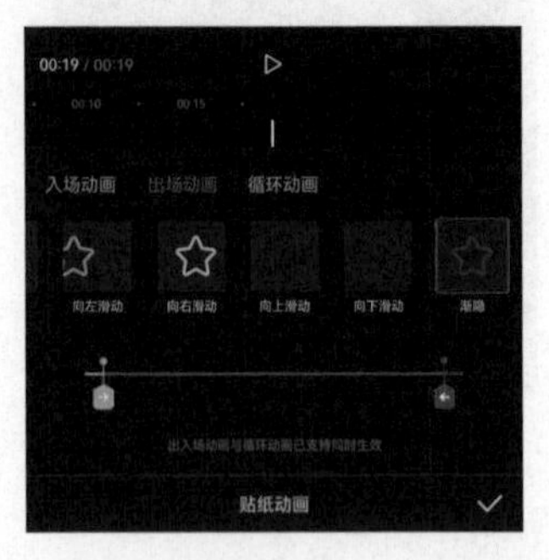

图 4-174

5. 添加音乐后输出成片

下面将为视频添加一首合适的背景音乐，使视频更具感染力，做好该工作后，即可输出成品视频，具体操作方法如下。

01 将时间线移动至第1段美食素材的起始位置，点击底部工具栏中的“音频”按钮♪，如图4-175所示，打开“音频”选项栏，点击其中的“提取音乐”按钮，如图4-176所示。

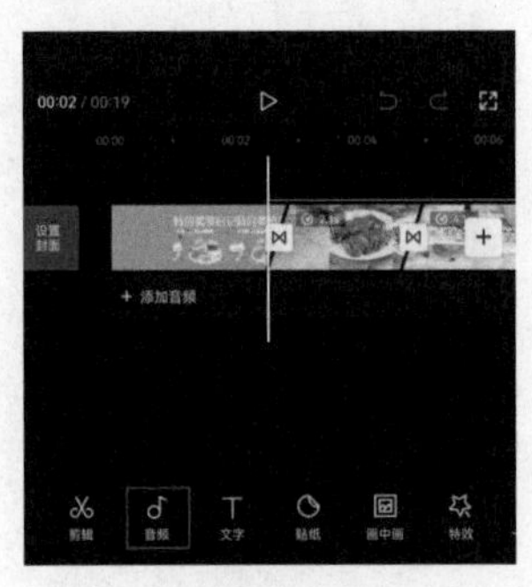

图 4-175

图 4-176

02 进入素材添加界面后选取提前下载好的视频，如图4-177所示，并点击界面底部的“仅导入视频的声音”按钮，即可将该视频中的背景音乐提取至剪辑项目中，如图4-178所示。

图 4-177

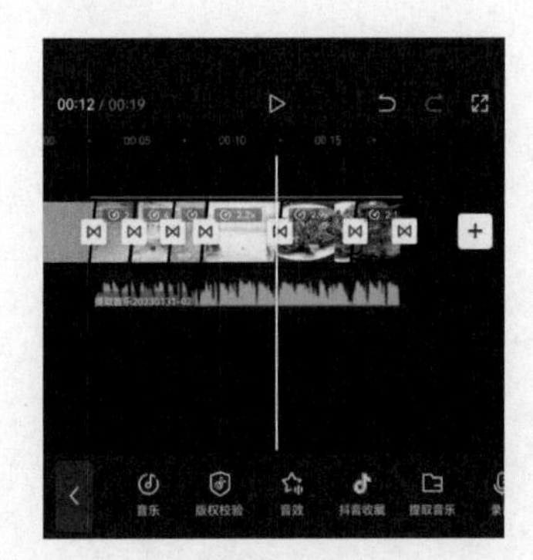

图 4-178

03 完成所有操作后，即可点击界面右上角的“导出”按钮，将视频保存至相册，效果如图4-179和图4-180所示。

图 4-179

图 4-180

4.6 课后练习：自行剪辑短视频《小城美食记》

试着根据本章讲解的剪辑知识，自行剪辑短视频《小城美食记》，看看最终效果和书中案例有哪些不同，并尝试查找出原因。

第5章 剪映的进阶功能

上一章介绍了剪映的一些基础功能，这些功能已经可以帮助用户完成短视频的剪辑，制作出一个简单的短视频。但是如果想要制作出更精彩的视频，打造出更丰富的画面效果，势必要使用剪映的一些进阶功能，如画中画、蒙版、色度抠图、关键帧等。

学习目标

- ❖ 掌握合成效果的制作方法
- ❖ 学会使用剪映进行抠像
- ❖ 掌握关键帧的使用方法
- ❖ 掌握在剪映中调色的方法

5.1 合成

在制作短视频时，用户可以在剪映中使用蒙版、画中画等工具来制作合成效果，这样能够让短视频更加炫酷、精彩，如常见的烟花特效和电影感的回忆效果。

5.1.1 画中画

“画中画”顾名思义就是使画面中再出现一个画面，通过“画中画”功能不仅能使两个画面同步播放，还能实现简单的画面合成操作，制作出很多创意视频。例如，让一个人分饰两个角色，或营造“隔空”对唱、多屏显示的场景效果。

在剪映项目中添加背景素材后，在未选中任何素材的状态下，点击底部工具栏中的“比例”按钮■，如图5-1所示，打开比例选项栏，选择其中的“9：16”选项，如图5-2所示。

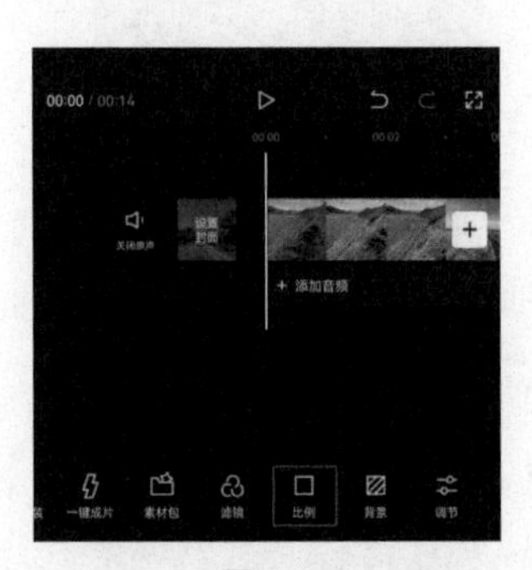

图 5-1

图 5-2

在未选中任何素材的状态下，点击底部工具栏中的“画中画”按钮▣，再点击“新增画中画”按钮⊞，如图5-3和图5-4所示，进入素材添加界面，选择一段新的素材并将其导入剪辑项目，在预览区域中调整好两段素材的大小和位置，即可使两段素材在同一个画面中出现，如图5-5所示。

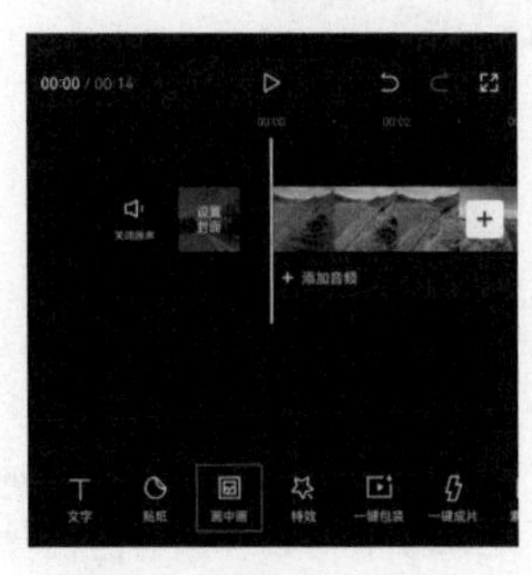

图 5-3

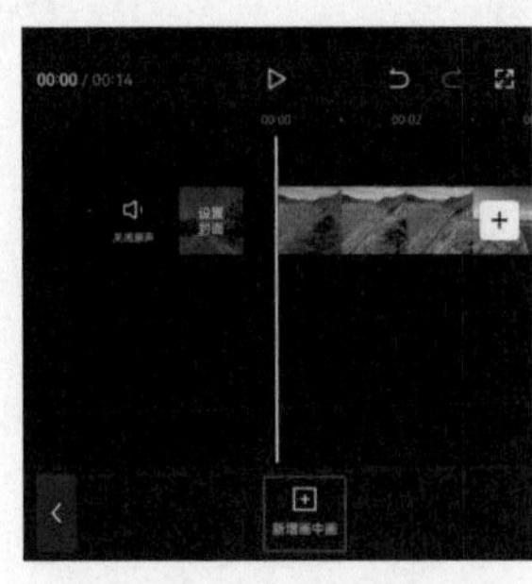

图 5-4

图 5-5

5.1.2 蒙版

蒙版也称为遮罩，使用“蒙版”功能可以轻松地遮挡部分画面或显示部分画面，它是编辑视频时非常实用的一项功能。

在剪映中添加蒙版的操作很简单，首先在时间线区域中选中素材，然后点击底部工具栏中的“蒙版”按钮◎，如图5-6所示。在打开的蒙版选项栏中，可以看到有不同形状的蒙版，在其中点击需要添加的蒙版，即可将其应用到所选素材中，如图5-7所示。

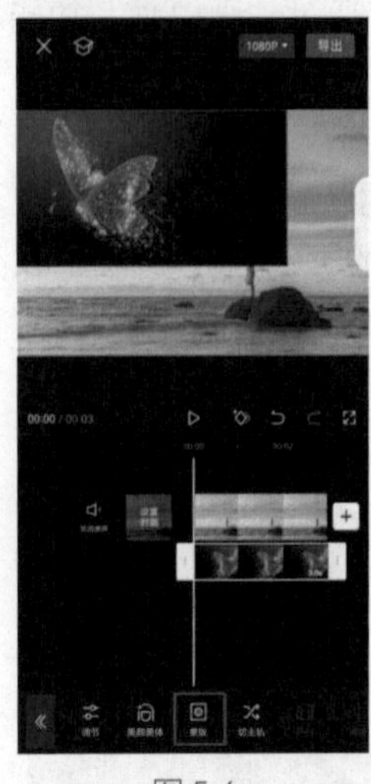

图 5-6

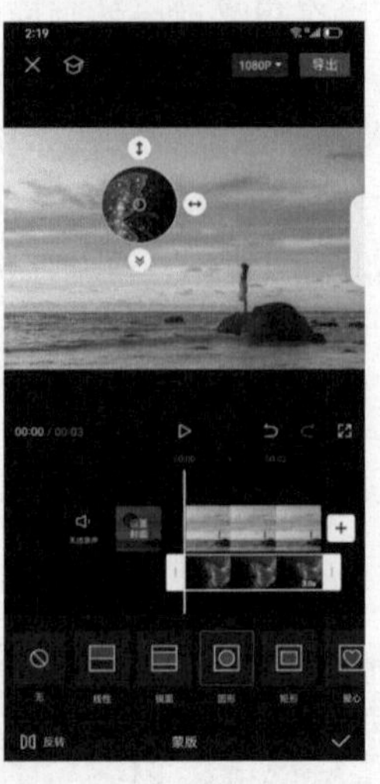

图 5-7

添加完蒙版之后，用户还可以在预览区域中手动调整蒙版的大小和位置，如图5-8所示；也可拖动⊗按钮，将蒙版羽化，使其边缘变得柔和，如图5-9所示。

图 5-8

图 5-9

5.1.3 实战案例：制作浪漫唯美的回忆场景

在刷视频时经常可以看到一些浪漫唯美的回忆场景，这种场景极具氛围感和感染力。本案例将讲解使用剪映的“画中画”功能和“蒙版”功能制作这种回忆场景的方法。

01 打开剪映，在素材添加界面中选择一段人物在夕阳下行走的视频和一段回忆视频并添加至剪辑项目中。在时间线区域中选中回忆素材，点击底部工具

栏中的“切画中画”按钮，如图5-10所示，将其切换至背景视频的下方。

02 在时间线区域中选中回忆素材，将其右侧的白色边框向左拖动，使其长度和背景视频的长度保持一致，如图5-11所示。

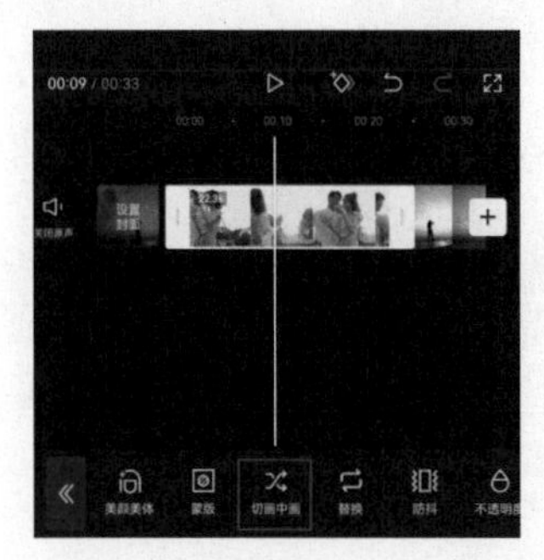

图 5-10

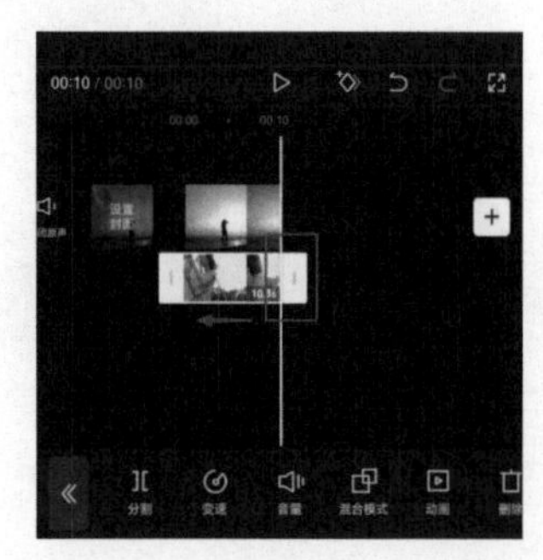

图 5-11

03 在时间线区域中选中回忆素材，在预览区域中将其缩小并置于画面的左上角，点击底部工具栏中的“蒙版”按钮，如图5-12所示。

04 在“蒙版”选项栏中选择“圆形”蒙版，并在预览区域中调整好蒙版的大小和位置，按住按钮将其向下拖动，使蒙版的边缘变得柔和，如图5-13所示，完成后点击右下角的按钮保存操作。

图 5-12

图 5-13

05 将时间线移动至视频的起始位置，在未选中任何素材的状态下，点击底部工具栏中的“特效”按钮，如图5-14所示。打开“特效”选项栏，点击其中的“画面特效”按钮，如图5-15所示。打开“画面特效”选项栏，选择“基础”选项中的“模糊开幕”特效，如图5-16所示。

图 5-14

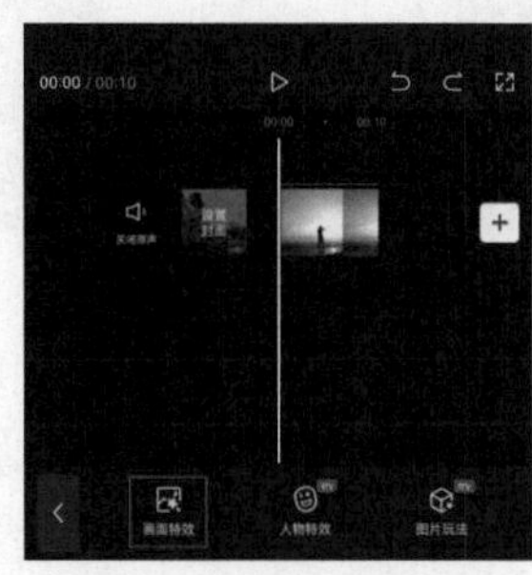

图 5-15

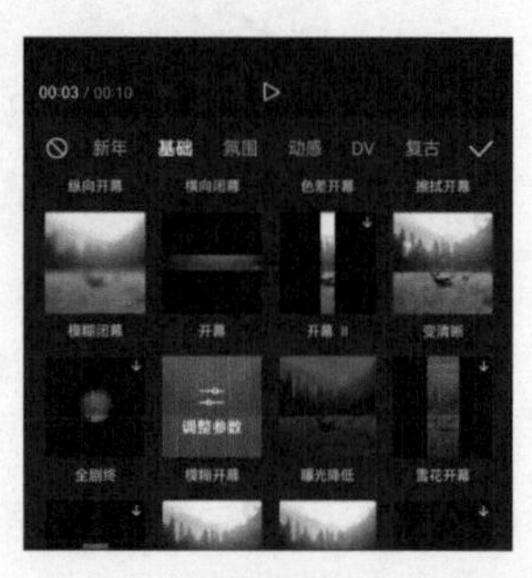

图 5-16

06 完成所有操作后，再为视频添加一首合适的背景音乐，然后点击界面右上角的“导出”按钮，将视频保存至相册，效果如图5-17所示。

图 5-17

提示：

通过“画中画”功能可以让多个不同的画面同时出现，这是该功能最直接的使用方式。但“画中画”功能更重要的作用在于可以形成多条轨道，利用多条轨道，再结合“蒙版”功能，就可以控制画面局部的显示效果了。所以，“画中画”功能与“蒙版”功能往往是同时使用的。

5.2 抠像

剪映中的“智能抠像”功能可以快速将人物从画面中抠出来，从而进行替换人物背景等操作。“色度抠图”功能可以将绿幕或者蓝幕下的景物快速抠取出来，方便进行视频图像的合成。

5.2.1 智能抠像

剪映中的“智能抠像”功能并非是在任何情况下都能够近乎完美地抠出画面中的人物。如果希望提高“智能抠像”功能的准确度，令抠出的人物的轮廓清晰、完整，建议选择人物与背景具有明显的明暗或者色彩差异的画面。

在剪映中导入一个人物图像素材和一个背景素材。在时间线区域中选中人物图像素材，点击底部工具栏中的“切画中画”按钮，将其移动至背景素材的下方，如图5-18和图5-19所示。

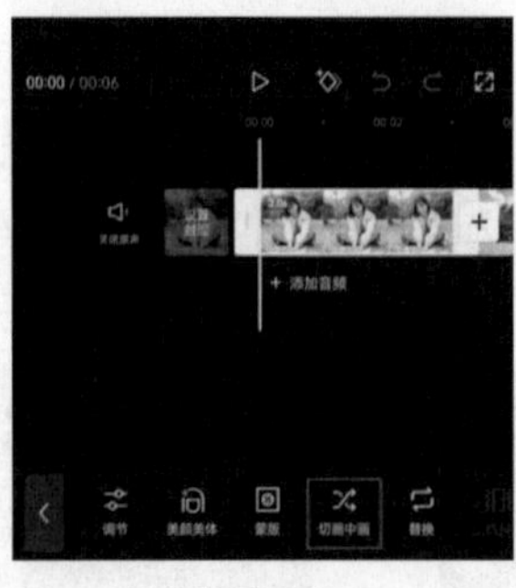

图 5-18

图 5-19

在时间线区域中选中人物图像素材，点击底部工具栏中的“抠像”按钮，如图5-20所示，打开“抠像”选项栏，点击其中的“智能抠像”按钮，如图5-21所示。执行操作后，在预览区域中将绿幕素材缩小，使人物位于草地的正中央。至此，人物的背景便替换成功了，效果如图5-22所示。

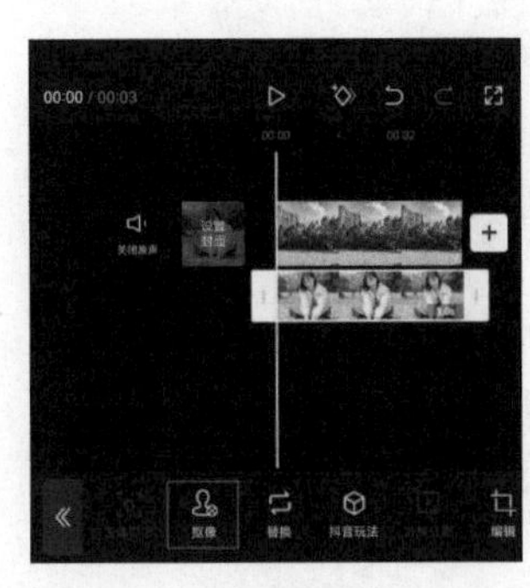

图 5-20

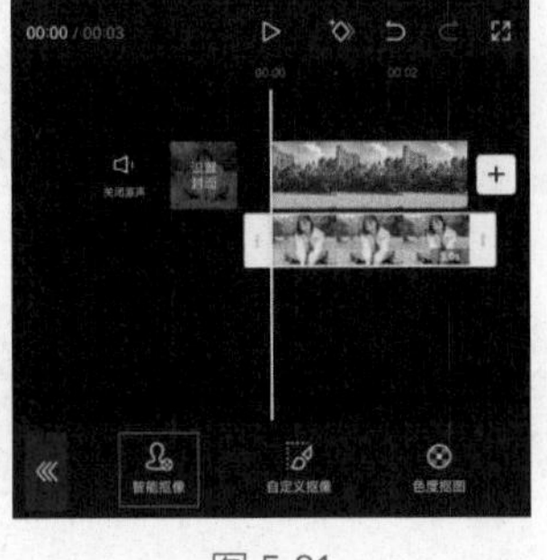

图 5-21

图 5-22

5.2.2 色度抠图

“色度抠图”功能需要结合绿幕素材或蓝幕素材使用，其操作方法比“智能抠像”功能更复杂。

打开剪映，在素材添加界面中选择一段背景素材后，点击切换至“素材库”选项，在“绿幕”类别中选择需要的素材，完成选择后点击界面右下角的“添加”按钮，将其添加至剪辑项目中，如图5-23所示。

进入视频编辑界面，在时间线区域中选中绿幕素材，点击底部工具栏中的“切画中画”按钮，并将其移动至背景素材的下方，如图5-24和图5-25所示。

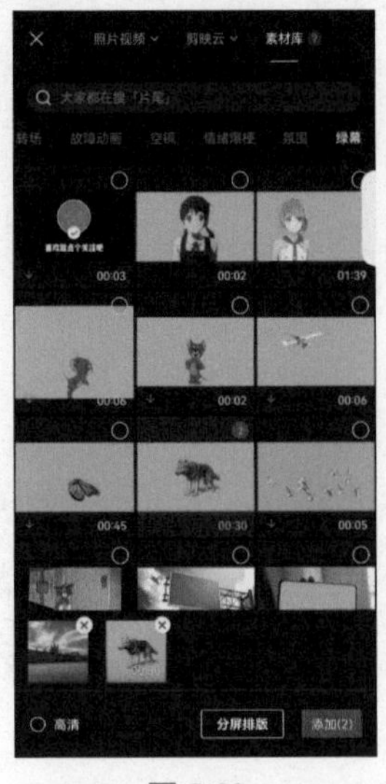

图 5-23

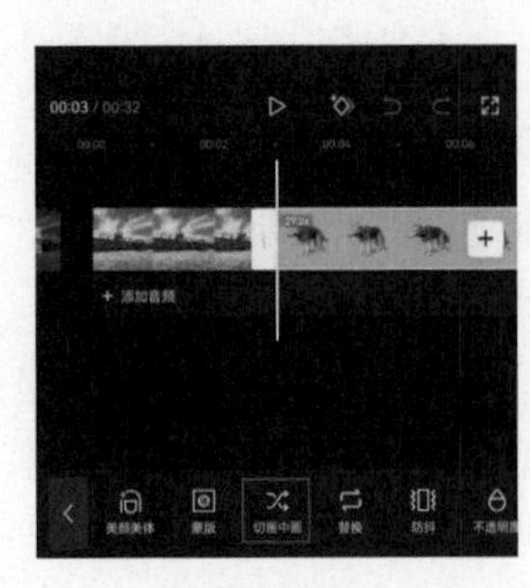

图 5-24

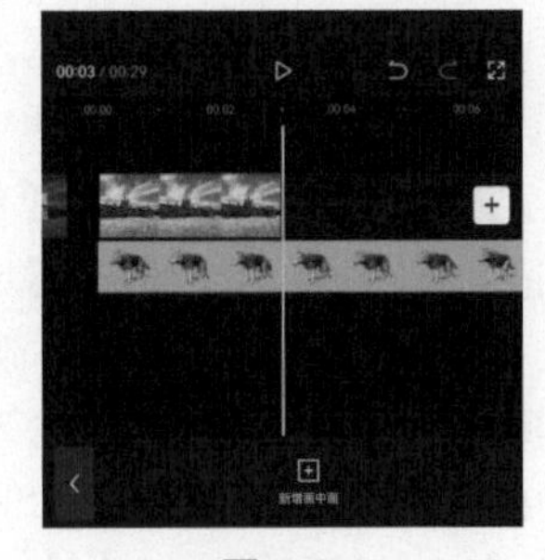

图 5-25

在时间线区域中选中绿幕素材，点击底部工具栏中的“抠像”按钮，如图5-26所示，打开“抠像”选项栏，点击其中的“色度抠图”按钮，如图5-27所示。

在预览区域中将取色器移动至绿色的画面上，在底部浮窗中点击“强度”按钮，如图5-28所示，再拖动白色滑块，将其数值设置为100，即可将画面中的绿色元素去除，如图5-29所示。

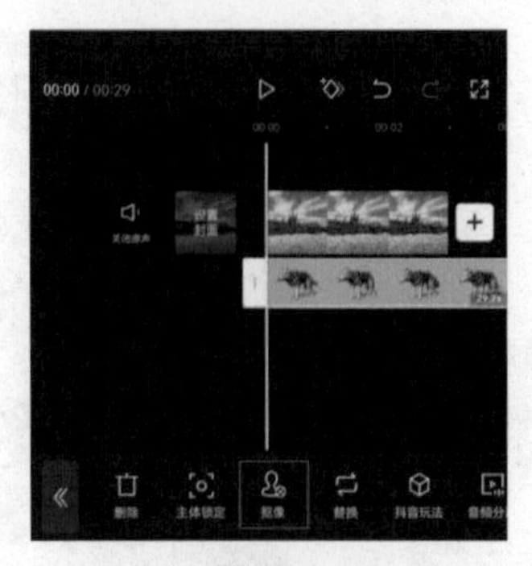

图 5-26

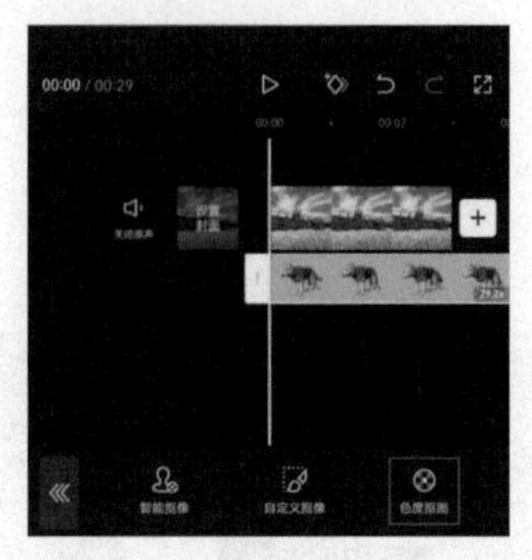

图 5-27

图 5-28

图 5-29

提示：

用户在完成抠图、抠像操作后，若是发现画面中有些许绿幕或蓝幕的颜色残留，可以在剪映的HSL模块中选中绿色或蓝色，然后将其饱和度降到最低，便可将画面中残留的绿色或蓝色去除。

5.2.3 实战案例：制作人物分身合体效果

人物分身合体效果主要使用剪映的“画中画”“定格”“智能抠像”三大功能制作而成，下面将介绍具体的操作方法。

01 打开剪映，在素材添加界面中选择一段人物走路的视频素材并添加至剪辑项目中。将时间线移动至想要定格的位置，选中素材，点击底部工具栏中的“定格”按钮，如图5-30所示。

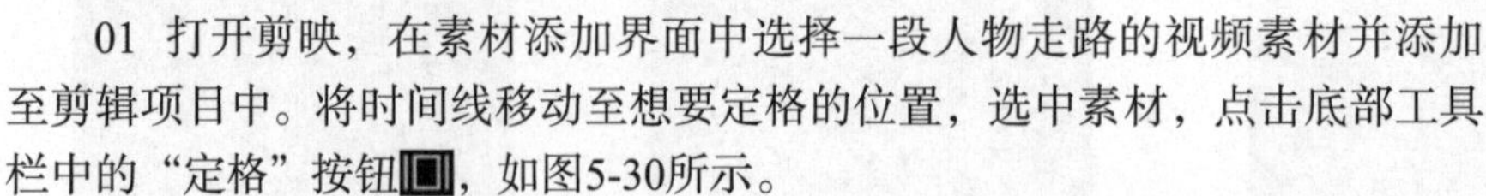

02 在时间线区域中选中定格片段，点击底部工具栏中的“切画中画”按钮，并将其移动至主视频轨道的下方，如图5-31和图5-32所示。

03 参照上述操作方法，制作第2个定格片段，使第1个定格片段的尾端与主视频轨道中的第1段素材的尾端对齐，使第2个定格片段的尾端与主视频轨道中的第2段素材的尾端对齐，如图5-33和图5-34所示。

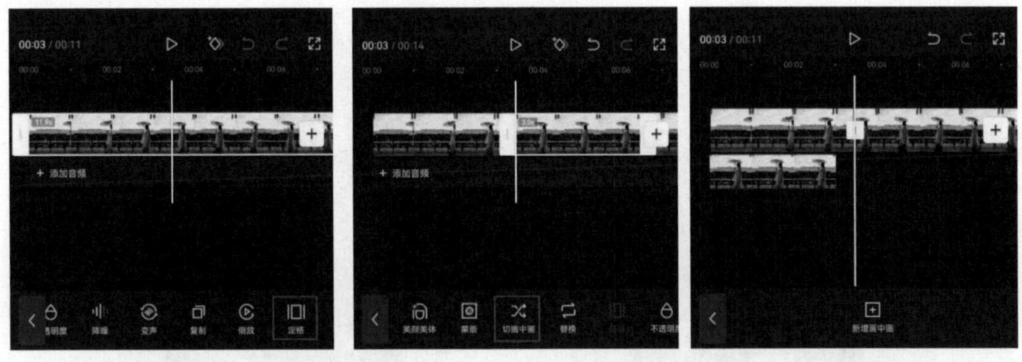

图 5-30　　图 5-31　　图 5-32

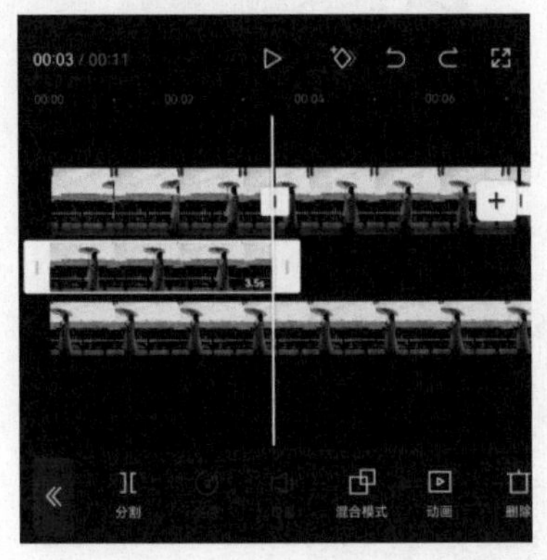

图 5-33

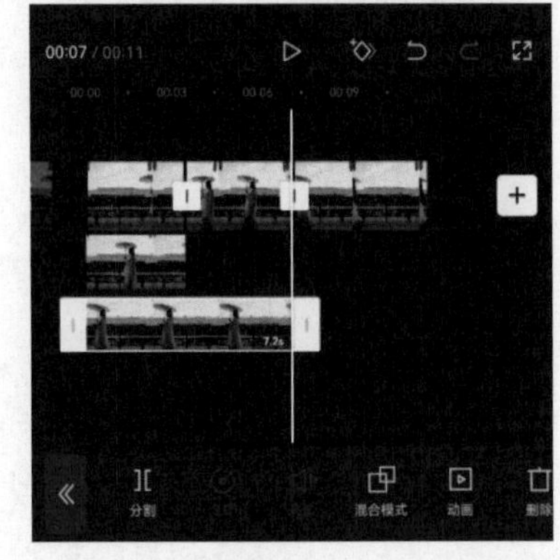

图 5-34

04 在时间线区域中选中第1个定格片段，点击底部工具栏中的“抠像”按钮，如图5-35所示，打开“抠像”选项栏，点击其中的“智能抠像”按钮，如图5-36所示。

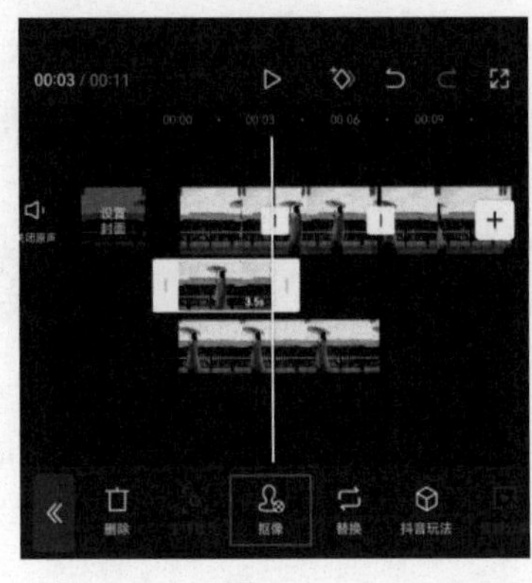

图 5-35

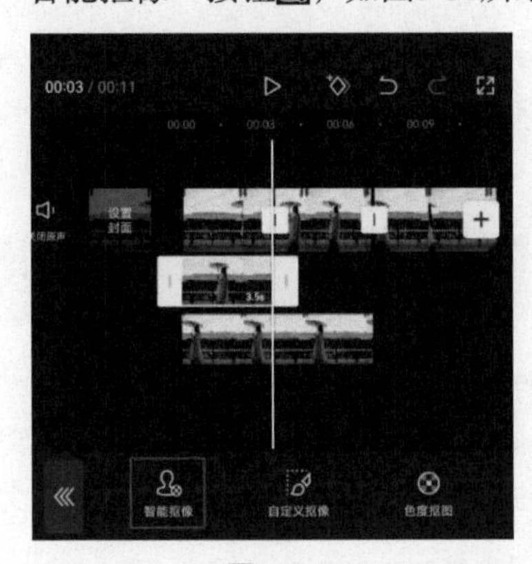

图 5-36

05 在时间线区域中选中第2个定格片段，点击底部工具栏中的“智能抠像”按钮，执行操作后，预览区域中将出现两个人物，如图5-37所示。

06 执行步骤05中的操作后，将时间线移动至视频的起始位置，预览区域中将出现3个人物，如图5-38所示。

07 完成所有操作后，为视频添加一首合适的背景音乐，然后点击界面右上角的“导出”按钮，将视频保存至相册，效果如图5-39所示。

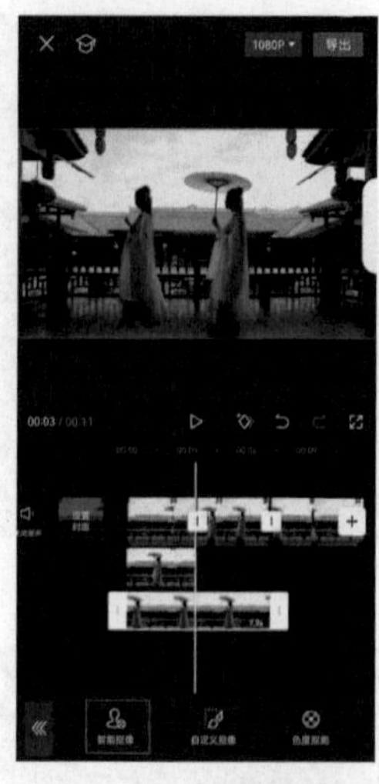
图 5-37

图 5-38

图 5-39

提示：

在剪辑视频时，通常，一个视频轨道只能显示一个画面，有两个视频轨道就能制作出两个画面同时显示的画中画特效。如果要制作多画面的画中画特效，就需要用到多个视频轨道。

5.3 关键帧

如果在一个轨道上添加了两个关键帧，并且在后一个关键帧处改变了显示效果，比如放大或缩小画面、移动贴纸或蒙版、修改滤镜等，那么播放这两个关键帧之间的片段时，会出现第一个关键帧所在位置的效果逐渐转变为第二个关键帧所在位置的效果的现象。

5.3.1 用关键帧模拟运镜效果

通过“关键帧”功能，可以让一些原本不会移动的、非动态的元素在画面中动起来，还可以让一些后期增加的效果随时间变化。下面将通过运镜效果的制作讲解“关键帧”功能的使用方法。

在时间线区域选中需要编辑的素材，然后在预览区域中用双指背向滑动，将画面放大，如图5-40所示。将时间线移动至视频的起始位置，点击界面中的◇按钮，如图5-41所示。

执行操作之后，轨道上会出现一个关键帧标记，如图5-42所示。将时间线移动至视频的结尾处，在预览区域中用双指相向滑动，将画面缩小，此时剪映会自动在时间线所在的位置添加一个关键帧，如图5-43所示。至此，就完成了一个简单的运镜效果的制作。

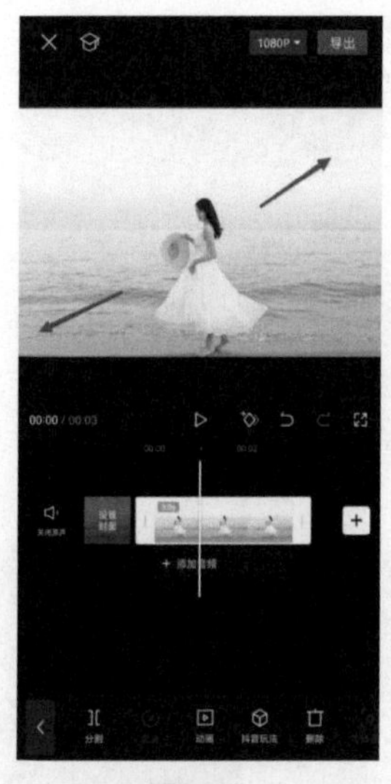

图 5-40

图 5-41

图 5-42

图 5-43

5.3.2 实战案例：制作时空穿越效果

本案例将介绍时空穿越效果的制作方法，主要使用剪映的“画中画”“关键帧”“蒙版”三大功能，下面将介绍具体的操作方法。

01 打开剪映，在素材添加界面中选择一段女孩奔跑素材和一段夕阳素材并添加至剪辑项目中。在时间线区域中选中夕阳素材，点击底部工具栏中的“切画中画”按钮，如图5-44所示。执行操作后，将其移动至女孩奔跑素材的下方，如图5-45所示。

02 将时间线移动至10s处，在时间线区域中选中夕阳素材，点击底部工具栏中的“分割”按钮，选择多余的素材，再点击“删除”按钮将其删除，如图5-46和图5-47所示。

03 参照步骤02的操作方法，对女孩奔跑素材进行剪辑，使其时长和夕阳素材的时长保持一致，如图5-48所示。

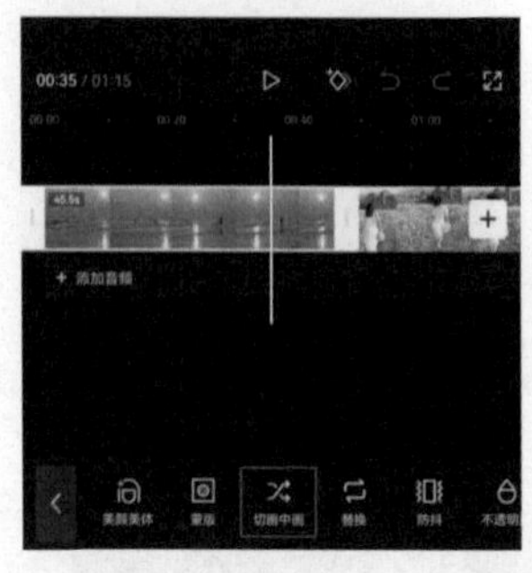

图 5-44

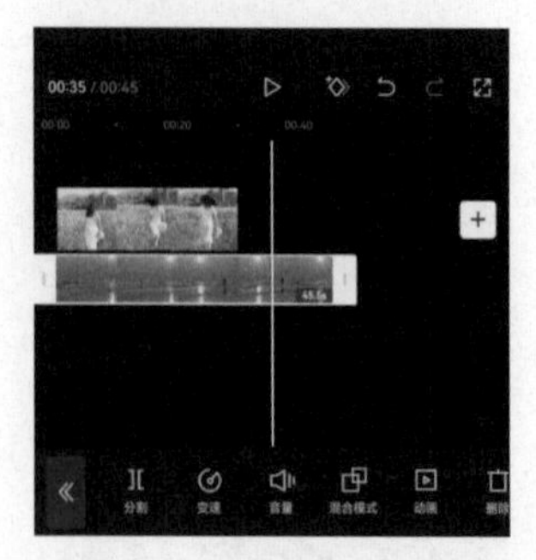

图 5-45

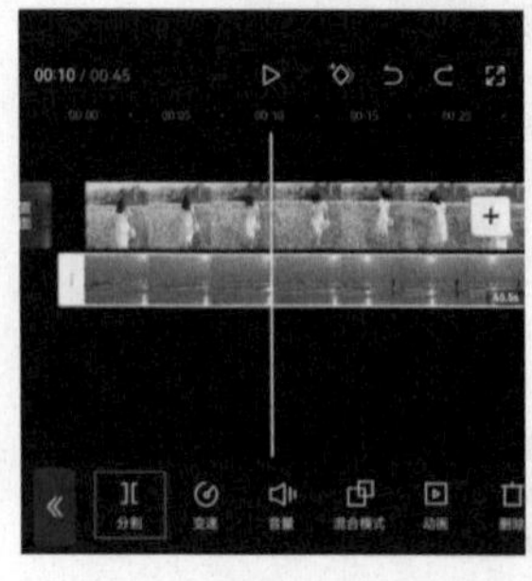

图 5-46

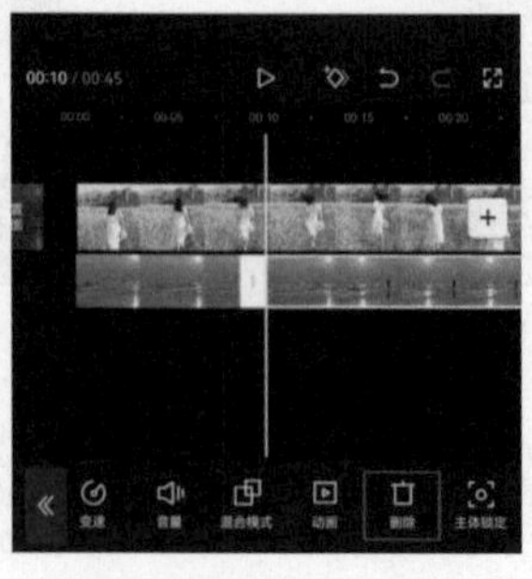

图 5-47

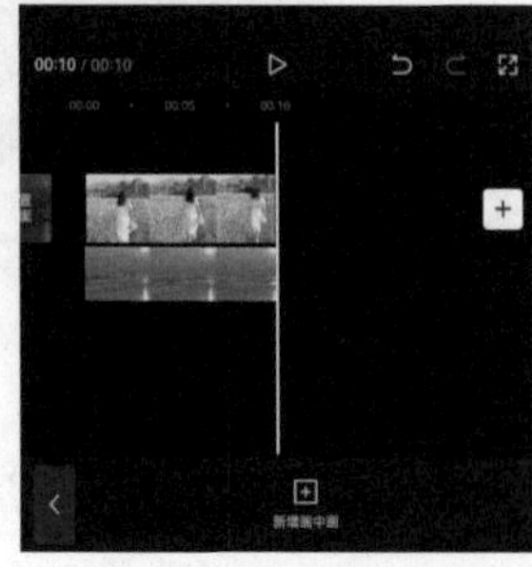

图 5-48

04 在时间线区域中选择夕阳素材，点击底部工具栏中的“蒙版”按钮，如图5-49所示，打开“蒙版”选项栏，选择其中的“线性”蒙版，在预览区域中将蒙版顺时针旋转108°，并拖动按钮，将蒙版羽化，如图5-50所示。

图 5-49

图 5-50

05 在预览区域中将蒙版移动至画面的右下角，并点击按钮保存操作，如图5-51所示。将时间线移动至视频的起始位置，再在预览区域中点击按钮，添加一个关键帧，如图5-52所示。

06 将时间线移动至10s的位置，在选中女孩奔跑素材的状态下，点击底部工具栏中的“蒙版”按钮，如图5-53所示，打开“蒙版”选项栏，在预览区域中将蒙版移动至画面的左上角，并点击按钮保存操作，如图5-54所示，剪映会自动在时间线所在的位置添加一个关键帧，如图5-55所示。

图 5-51

图 5-52

图 5-53

图 5-54

图 5-55

07 完成所有操作后，再为视频添加一首合适的背景音乐，然后点击界面右上角的“导出”按钮，将视频保存至相册，效果如图5-56所示。

图 5-56

5.4 调色

调色是视频编辑中不可或缺的一项操作，画面颜色在一定程度上能决定作品的好坏。每一个影视作品的色调都跟剧情密切相关。调色不仅可以给视频画面赋予一定的艺术美感，还可以为视频注入情感，比如黑色代表黑暗、恐惧，蓝色代表沉静、神秘，红色代表温暖、热情等。对于视频作品来说，使用与作品主题相匹配的色彩能很好地传达作品的主旨。

5.4.1 调节

在剪映中，使用“调节”功能可以通过调整画面的亮度、对比度、饱和度等参数，打造出自己想要的画面效果。

在时间线区域中选中背景素材，点击底部工具栏中的“调节”按钮，打开“调节”选项栏即可对选中的素材进行色彩调整，如图5-57和图5-58所示。

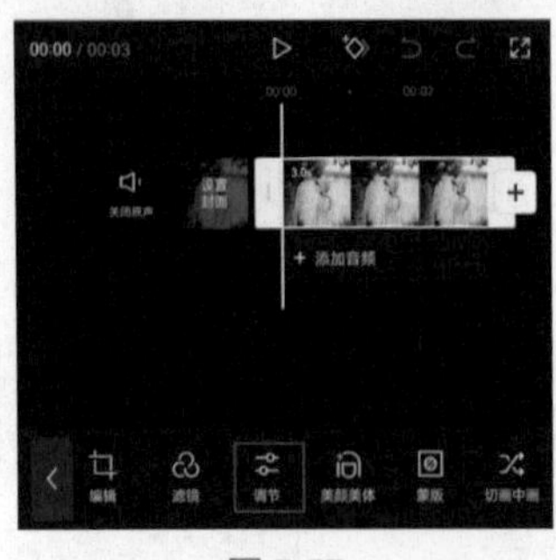

图 5-57

图 5-58

在未选中素材的状态下，点击底部工具栏中的“调节”按钮，进入“调节”选项栏，对某个调节选项进行调整，即可在时间线区域中生成一段可调整时长的色彩调节素材，如图5-59和图5-60所示。

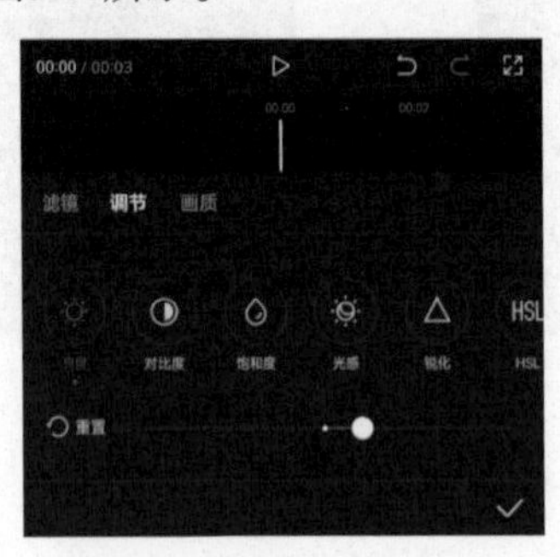

图 5-59

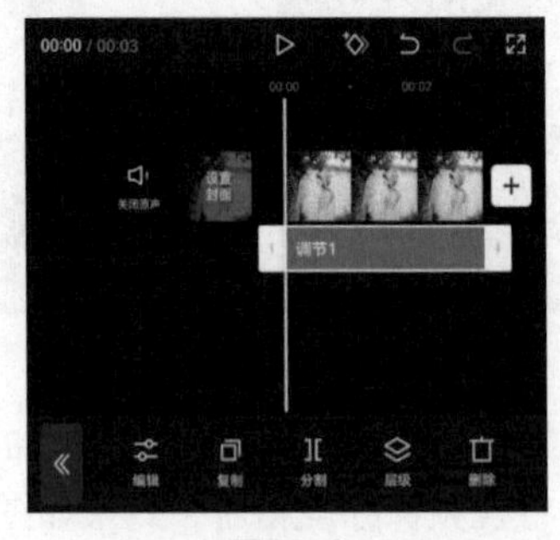

图 5-60

“调节”选项栏中包含了“亮度”“对比度”“饱和度”“色温”等选项，下面进行具体介绍。

（1）亮度：用于调整画面的明亮程度。数值越大，画面越明亮。

（2）对比度：用于调整画面黑与白的比值。数值越大，从黑到白的渐变层次就越多，色彩的表现也会更加丰富。

（3）饱和度：用于调整画面色彩的鲜艳程度。数值越大，画面饱和度越高，画面色彩就越鲜艳。

（4）锐化：用来调整画面的锐化程度。数值越大，画面细节越丰富。

（5）高光/阴影：用来改善画面中的高光或阴影部分。

（6）色温：用来调整画面中色彩的冷暖倾向。数值越大，画面越偏暖色；数值越小，画面越偏冷色。

（7）色调：用来调整画面中色彩的颜色倾向。

（8）褪色：用来调整画面中颜色的附着程度。

5.4.2 滤镜

滤镜是各大视频剪辑软件的必备功能，它可以很好地掩盖拍摄时造成的缺陷，对素材进行美化，使画面更加生动、完善。剪映为用户提供了数十种滤镜，用户可以将这些滤镜应用到单个素材里，也可以将滤镜作为独立的一段素材应用到某一个时间段。

1. 在单个素材中应用滤镜

在时间线区域中选中背景素材，点击底部工具栏中的“滤镜”按钮，如图5-61所示，进入“滤镜”选项栏，在其中点击一款滤镜效果，即可将其应用到所选素材，通过下方的调节滑块可以改变滤镜的强度，如图5-62所示。

图 5-61

图 5-62

> **提示：**
>
> 完成操作后滤镜效果仅添加给了选中的素材。若需要将滤镜效果同时应用到其他素材中，可在选择滤镜效果后点击“全局应用”按钮。

2. 在某一段时间应用滤镜

在未选中素材的状态下，点击底部工具栏中的“滤镜”按钮，如图5-63所示，进入“滤镜”选项栏，在其中点击一款滤镜效果，如图5-64所示。

图 5-63

图 5-64

完成滤镜的选取后，点击右下角的按钮，此时时间线区域中将生成一段可调整时长和位置的滤镜素材，如图5-65所示。调整滤镜素材的方法与调整音视频素材的方法一致。拖动滤镜素材左右两侧的白色边框，可以对其持续时长进行调整；选中滤镜素材后进行拖动，可改变滤镜所应用到的时间段，如图5-66所示。

图 5-65

图 5-66

5.4.3 实战案例：青橙色调调色

青橙色调一直都是很受广大网友喜爱的色调，放在夜景、风景、肖像摄影中都十分好看，而且在很多好莱坞电影中经常被用来描绘冲突场面。

01 打开剪映，在素材添加界面中选择一段火车行驶的视频素材并添加至剪辑项目中。在时间线区域中选中素材，点击底部工具栏中的“调节”按钮，打开“调节”选项栏，如图5-67和图5-68所示。

图 5-67

图 5-68

02 根据画面的实际情况，将色调、对比度、高光、阴影和暗角调到合适的数值，使画面更具氛围感，如图5-69所示。具体数值参考：色调为-8、对比度为35、高光为-6、阴影为-6、暗角为6。

03 点击切换至“滤镜”选项栏，选择“影视级”选项中的“青橙”滤镜，并点击按钮保存操作，如图5-70所示。

图 5-69

图 5-70

04 完成所有操作后，即可点击界面右上角的“导出”按钮，将视频保存至相册，效果如图5-71所示。

图 5-71

> **提示：**
>
> 青橙色调是网络上非常流行的一种色调，适合于风景、建筑和街景等类型的视频。青橙色调以蓝色和橙红色为主，能够让画面产生鲜明的色彩对比，同时还能让视觉效果协调、统一。

5.5 课堂实训：制作三分屏卡点短视频

分屏卡点短视频需要同时使用“画中画”功能和“蒙版”功能来制作，这种视频往往可以给人一种新奇、炫酷的观感，下面将介绍具体的制作方法。

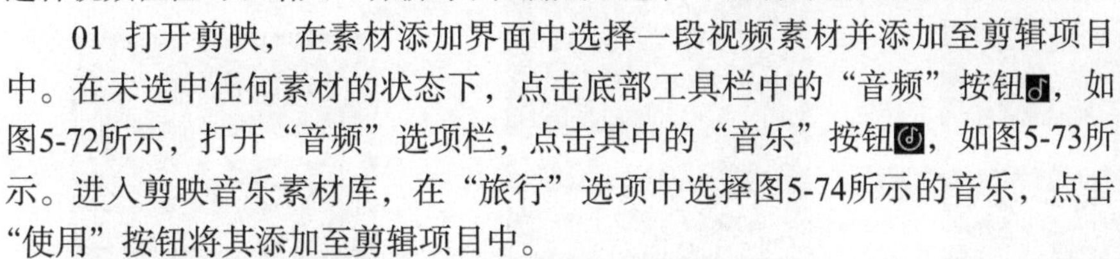

01 打开剪映，在素材添加界面中选择一段视频素材并添加至剪辑项目中。在未选中任何素材的状态下，点击底部工具栏中的“音频”按钮，如图5-72所示，打开“音频”选项栏，点击其中的“音乐”按钮，如图5-73所示。进入剪映音乐素材库，在“旅行”选项中选择图5-74所示的音乐，点击“使用”按钮将其添加至剪辑项目中。

02 在时间线区域中选中音乐素材，点击底部工具栏中的“踩点”按钮，如图5-75所示，在“踩点”选项栏中点击“自动踩点”按钮，选择“踩节拍Ⅱ”选项，点击按钮保存操作，如图5-76所示。

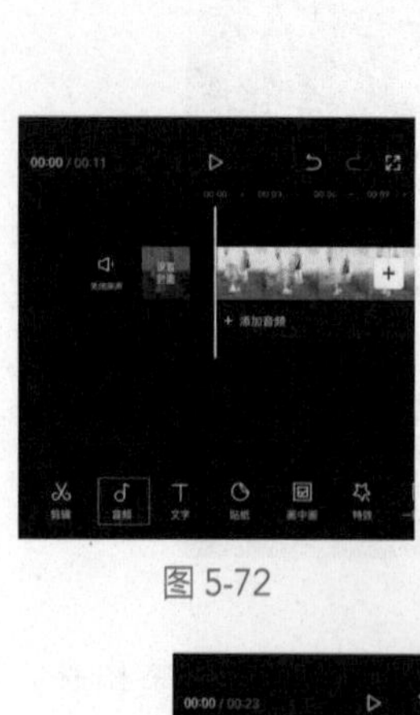

图 5-72

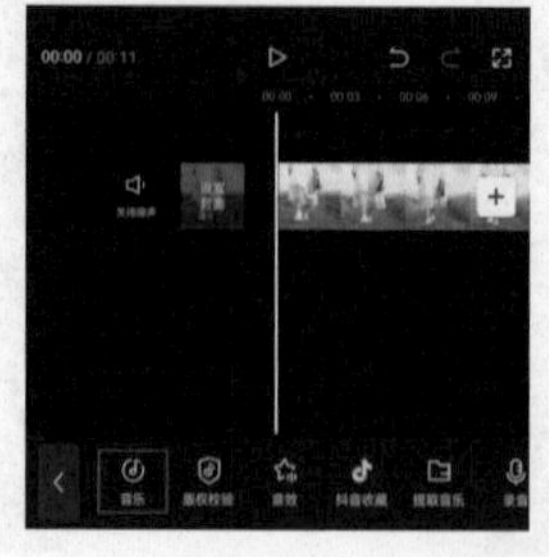

图 5-73

图 5-74

图 5-75

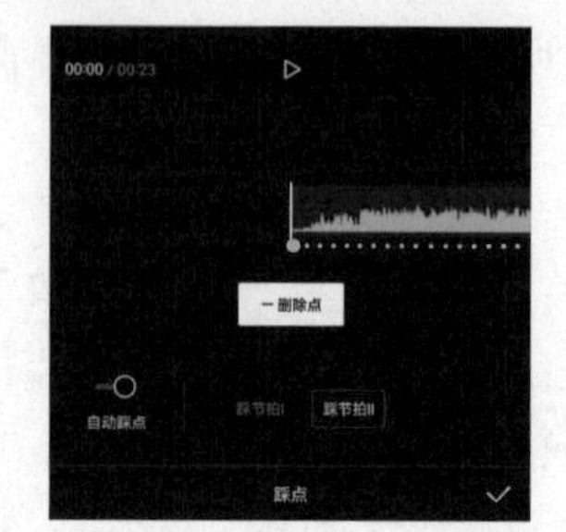

图 5-76

03 在时间线区域中选中视频素材，点击底部工具栏中的“蒙版”按钮，如图5-77所示，打开“蒙版”选项栏，选择其中的“矩形”蒙版。在预览区域中调整好蒙版的形状和大小，并拖动按钮，将直角变成圆角，如图5-78所示。

04 在时间线区域中选中视频素材，将其右侧的白色边框向左拖动，使其时长缩短至3.3秒，然后点击底部工具栏中的“复制”按钮，如图5-79所示，在时间线区域中复制出一个一模一样的素材。

图 5-77

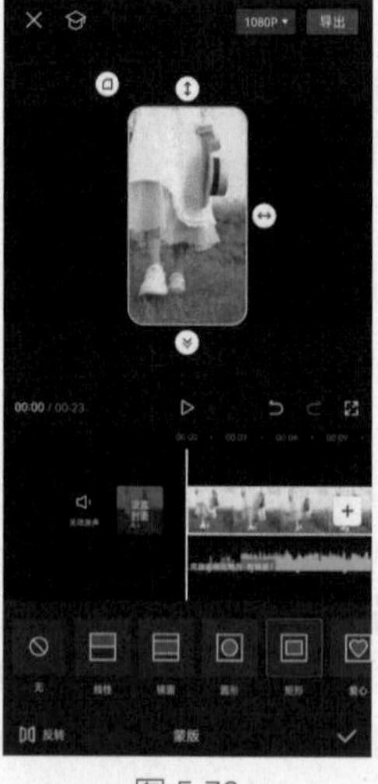

图 5-78

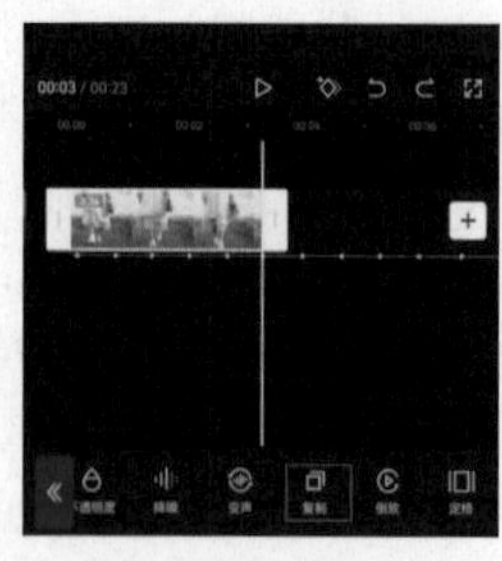

图 5-79

05 参照步骤04的操作方法，在轨道中将视频素材再复制一份。在时间线区域中选中第2段素材，点击底部工具栏中的“切画中画”按钮，如图5-80所示，并将其移动至第1段素材的下方，使其起始位置与音频的第2个标记点对齐，再在预览区域中将其移动至画面的右侧，如图5-81所示。

06 参照步骤05的操作方法，将第3段素材移动至画中画轨道，使素材的起始位置与音频的第3个标记点对齐，并在预览区域中将其移动至画面的左侧，如图5-82所示。

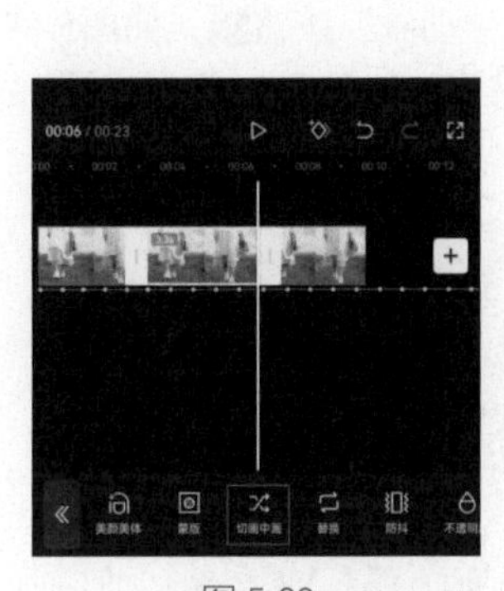

图 5-80

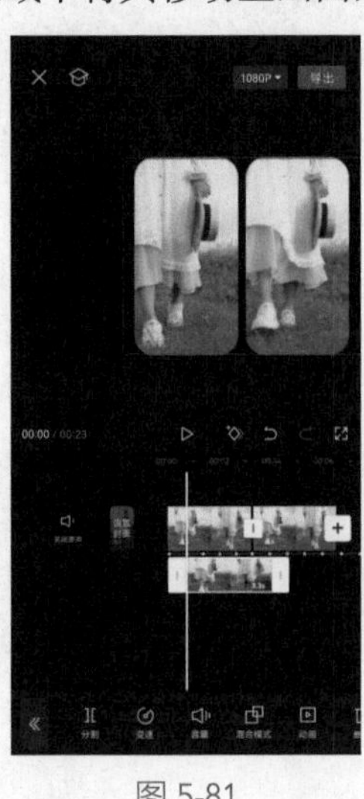

图 5-81

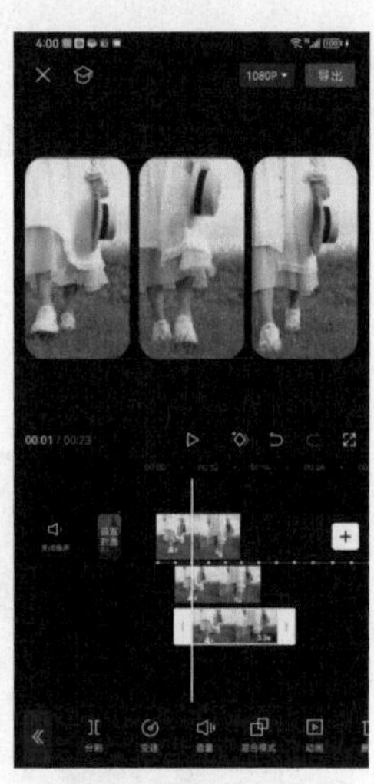

图 5-82

07 参照步骤04的操作方法，将主视频轨道和画中画轨道中的素材分别复制6份，如图5-83所示。

08 调整主视频轨道和画中画轨道中最后一段素材的持续时长，使其尾端和音频素材的尾端对齐，如图5-84所示。

09 在时间线区域中选中主视频轨道中的第2段素材，点击底部工具栏中的“替换”按钮，如图5-85所示。

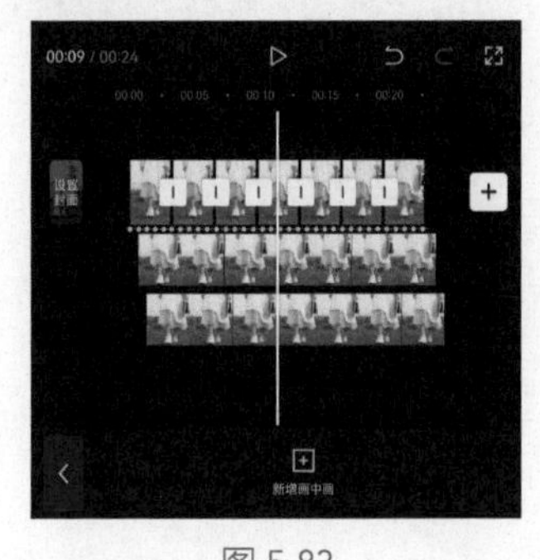

图 5-83

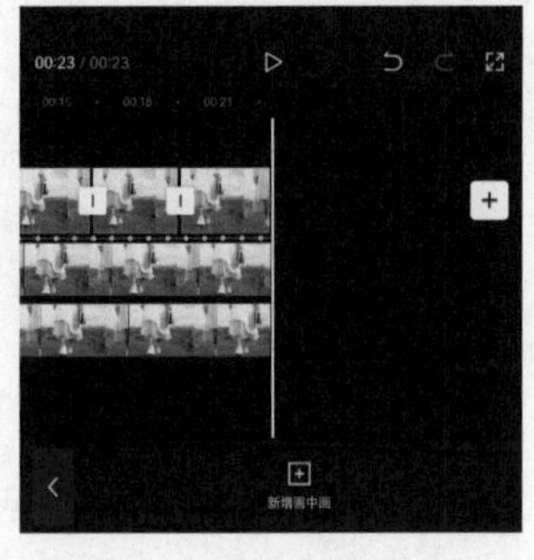

图 5-84

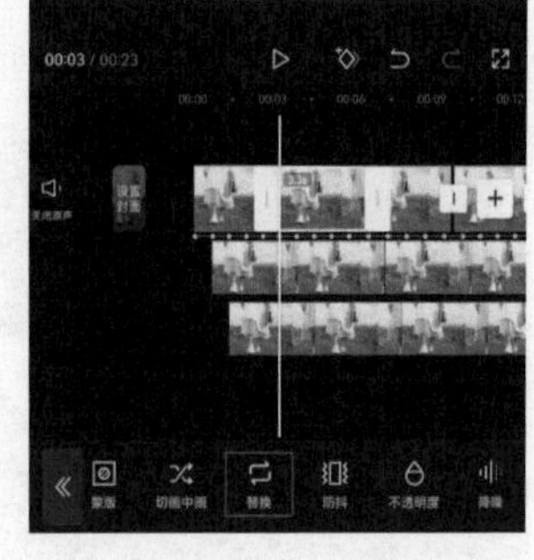

图 5-85

10 进入素材添加界面，选择除第1段素材外的任意一段素材，将其替换，如图5-86所示。

11 参照步骤09和步骤10的操作方法，将画中画轨道中的第2段素材都替换为同一段素材，如图5-87所示。

12 参照步骤09至步骤11的操作方法，将余下5组素材都替换为不同的素材，如图5-88所示。

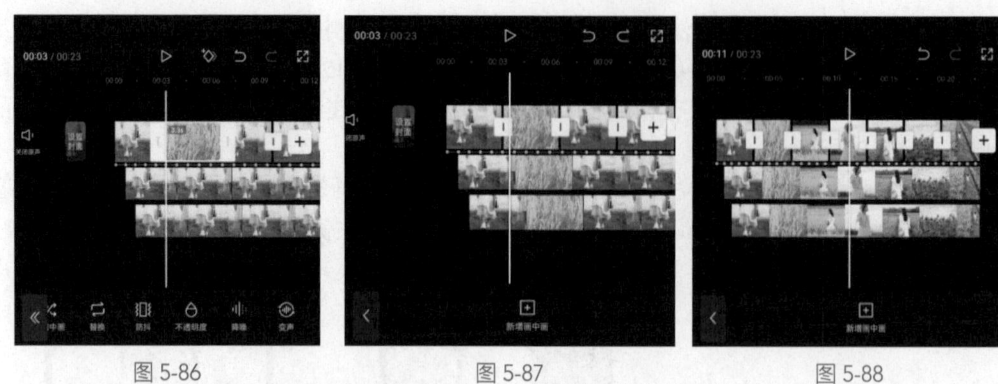

图 5-86　　　　图 5-87　　　　图 5-88

13 在时间线区域中选中第1段素材，点击底部工具栏中的“动画”按钮，如图5-89所示，打开“动画”选项栏，在“入场动画”选项中选择“动感放大”效果，并点击按钮保存操作，如图5-90所示。参照上述操作方法为余下所有素材均添加“动感放大”效果。

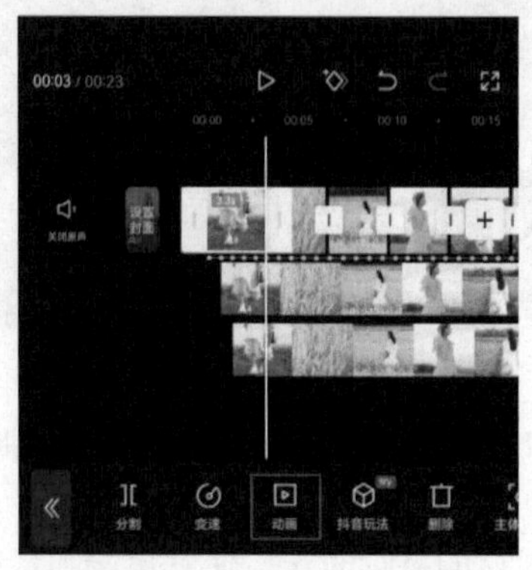

图 5-89

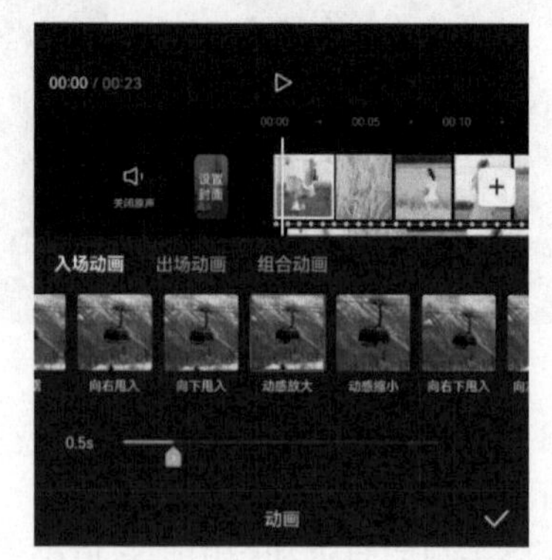

图 5-90

14 将时间线移动至视频的起始位置，点击底部工具栏中的“音频”按钮，如图5-91所示，打开“音频”选项栏，点击其中的“音效”按钮，如图5-92所示，进入“音效”选项栏，在搜索框中输入关键词“画面突然出现的音效”，点击键盘中的“搜索”按钮，如图5-93所示。

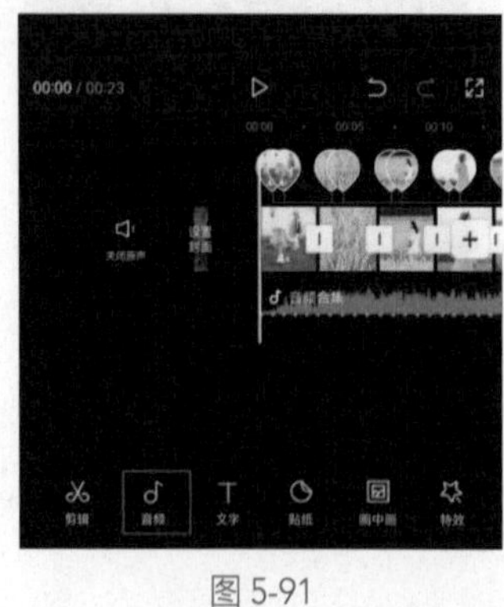

图 5-91

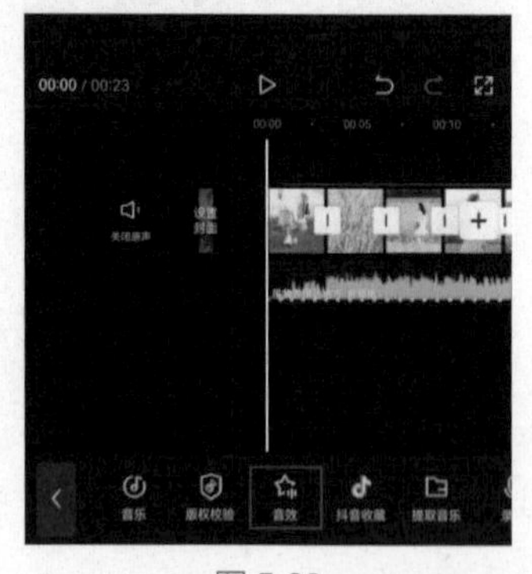

图 5-92

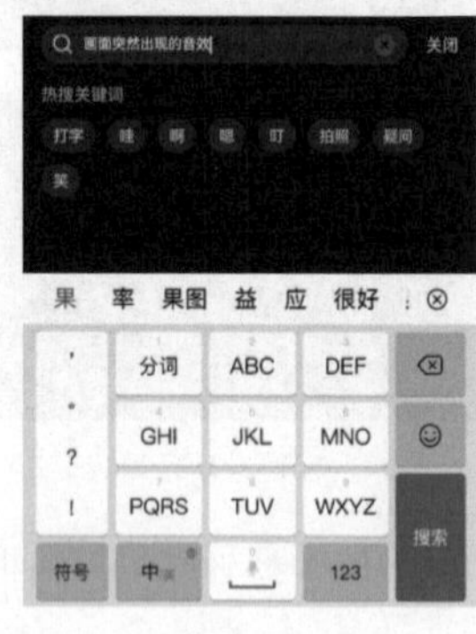

图 5-93

15 在搜索结果中选择图5-94所示的音效，点击“使用”按钮将其添加至剪辑项目中。在预览区域中选中音效素材，将其右侧的白色边框向左拖动以将其缩短，如图5-95所示。

16 参照步骤14和步骤15的操作方法在每段素材的出场位置添加音效，如图5-96所示。

图 5-94

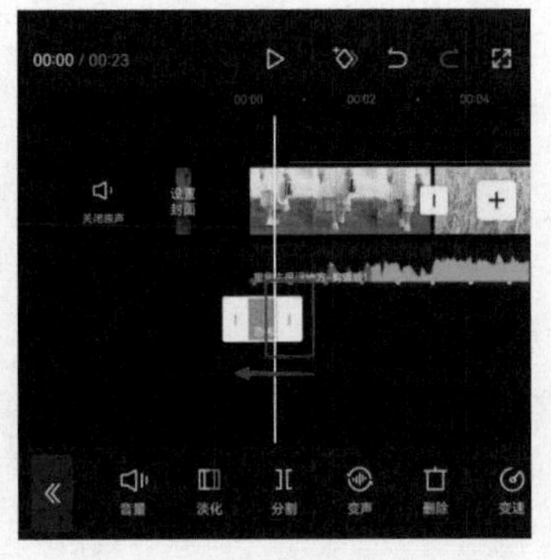

图 5-95

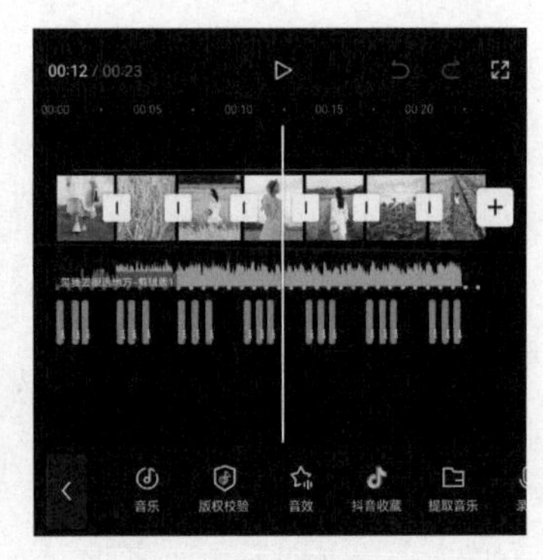

图 5-96

17 完成所有操作后，即可点击界面右上角的“导出”按钮，将视频保存至相册，效果如图5-97所示。

图 5-97

提示：

分屏本义是指采用分屏分配器驱动多个显示器，从而使多个屏幕显示相同的画面，就如同Visual C++界面编程中的动态拆分效果。

5.6 课后习题：自行制作分屏卡点短视频

试着根据本章介绍的剪辑知识和提供的素材，自行制作分屏卡点短视频，看看最终效果和上述案例中有哪些不同，并查找出原因。

第6章

Vlog创作全流程

Vlog 的全称是 VideoBlog，意思是视频博客和视频日记，主要就是以视频为载体记录日常生活。它以影像代替文字或照片，可以上传到网络中与网友分享。创作者通过拍摄视频记录日常生活，这类创作者被称为 Vlogger。

随着互联网的不断发展，Vlog 流行是大势所趋，因为视频比文字更能拉近与观众的距离。将一次旅行的过程或者周末的活动记录下来的视频，甚至是一些生活经验的分享视频，都可以算作 Vlog。本章将以《我的大学日常 Vlog》的制作过程为例，讲解 Vlog 的创作方法。

学习目标

- ❖ 学习 Vlog 内容的构思和策划
- ❖ 掌握 Vlog 的拍摄流程和方法
- ❖ 学会使用剪映剪辑 Vlog
- ❖ 了解创作 Vlog 的全流程

6.1 策划与筹备

Vlog的策划与筹备阶段的主要工作包括组建团队、策划内容、撰写脚本，为中后期的拍摄和剪辑做好准备工作。

6.1.1 组建团队

拍摄Vlog可以组建一个中型团队，共4人，成员组成和角色分工如下。

（1）导演：负责统筹所有拍摄工作，并在现场进行人员调度，把控Vlog的拍摄节奏和质量。

（2）编剧：根据Vlog内容的类型和定位，收集和筛选Vlog选题并撰写脚本。

（3）摄像师：与导演一同策划拍摄方案，布置拍摄现场的灯光，根据脚本完成拍摄。

（4）剪辑师：对视频素材进行剪辑，制作Vlog成片，把控Vlog的成片效果。

提示：

在实际拍摄工作中，团队成员可能还需要完成一些其他工作，例如，导演参与布光和准备道具工作，编剧帮忙使用补光板等。此外，如果遇到需要人物入镜的情况，团队成员也需要进行客串。上述情况在每个短视频团队中都会出现，因此后续章节中均不再赘述。

6.1.2 策划内容

Vlog可以分为生活记录类Vlog和旅拍类Vlog两大类。在刚开始学习的时候，建议先从生活记录类Vlog开始拍摄，毕竟旅拍类Vlog不是随时都能拍的，所以本章所要制作的案例为生活记录类Vlog。

1. 确定主题和思路

其实生活中可供选择的主题和思路有很多，例如，周末休假在家的一天生活、和朋友一块去逛公园、搬新家或者过节回家的经历。这些生活中的小事都可以记录下来，把它拍成具有仪式感的视频。

生活记录类Vlog贵在真实，对画质没有过高的要求，就算画面抖一点、偏暗一点也没关系，最重要的是把生活中真实的一面和大家分享，用视频去交朋友。

2. 设计情节

虽然生活记录类Vlog贵在真实，但并不是只要完完全全地记录下来就可以了，就跟写文章一样，不能像记流水账那样，要有一定的取舍，还可以运用适当的技法，如倒叙、插叙、回忆等，这样才能把Vlog拍得别有风趣、引人入胜。

这里分享一个很实用的小技巧，在设计Vlog情节时，可以参考表6-1，根据Vlog的主题来填写其中的内容。

表6-1

《我的大学日常Vlog》		
内容	亮点	叙述方式

例如，本章要制作案例《我的大学日常Vlog》，可以按一个大学生一天的作息时间来捋一捋有哪些内容。听到闹钟声、起床穿衣、洗漱、吃早餐、去教室上课、逛街、和朋友聚餐、运动、看电视、洗漱、睡觉等。如果按照这个顺序全部记录下来，就会发现这就是在记流水账。我们需要想想这些事哪些需要重点表现，哪些可以省略掉，从中挑选出亮点来。

3. 亮点的设计

亮点的设计可以归纳为两方面，分别是内容和技法。

（1）从内容着手

无论是写文章还是拍电影、拍Vlog，内容都是最重要的。内容可以分为两部分：去做一些有趣、有意义的事情，把平凡的生活拍得有趣。

例如，第一次蹦极、第一次滑雪、冲浪、环游世界、骑行或者徒步等，如图6-1所示。这些事情光看文字就知道很有趣，如果有这些内容，Vlog必然会很吸引人。但问题是有趣的事情很少，我们遇到更多的还是很平凡的事情，例如本章要制作的案例《我的大学日常Vlog》，看起来不是那么有趣，那么就需要用技法为它加分了。

图6-1

（2）从技法着手

① 剧情转折：使用插叙和倒叙等叙述方式。在剪辑素材或写文案的时候，为了避免叙事过程平淡，可以打乱叙事的顺序。还是以《我的大学日常Vlog》为例，如果按顺序记录一天的全部事件就像记流水账一样，那么就可以用“倒叙”“插叙”等手法打乱叙事顺序。例如，在Vlog的开头放上最吸引人的话和事情，在视频开头说“今天我和同学要去爬岳麓山，这个季节的岳麓山超级美”，然后放上岳麓山的风景视频。这个时候观众就知道Vlog的大致内容是爬山，虽然还没出发，但观众能大致预想到要发生什么。总而言之，就是可以将有趣的、可以吸引人的过程或结果前置。

② 创意开场：使用电影感开场、手写文字开场、打字机开场等特殊、有趣的开场方式。前面已经讲过一些标题字幕与特效的制作了，如文字消散效果等，大家可以灵活运用这些技法来制作Vlog的开场，如图6-2所示。

图6-2

③ 特殊视角：使用区别于平时人眼所看到的正常视角，这样更能吸引观众的注意力。如洗衣机视角、俯视视角等，如图6-3所示。这种类型的视角会更加有趣，更有互动感。

④ 延时摄影镜头或升格镜头：在Vlog中，可以拍一些延时摄影镜头或升格镜头作为转场镜头，镜头形式的多样化会极大地丰富视频内容。

⑤ 运镜+快节奏剪辑：每个镜头的时间都很短，恰当的运镜手法可以让镜头间的衔接显得无比流畅；快节奏的剪辑配上快节奏的音乐，就会让平淡的画面显得不是很枯燥。

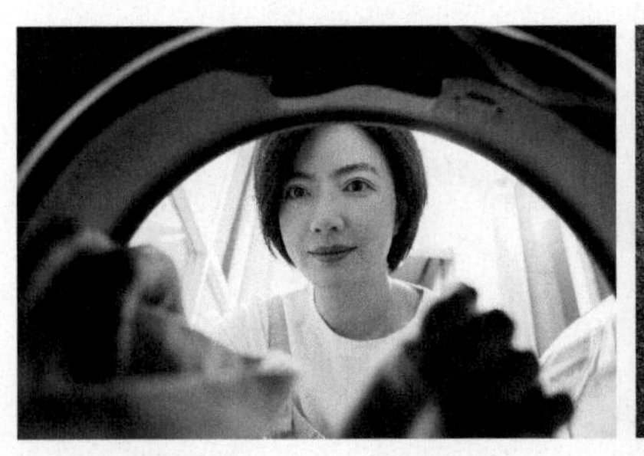 

图6-3

提示：

升格镜头是拍摄中的一种技术手段，电影拍摄标准是每秒24帧，也就是每秒拍摄24个图像，这样在放映时才能播放出速度正常的连续性画面。但为了实现一些简单的效果，如慢镜头效果，就要改变正常的拍摄速度。高于每秒60帧拍摄出的镜头就是升格镜头，其放映效果相当于慢动作。低于每秒24帧拍摄的镜头就是降格镜头，其放映效果相当于快动作。

6.1.3 撰写脚本

Vlog是用来记录生活的，有很强的随机性和不确定性。例如，上班路上，有可能是一路畅通，也有可能遇到堵车或交通管制，所以脚本不用写得过于详细，只需要把拍摄的场景和内容大致规划一下就可以了。表6-2为《我的大学日常Vlog》的脚本提纲。

表6-2

拍摄场景	拍摄内容	文案
校园小道	三五好友一边走路，一边聊天（固定镜头）	我的大学日常Vlog
马路	骑着自行车去上课（跟拍）	7:30/上课路上
教室	认真上课，低头记笔记（使用从左至右的移镜头拍摄）	8:00/第一节课，好好学习
饭店	麻辣鱼片特写（使用从右至左的移镜头拍摄）	12:00/饭点准时吃饭
图书馆	图书馆中坐满了认真学习的学生（固定镜头）	14:00/图书馆学习
操场	操场中运动的人群（延时摄影）	18:30/傍晚来操场跑步
美食街	热闹的美食街（使用从右至左的移镜头拍摄）	21:00/出来吃点夜宵

6.2 视频拍摄

视频拍摄阶段的主要工作包括准备拍摄器材、布置场景和准备道具、现场布光。下面将根据6.1.3小节中撰写的《我的大学日常Vlog》脚本，运用之前介绍的知识拍摄Vlog素材。

6.2.1 准备拍摄器材

在拍摄前需事先准备好拍摄器材。由于本视频属于生活记录类Vlog，有室内场景也有室外场景，因此需要准备拍摄使用的手机、稳定器、三脚架和灯光设备，如图6-4所示。

（1）手机：Vlog中没有特别复杂的拍摄内容，因此可以直接采用手机进行拍摄。

（2）稳定器：采用手持云台，可以有效解决录制视频时因抖动而造成的画面抖动或不平稳的问题。

（3）三脚架：采用手机三脚架，可以很好地稳定手机，从而获得清晰的画面。

（4）灯光设备：以自然光为主光，并配合补光灯和五合一反光板。

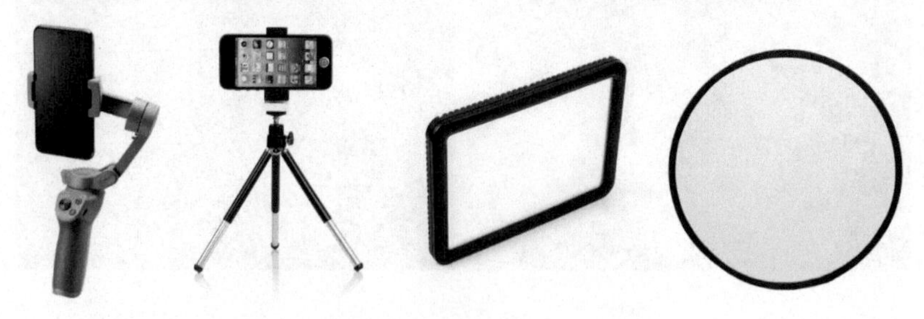

图6-4

6.2.2 布置场景和准备道具

根据脚本来布置场景和准备道具。本Vlog有室内场景，也有室外场景，室外场景主要是校园小道、马路、操场和美食街，室内场景主要是教室、饭店和图书馆。而道具主要是自行车、笔、笔记本、麻辣鱼片和一些配料，具体见表6-3。

表6-3

场景		道具
室外	校园小道	—
	马路	自行车
	操场	—
	美食街	—
室内	教室	笔、笔记本
	饭店	麻辣鱼片、干辣椒、蒜、姜
	图书馆	

6.2.3 现场布光

本Vlog中共包含7个场景，有室内场景，也有室外场景，应根据具体场景制订相应的布光方案。

（1）室外场景布光：选择光照较好的时间段，选择顺光进行拍摄即可，无须刻意布光。

（2）室内场景布光：在拍摄教室和图书馆的场景时，选择窗户附近的位置，以自然光为主光，并打开室内所有灯光，这样就能取得很好的光照效果。而饭店通常光照条件不太好，所以需要使用补光灯等来补光。布光方案可以参考3.7节。

6.2.4 拍摄素材

完成所有布置工作后，就可以根据撰写的脚本，拍摄与脚本对应的素材了，拍摄过程中要注意景别的变化和镜头的运用。图6-5所示为拍摄的大学日常Vlog素材。

图6-5

6.3 视频剪辑

剪辑本Vlog的步骤包括导入和裁剪视频素材、添加转场和特效、添加字幕和贴纸、添加背景音乐和音效，以及导出Vlog等。下面就将拍摄好的《我的大学日常Vlog》视频素材导入剪映中，并运用之前所讲的剪辑知识完成Vlog的后期制作。

6.3.1 导入素材并进行粗剪

下面主要对视频素材进行剪辑处理，先导入多个视频素材，调整它们的持续时长后，使用剪映的“编辑”功能对素材的比例进行调整，具体操作方法如下。

01 在剪映中导入7段视频素材，将它们添加至时间线区域，选中第1段素材，将其左侧的白色边框向右拖动，使其持续时长缩短至2.6秒，如图6-6所示。

02 参照步骤01的操作方法对余下素材进行剪辑，使第2、3、4、5、6、7段素材的持续时长分别缩短至2.6秒、1.5秒、2.2秒、2.2秒、2.0秒、4.0秒，如图6-7所示。

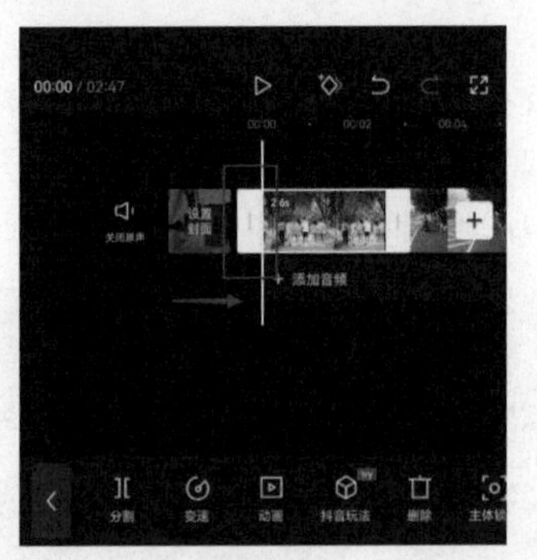

图 6-6

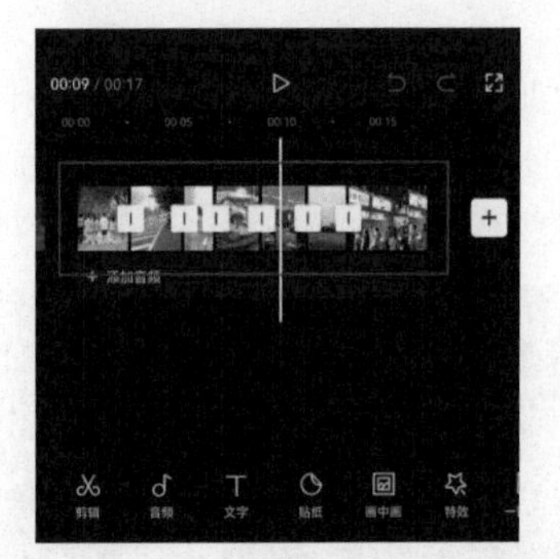

图 6-7

03 在时间线区域中选中第7段素材，点击底部工具栏中的“编辑”按钮，如图6-8所示，打开“编辑”选项栏；点击其中的“裁剪”按钮，如图6-9所示，打开“裁剪”选项栏；选择其中的“16：9”选项，完成选择后点击按钮保存操作，如图6-10所示。

图 6-8

图 6-9

图 6-10

6.3.2 添加转场和特效

下面将为素材添加转场效果，让各个素材之间的过渡效果变得更加协调，再添加特效，使画面效果更加引人入胜，具体操作方法如下。

01 在时间线区域中点击第1段素材和第2段素材中间的□按钮，如图6-11所示，打开“转场”选项栏，选择“光效”选项中的“闪光灯”转场效果，如图6-12所示。

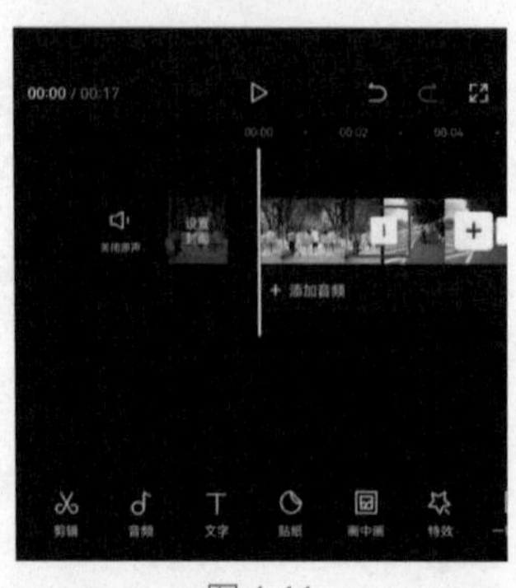

图 6-11

图 6-12

02 在时间线区域中点击第2段素材和第3段素材中间的□按钮，如图6-13所示，打开“转场”选项栏，选择“光效”选项中的“泛白”转场效果，如图6-14所示。

03 参照步骤02的操作方法在余下的素材中间添加“泛白”转场效果，如图6-15所示。

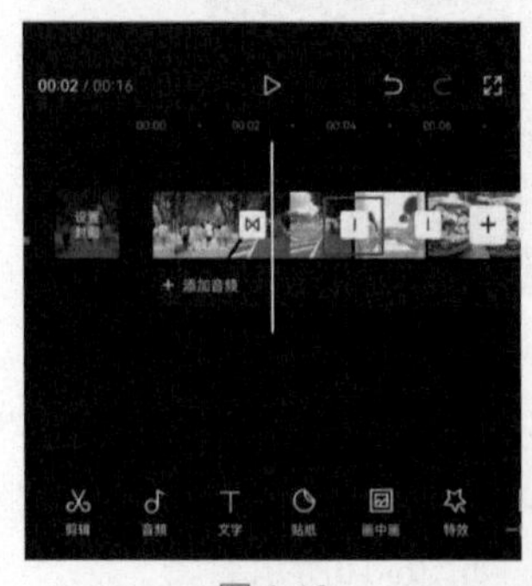

图 6-13

图 6-14

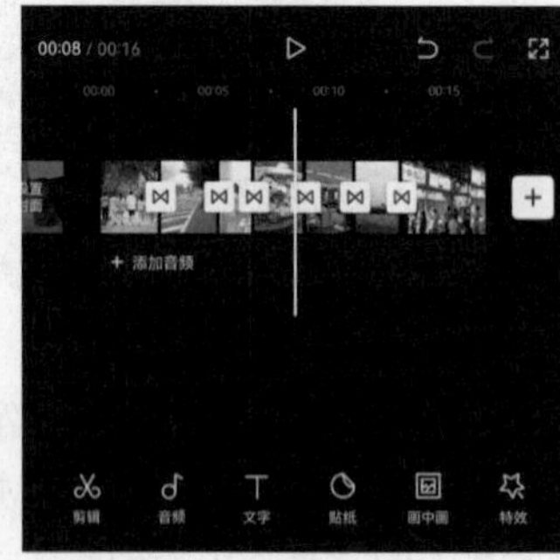

图 6-15

04 将时间线移动至视频的起始位置，在未选中任何素材的状态下，点击底部工具栏中的“特效”按钮，如图6-16所示，打开“特效”选项栏，点击其中的“画面特效”按钮，如图6-17所示。

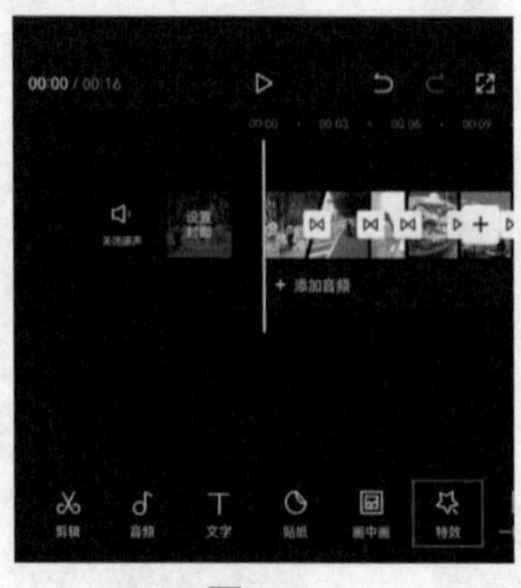

图 6-16

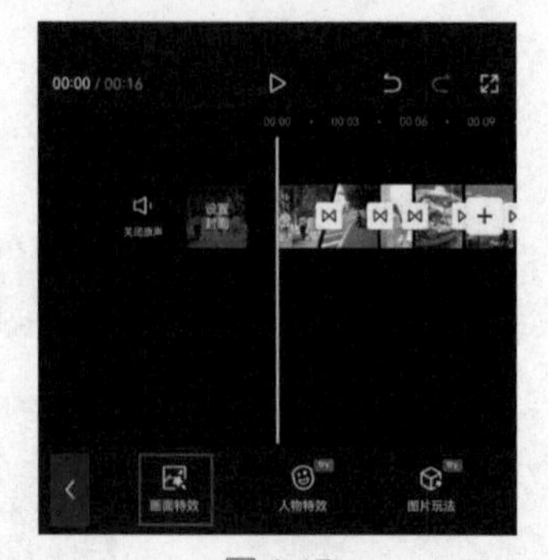

图 6-17

05 打开“画面特效”选项栏，选择“基础”选项中的“变清晰Ⅱ”特效，完成选择后点击✓按钮保存操作，即可在时间线区域中添加一个特效素材，如图6-18和图6-19所示。

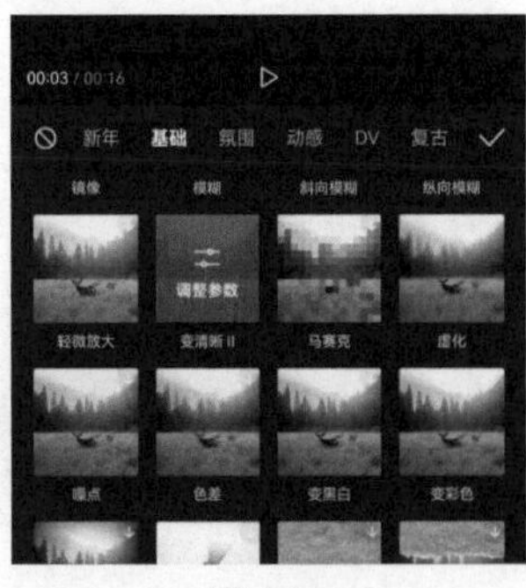

图 6-18

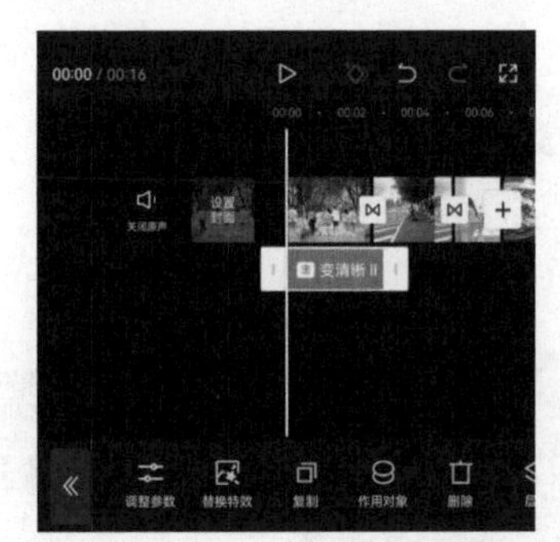

图 6-19

06 参照步骤04和步骤05的操作方法，为素材添加“复古DV”和“录制边框Ⅱ”特效，如图6-20所示。

07 在时间线区域中选中“复古DV”特效素材，将其右侧的白色边框向右拖动，使其尾端和素材的尾端对齐，如图6-21所示。参照上述操作方法将“录制边框Ⅱ”特效素材延长，使其尾端和素材的尾端对齐，如图6-22所示。

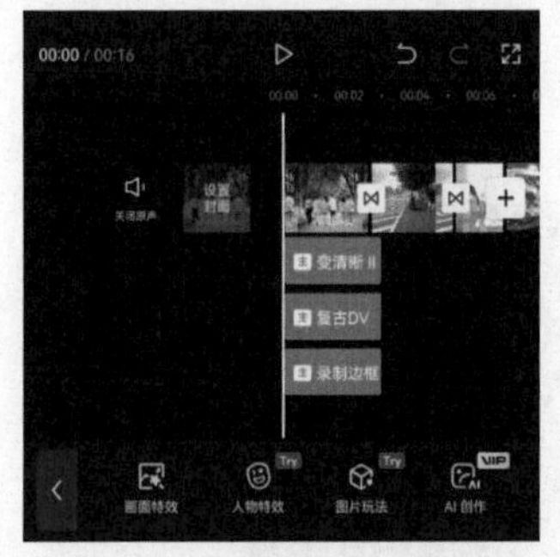

图 6-20

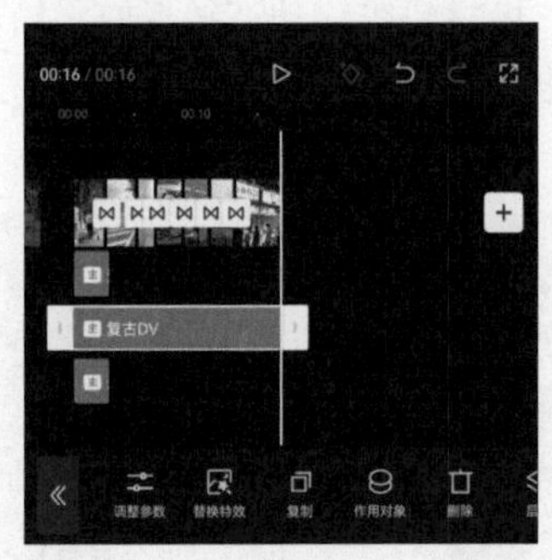

图 6-21

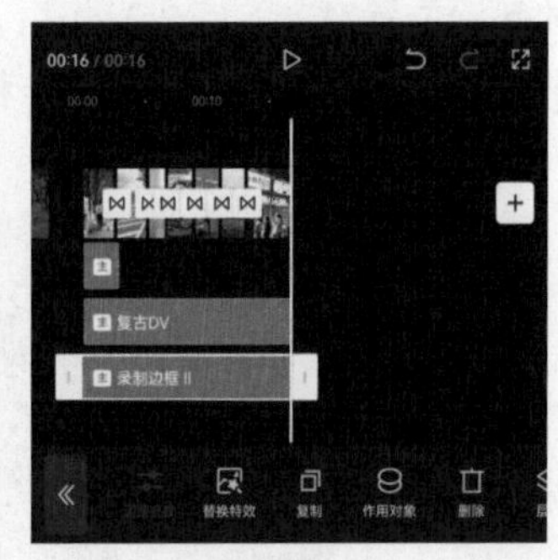

图 6-22

6.3.3 添加字幕和贴纸

下面将为Vlog制作字幕效果并添加好看的贴纸元素，为Vlog作品锦上添花，主要运用剪映的“文字”“贴纸”功能，具体制作方法如下。

01 在未选中任何素材的状态下，点击底部工具栏中的“文字”按钮T，如图6-23所示，打开“文字”选项栏，点击其中的“文字模板”按钮A，如图6-24所示。

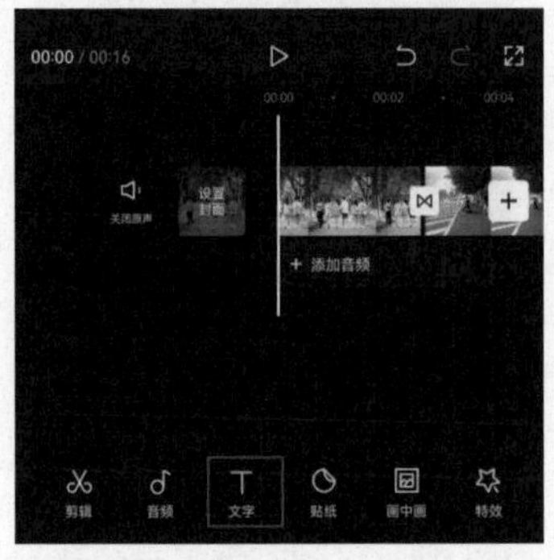

图 6-23

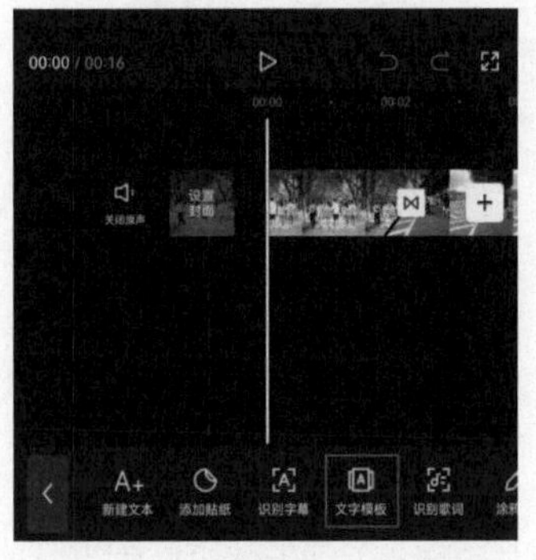
图 6-24

02 打开“文字模板”选项栏，在“片头标题”选项中选择图6-25所示的模板，再在输入框中将文字内容修改为“Daily life at school”，如图6-26所示，点击输入框旁边的按钮，切换至下一行，在输入框中输入“我的大学日常Vlog”，如图6-27所示。

图 6-25

图 6-26

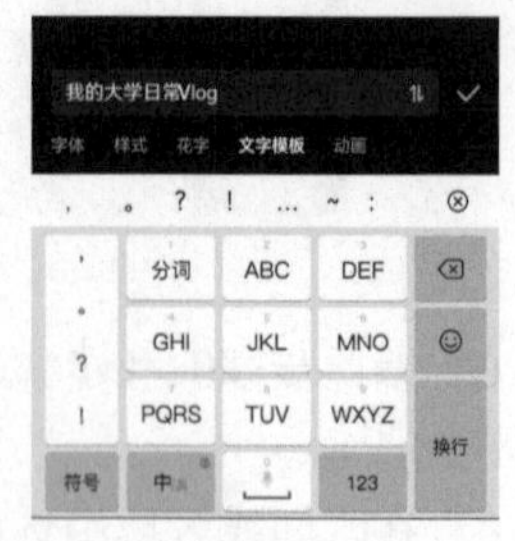

图 6-27

03 在时间线区域中选中字幕素材，将右侧的白色边框向左拖动，使其尾端与转场效果的起始位置对齐，完成操作后，将时间线移动至转场效果结束的位置，并点击底部工具栏中的按钮，如图6-28所示。在未选中任何素材的状态下，点击底部工具栏中的“新建文本”按钮，如图6-29所示。

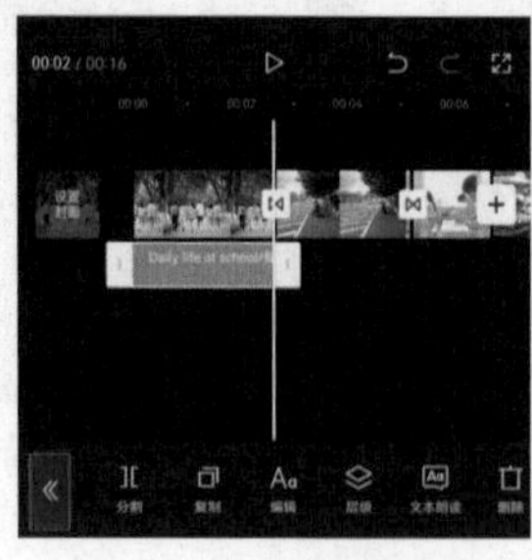

图 6-28

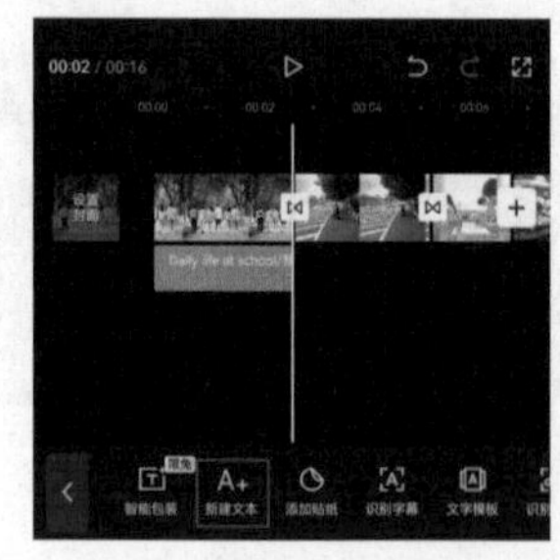

图 6-29

04 在底部浮窗的输入框中输入“7:30/上课路上”，并在预览区域中将其缩小，如图6-30所示。点击“字体”选项，在“字体”选项栏中选择“喜悦体”字体，如图6-31所示。

图 6-30

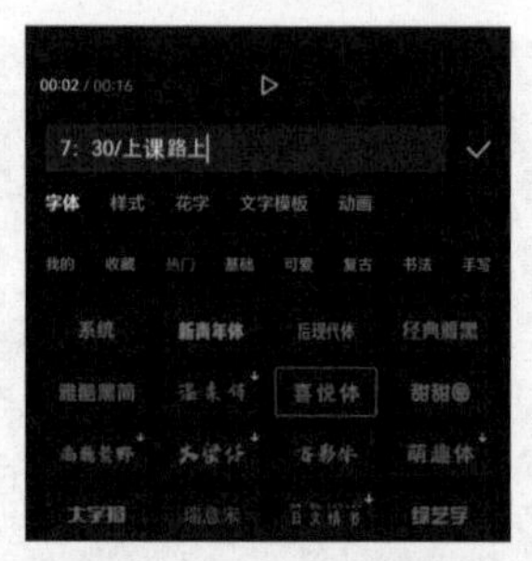

图 6-31

05 点击切换至“花字”选项栏，在“花字”选项栏中选择图6-32所示的样式。参照步骤03的操作方法在时间线区域中将字幕素材缩短，如图6-33所示。

06 参照步骤04和步骤05的操作方法，为视频添加余下的文案，如图6-34所示。

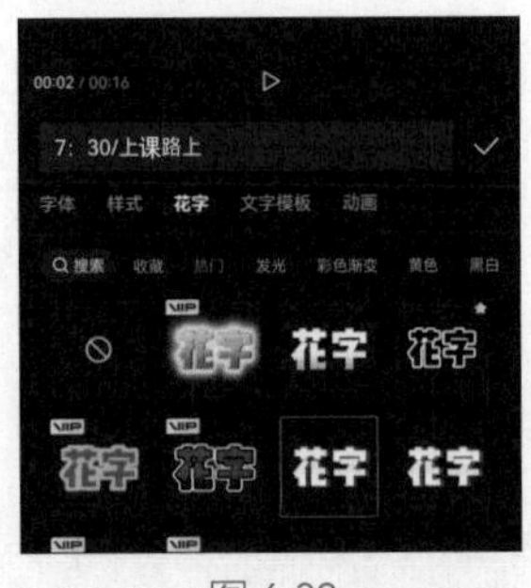

图 6-32

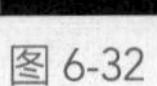

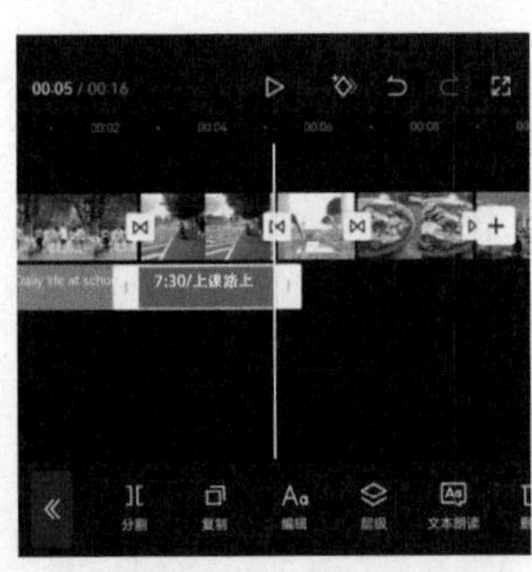

图 6-33

图 6-34

07 将时间线移动至第4段字幕素材的起始位置，在未选中任何素材的状态下，点击底部工具栏中的“添加贴纸”按钮，如图6-35所示，进入“贴纸”选项栏，在搜索框中输入关键词“吃饭”，然后点击键盘中的“搜索”按钮，如图6-36所示，在搜索结果中选择图6-37所示的贴纸。

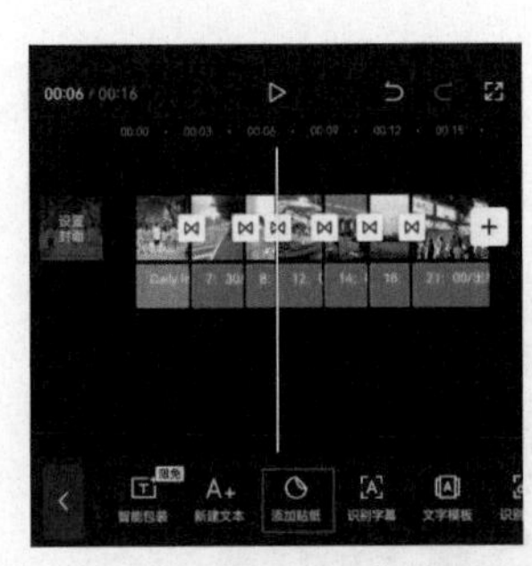

图 6-35

图 6-36

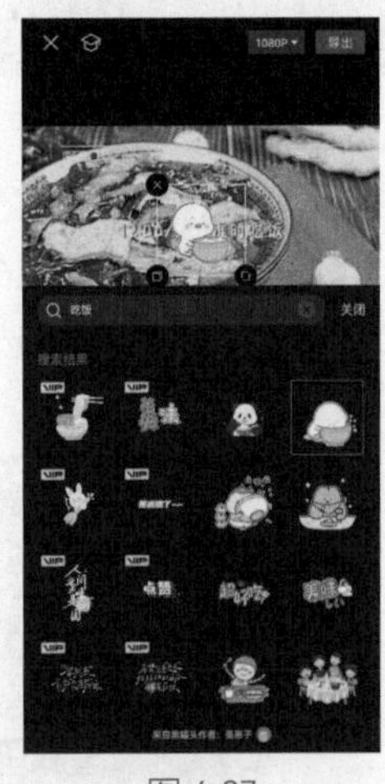

图 6-37

08 在时间线区域中选中贴纸素材，将其右侧的白色边框向左拖动，使其长度和第4段字幕素材的长度保持一致，并在预览区域中将其缩小，再将其置于字幕的后方，如图6-38所示。

09 参照步骤07和步骤08的操作方法为第5、6、7段素材添加贴纸，如图6-39所示。

图 6-38

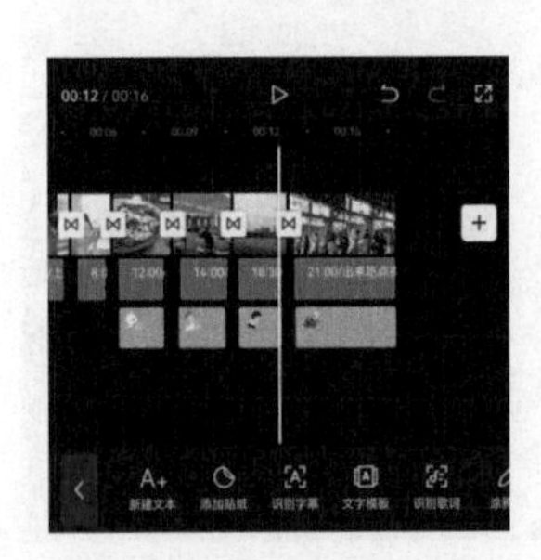

图 6-39

6.3.4 添加音乐和歌词字幕

下面将为Vlog添加一首合适的背景音乐，并运用剪映的“识别歌词”功能为Vlog添加歌词字幕，具体制作方法如下。

01 在未选中任何素材的状态下，点击底部工具栏中的“音频”按钮，如图6-40所示，打开“音频”选项栏，点击其中的“抖音收藏”按钮，如图6-41所示，在抖音“收藏”列表中选择图6-42所示的音乐，点击“使用”按钮将其添加至剪辑项目中。

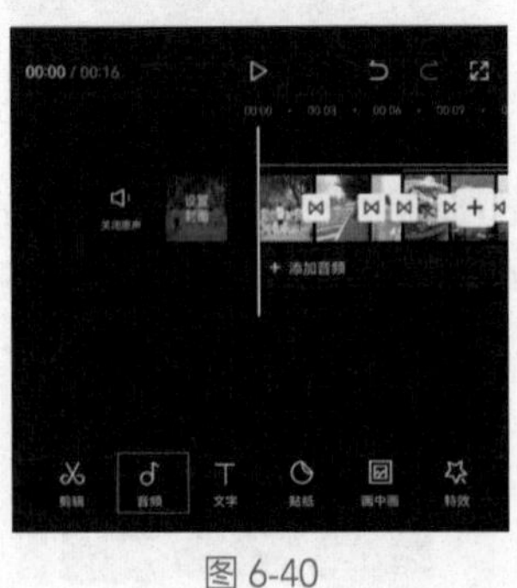

图 6-40

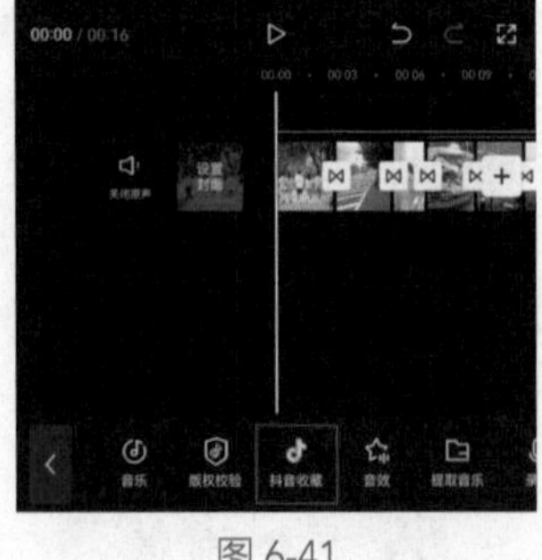

图 6-41

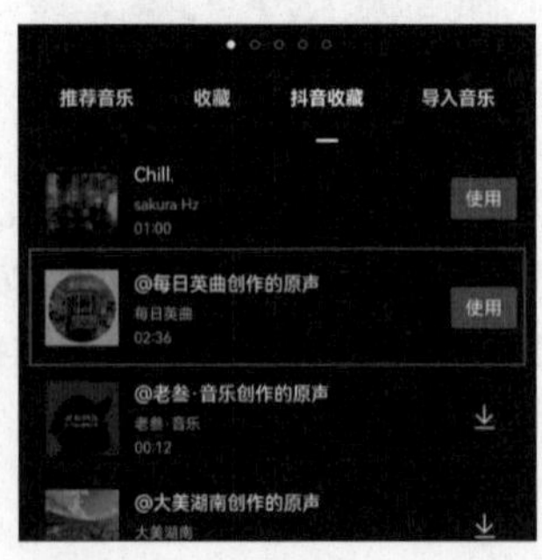

图 6-42

02 在时间线区域中选中音乐素材，将时间线移动至35.7秒的位置，点击底部工具栏中的“分割”按钮，如图6-43所示。

03 在时间线区域中选中分割出的前半段素材，点击底部工具栏中的“删除”按钮将其删除，如图6-44所示。

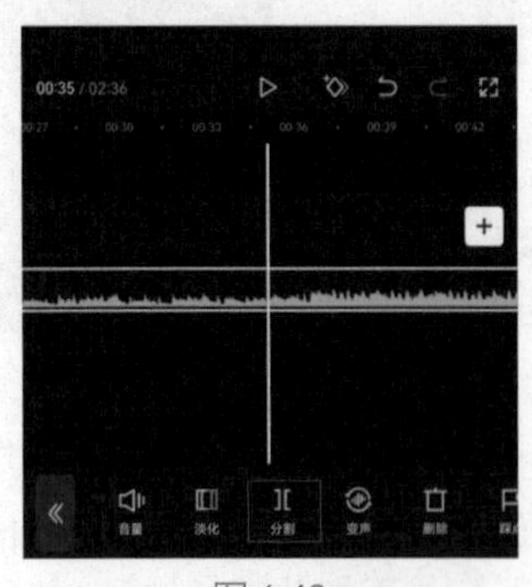

图 6-43

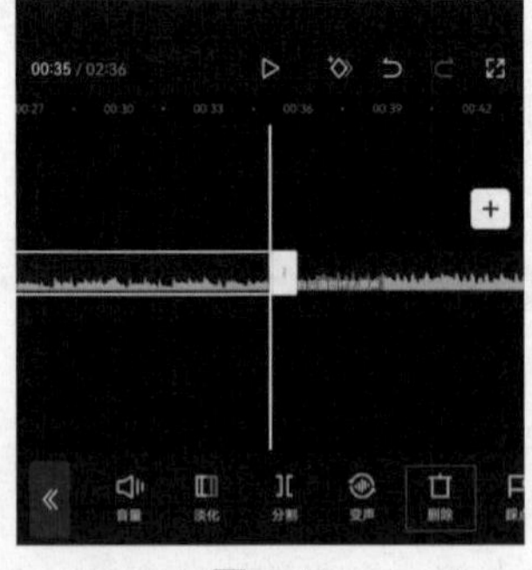

图 6-44

04 在时间线区域中将音乐素材往前移动，使其前端对齐视频素材的起始位置。将时间线移动至16.15秒的位置，点击底部工具栏中的“分割”按钮，再点击“删除”按钮将多余的音乐素材删除，如图6-45和图6-46所示。

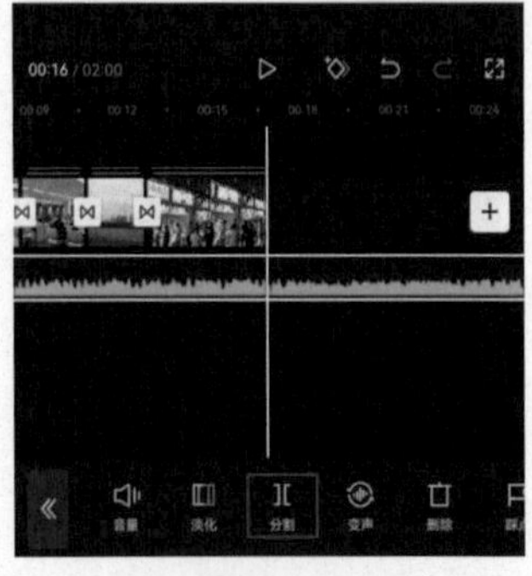

图 6-45

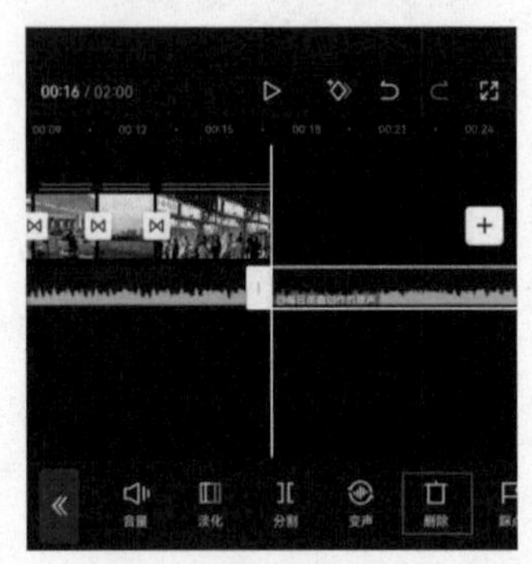

图 6-46

05 在未选中素材的状态下，点击底部工具栏中的“文字”按钮T，如图6-47所示，打开“文字”选项栏，点击其中的“识别歌词”按钮，如图6-48所示。

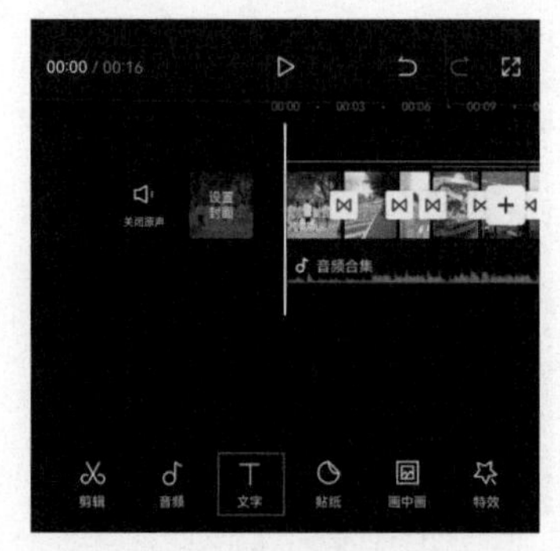

图 6-47

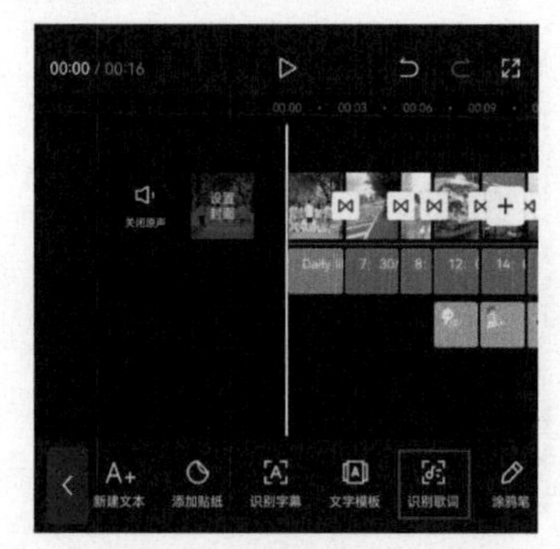

图 6-48

06 在底部浮窗中点击“开始匹配”按钮，如图6-49所示。等待片刻，识别完成后，时间线区域中会生成多段文字素材，并且生成的文字素材将自动匹配相应的时间点，如图6-50所示。

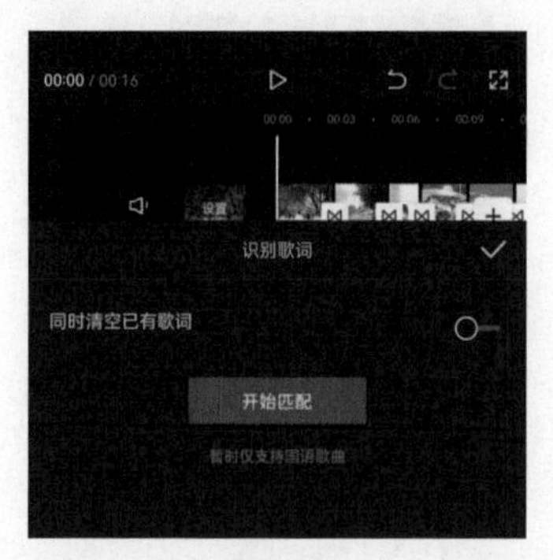

图 6-49

图 6-50

07 在时间线区域中选中任意一段文字素材，点击底部工具栏中的“批量编辑”按钮，如图6-51所示，进入编辑界面，对歌词进行审校和断句，并将第一句歌词删除，完成后点击✓按钮保存操作，如图6-52所示。

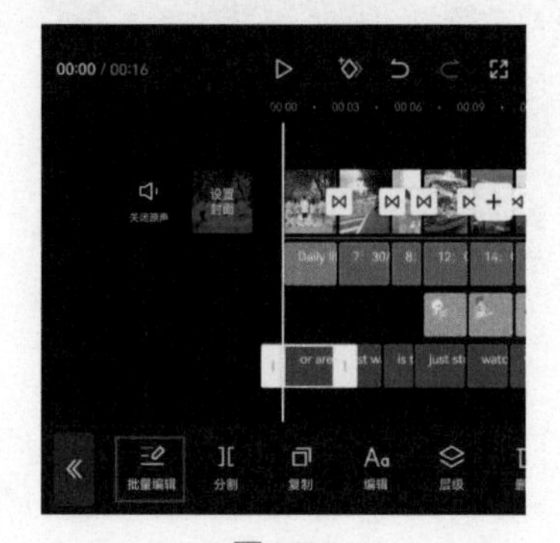

图 6-51

图 6-52

6.3.5 添加音效后输出成片

下面将为Vlog添加背景音效，使其更具感染力，做好该工作后，即可输出成品Vlog，具体操作方法如下。

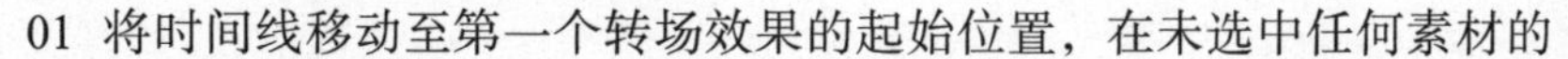

01 将时间线移动至第一个转场效果的起始位置，在未选中任何素材的

状态下，点击底部工具栏中的“音频”按钮♪，如图6-53所示，打开“音频”选项栏，点击其中的“音效”按钮☆，如图6-54所示。

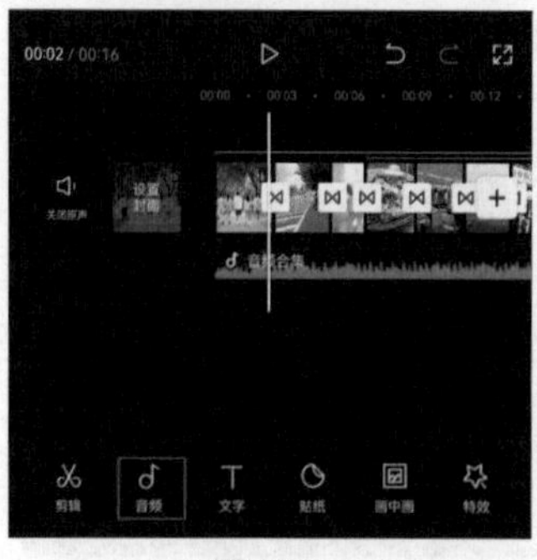

图 6-53

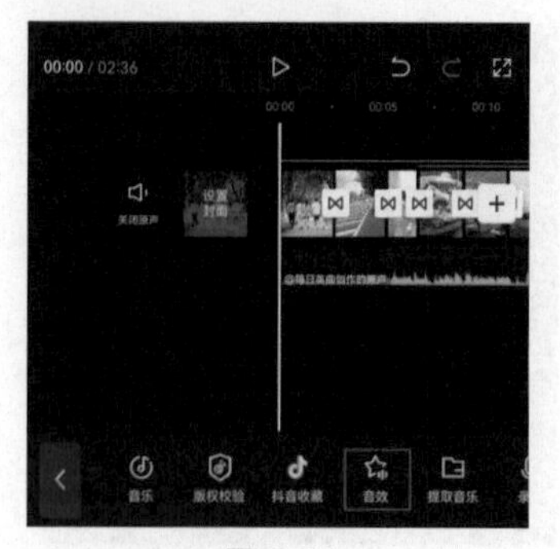

图 6-54

02 进入音效选项栏，在搜索框中输入关键词“拍照”，点击键盘中的“搜索”按钮，如图6-55所示，在搜索结果中选择图6-56所示的音效，点击“使用”按钮将其添加至剪辑项目中。

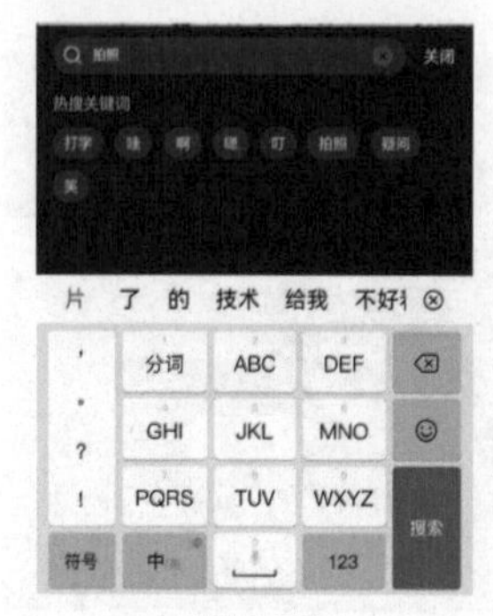

图 6-55

图 6-56

03 完成上述所有操作后，即可点击界面右上角的“导出”按钮，将其保存至手机相册，效果如图6-57所示。

图 6-57

6.4 课后习题：制作居家文艺风 Vlog

试着根据本章所讲的知识，自行组建团队、策划、拍摄并剪辑一条居家文艺风Vlog，熟悉并掌握Vlog的创作方法。

第7章 快闪视频创作全流程

快闪视频是随着微信朋友圈、抖音、抖音火山版（原火山小视频）等平台兴起的一种短视频形式。它以镜头快速切换为主要形式，具有节奏快、时间短、动感强、信息量大等特点。

快闪视频最早投放于微信朋友圈。因为微信的限制，最早的朋友圈视频不能超过 5 秒。用户在一条朋友圈广告上停留的时间短暂，一般为 3 秒～ 5 秒，如果内容不够出彩，不能抓人眼球，很快就会被用户切换。为了更有效地传递信息，吸引用户观看，这类短视频往往在一开始就迅速交代问题场景，并以快节奏字幕的方式直击目标用户的需求，引发用户的好奇和思考，继而用户会观看完整视频，完成转化。

随着这种形式被大众所接受，越来越多的自媒体博主们开始用这种快闪视频来讲故事，且受到了极大的关注。本章将以《我们的故事》短视频为例，讲解快闪视频的创作全流程。

学习目标

- ❖ 学习快闪视频内容的构思
- ❖ 掌握快闪视频的镜头设计技巧
- ❖ 学会使用剪映剪辑快闪视频
- ❖ 了解快闪视频的创作全流程

7.1 构思视频内容

快闪视频制作起来相对比较简单，即便没有团队，个人也能轻松完成整个视频的制作。但在构思选题前，还是要根据快闪视频的特点，充分考虑以下内容。

（1）可实现性：有没有条件去做？有没有时间去做？有没有人去做？例如，想做那种介绍国外旅行或者各地风土人情的视频，但是自己对这方面不了解，又不能经常去旅行，这种选题虽然很好，但是对于创作者而言不具有可实现性。

（2）选题要小：快闪视频主要突出镜头、转场、特效，对情节的要求不高，因此不要选择太复杂的选题。例如，想要讲述一个人的一生，但是在不到一分钟的时间里，要讲述此人从出生、成长到老去的过程，时间是远远不够的。可以从某一个阶段或者某一件事入手，比如大学生活或者一次冬日旅行等。

（3）贴近现实：以现实生活为主，这样可以让观众的代入感更强，最好是讲述自己或别人的生活、工作上的事，不要走科幻、玄幻的路线。

本案例的选题：我们的故事。

具体的内容：大学的4年生活。

这个案例的选题不大，在一分钟以内足以表达完整，而且很容易实现，因为可以直接使用日常拍摄的素材，不需要再去另外拍摄，可以节约时间成本。

在这个案例中，可以在短视频中加入一些故事情节，也就是将单纯展示镜头快切的快闪视频制作成带有一点故事逻辑的快闪视频。所以在策划之前，要先了解带有情节的故事片该如何构思。

所有的故事片都有3部分，具体如下。

（1）开头：交代背景，铺垫下文。

（2）发展：事情的发展过程。

（3）结尾：深化主题，留下思考。

根据这样的结构，对“我们的故事”这个选题进行故事性的扩展，整体的故事结构如下。

（1）开头：交代毕业季背景。

（2）发展：回忆大学4年的生活。

（3）结尾：毕业感想与祝福。

有了故事结构，只能算是一棵大树有了树干，接下来再对整个故事结构进行细化，加入更多细节。

（1）开头：以黑屏字幕开场，交代毕业季背景。

（2）发展：从进入校园到正式上课、交友、出游、恋爱、拍毕业照，展示大学4年的生活碎片。

（3）结尾：以黑屏字幕（毕业感想与祝福）结尾，首尾呼应。

以上就是撰写一个有故事情节的快闪视频的内容的过程：首先有一个大概的选题；然后按照开头、发展、结尾的结构来扩展；再为每一个部分加入更多的细节，使文案的内容更加丰富。

7.2 快闪视频的镜头设计技巧

由于本案例是讲述大学日常生活的，因此直接使用日常拍摄的素材进行剪辑即可，无须再去特意拍摄素材。但在正式进行剪辑之前，需要先了解一下快闪视频的镜头设计技巧，这样才能有针对性地进行后续制作。

7.2.1 动态镜头的衔接

一般的快闪视频根据音乐的节奏进行剪辑，镜头之间的切换都是以硬切为主，给观众的感觉是眼花缭乱。而比较好一点的快闪视频，镜头之间的切换虽然也是硬切，但是镜头都是动态的，相互之间有一定的联系，给观众的感觉是转场很自然。

接下来通过一个简单的案例来展示一下这种动态镜头的衔接方式。

现在有两段素材，一段是女生坐在室外学习，另一段是男生坐在教室里考试，如图7-1所示。两者所处的位置、场景都不一样，如果硬切，会给观众一种镜头很"跳"的感觉。

图7-1

其实就像魔术师在台上表演魔术，如果仔细观察，会发现魔术师在将一个物品变成另一个物品时，都会有一些动作。例如，会把手绢卷起来，再变出一只鸽子；会把一张扑克牌放下，再翻过来变成另一张。这是因为物体在运动的时候，如果速度够快，会产生运动模糊效果，这时再进行切换，就不易被观众发现。

在视频中也可以用这样的方法进行转换。比如上面的两段素材，都使用了从左至右的移动镜头进行拍摄，将两者剪辑在一起，并加入"叠化"转场，整个切换过程就显得很流畅了，如图7-2所示。这就像是在视频中变魔术一样，只需要让被摄主体运动起来，产生运动模糊效果，再进行切换就可以了。

图7-2

7.2.2 用多个镜头完成一个事件

一个快闪视频也是由多个事件组成的。以本案例来说，就有参观校园、上课、聚餐、拍毕业照等多个事件。要展示出"快闪"的效果，就需要将每一个事件拆分成多个短镜头。这就意味着，本来一个用5秒的镜头可以讲述完的故事，需要使用多个不同机位、不同景别的镜头来叙述。

此外，如果选择的素材一直是近景或远景镜头，那么观众很容易产生视觉疲劳。而合理的远近结合，一会儿拉近镜头,一会儿放远镜头，就可以让画面变得灵动，让内容更充实。

比如，在剪辑本案例的视频时，需要使用3段聚餐的视频素材，不能全部使用大合照的全景镜头，可以先使用拍摄包厢的全景镜头，然后接吃饭的近景镜头，再接合照的特写镜头，如图7-3所示。这样一个事件由多个镜头完成，而且让景别也有了变化。

图7-3

除了选择多景别的镜头外，还要尽量避免使用一镜到底的镜头，尽可能地使用将动作细分的镜头。比如洗脸是一件很常见的事情，在生活中是一气呵成的，可是，在选择素材时，不能选择直接拍摄的洗脸素材，而是要选择拍摄的拧卫生间门把手、进门、开水龙头、用手接水、用水冲洗脸、拿起洗面奶、挤洗面奶、搓出泡沫、抹脸、冲洗干净、拿毛巾、擦脸等细分镜头。

如果想让自己的快闪视频质量更高，则需要注重运动镜头的设计，让多个运动镜头衔接，常见的方式有以下几种。

发现：先拍一些远离情节中心的镜头，然后通过镜头的运动来展现一个场景。例如，要拍摄一个迎新场景，先拍摄教学大楼，然后移动镜头，转向楼下学生正在报到的场景，如图7-4所示。

图7-4

镜头后拉：情节中心一直在画面中，拍摄设备向后移动，展示场景所处的真实环境，使观众更容易理解。例如，学生走在校园小道上的场景，可以先拍学生的背部，然后镜头后拉，展示学生所处的环境，如图7-5所示。

图7-5

镜头推近：拍摄设备不断向前推，展示主人公的主观视角。这种方式常用于旅游、街拍等需要运动的主题。例如，拍一个出门远行的主题，可以先把镜头向前推近到门口，主人公打开家门走向停在路边的出租车，坐车到达目的地后一直向前走，然后把镜头逐渐推向远方的美景。

总而言之，在挑选快闪视频的素材时，一定要注意以下两点。图7-6中为本案例所使用的视频素材。

（1）一定要选择有动感的画面，镜头动、物体动，或者两者都动。

（2）选择的素材一定要包含多种景别，多种角度。

图7-6

7.3 视频剪辑

剪辑本视频的步骤包括导入和裁剪视频素材、添加背景音乐和音效、添加转场、制作片头与片尾，以及导出视频等。下面就将整理好的《我们的故事》视频素材导入剪映中，并运用之前所介绍的剪辑知识完成本视频的后期制作。

7.3.1 制作视频片头

下面将使用剪映素材库里的黑场素材制作快闪视频的片头，主要使用剪映的“新建文本”“文本朗读”“动画”功能，具体制作方法如下。

01 打开剪映，在素材添加界面中切换至“素材库”选项，并在其中选择黑场素材，如图7-7所示，点击“添加”按钮将其添加至剪辑项目中。进入视频编辑界面后，点击底部工具栏中的“文字”按钮T，如图7-8所示。

图 7-7

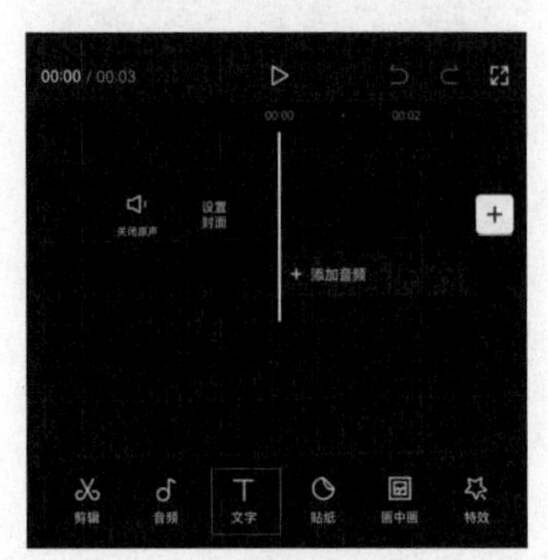

图 7-8

02 打开“文字”选项栏，点击其中的“新建文本”按钮A+，如图7-9所示，在输入框中输入需要添加的文字内容，如图7-10所示。

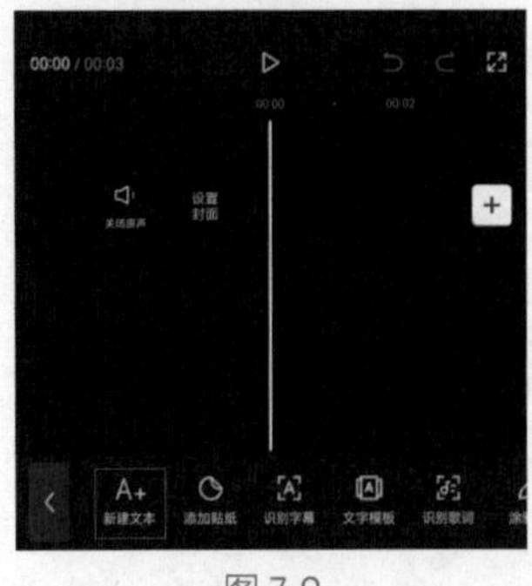

图 7-9

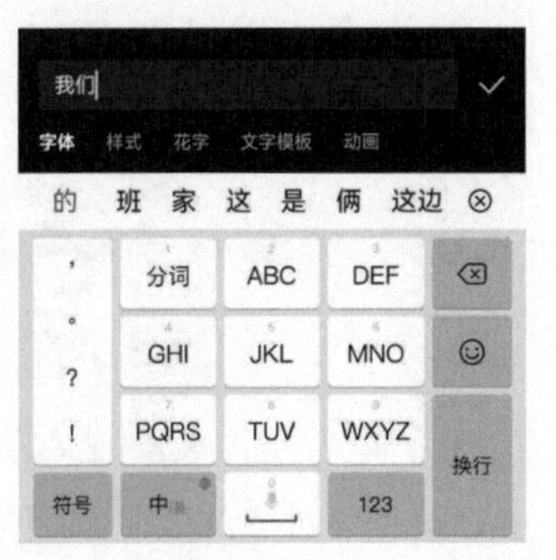

图 7-10

03 在选中文字素材的状态下，点击底部工具栏中的“文本朗读”按钮，如图7-11所示，打开“文本朗读”选项栏，选择其中的“心灵鸡汤”效果，并点击界面右下角的按钮保存操作，如图7-12所示。

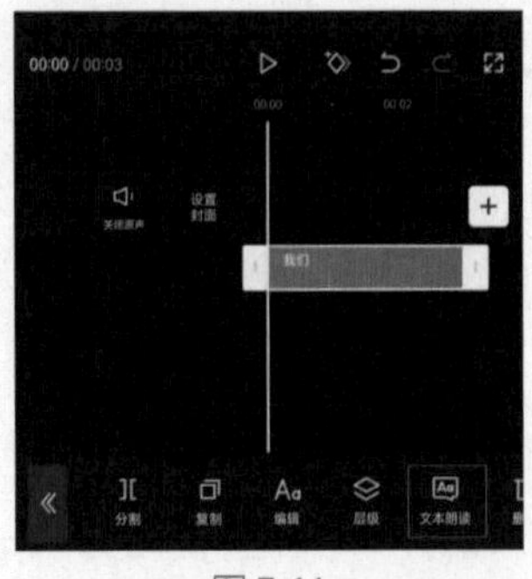

图 7-11

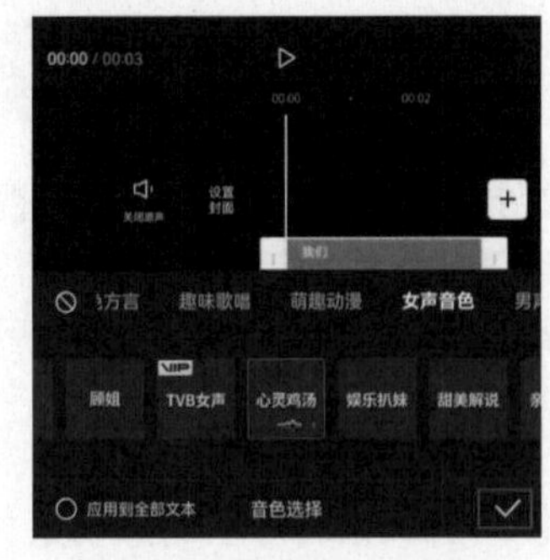

图 7-12

04 将时间线移动至1秒处，参照步骤01至步骤03的操作方法，为视频添加“毕业了”字幕，并使用“文本朗读”功能添加相应的效果，如图7-13所示。

05 在预览区域中调整好两个字幕的位置，使它们处于同一水平线上，如图7-14所示。

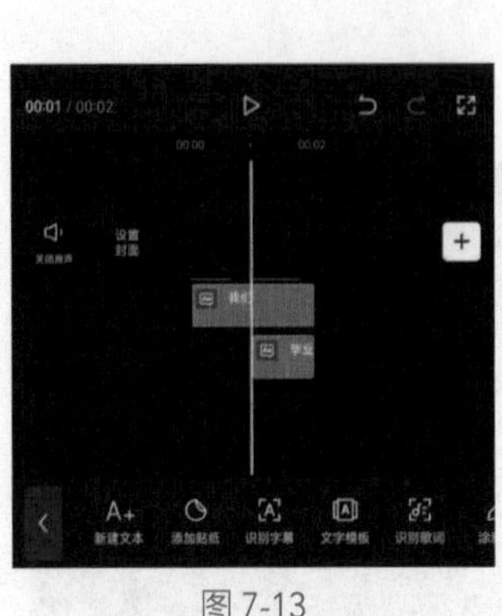

图 7-13

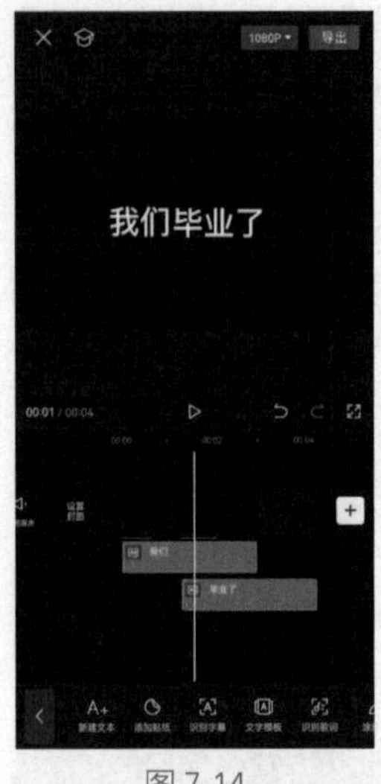

图 7-14

06 将时间线移动至2秒处，在时间线区域中选中第1段文字素材，将其右侧的白色边框向左拖动，如图7-15所示，使其尾端和时间线对齐。

07 参照步骤06的操作方法调整第2段文字素材和黑场素材的持续时长，使其尾端和第1段文字素材的尾端对齐，如图7-16所示。

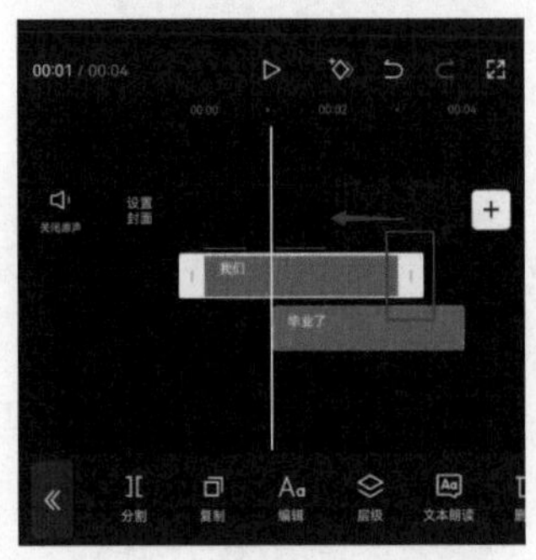
图 7-15

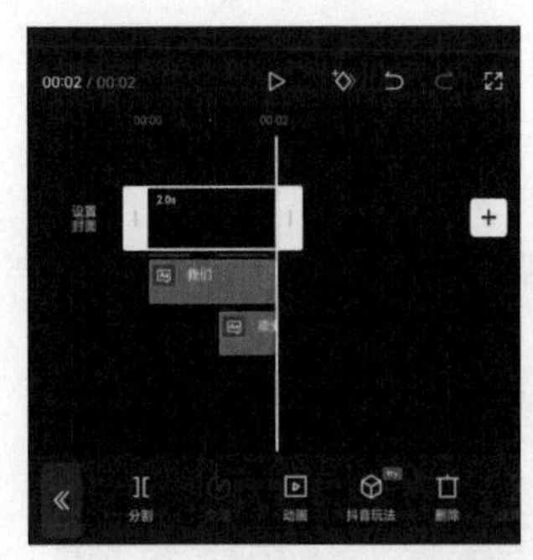
图 7-16

08 在时间线区域中选中第1段文字素材，点击底部工具栏中的“动画”按钮，如图7-17所示，打开“动画”选项栏，在“入场”选项中选择“打字机I”效果。然后拖动动画时长滑块，将其数值设置为1.0s，如图7-18所示。

09 参照步骤08的操作方法，为第2段文字素材添加时长为1秒的“打字机I”入场动画效果。

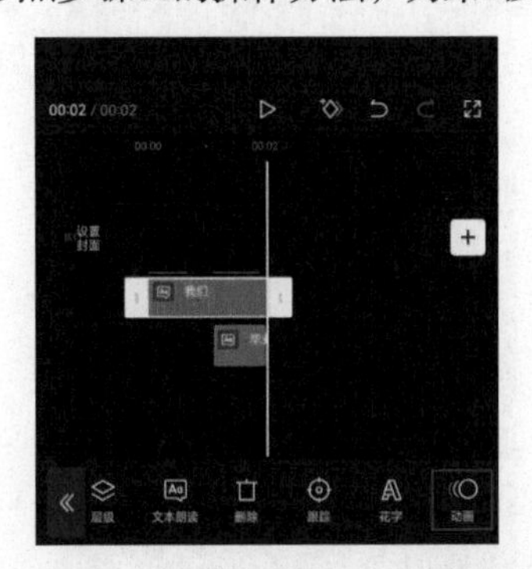
图 7-17

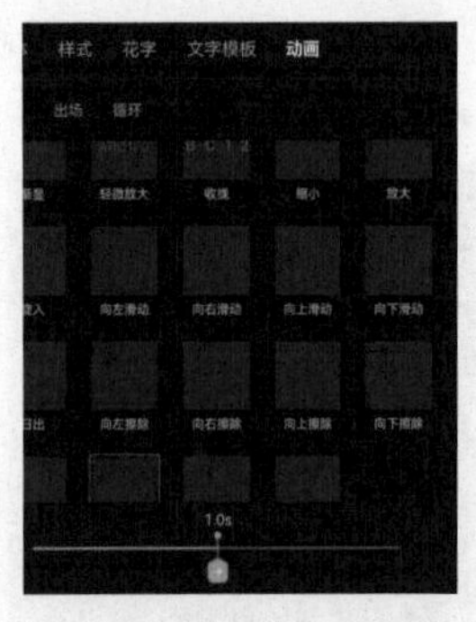
图 7-18

7.3.2 导入素材并进行粗剪

下面将为视频添加背景音乐，然后根据音乐的标记点对视频素材进行剪辑处理，具体制作方法如下。

01 将时间线移动至黑场素材的尾端，在时间线区域中点击“添加”按钮，如图7-19所示，打开手机相册，将提前准备好的视频素材导入剪辑项目中，在视频编辑界面中点击底部工具栏中的“音频”按钮，如图7-20所示。

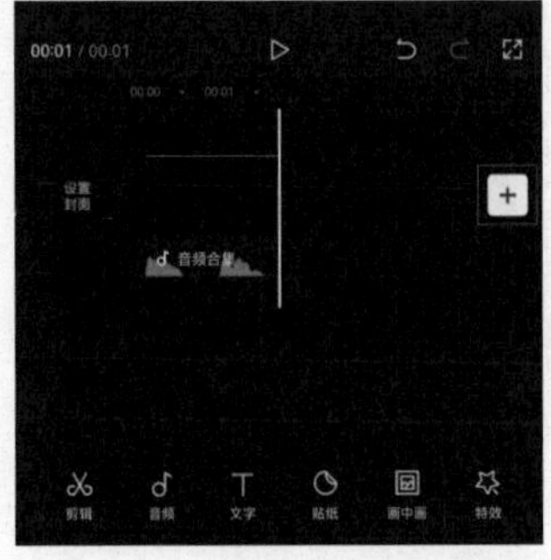
图 7-19

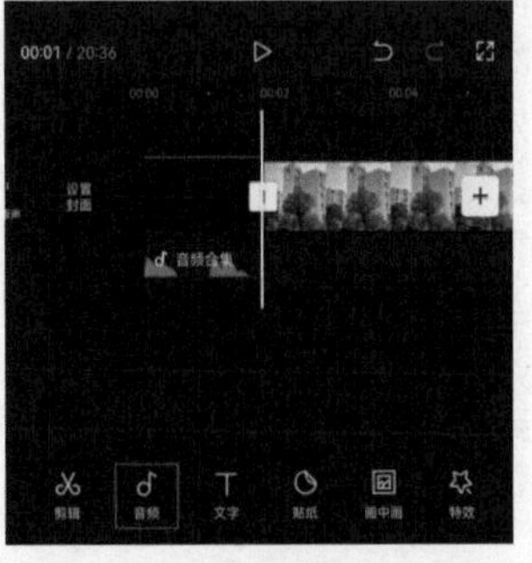
图 7-20

02 打开“音频”选项栏，点击其中的“提取音乐”按钮，如图7-21所示，在打开的素材添加界面中选择带有音乐的视频，点击“仅导入视频的声音”按钮，如图7-22所示。

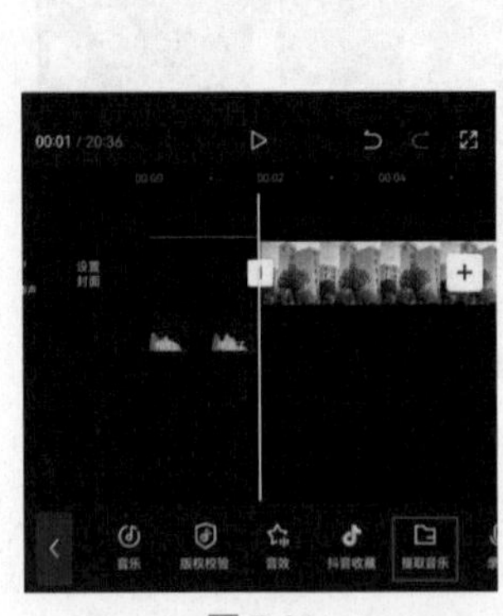

图 7-21

图 7-22

03 在时间线区域中选中音乐素材，点击底部工具栏中的“踩点”按钮，如图7-23所示。在“踩点”选项栏中点击“自动踩点”按钮，选择“踩节拍Ⅱ”选项，完成后点击右下角的按钮保存操作，如图7-24所示。

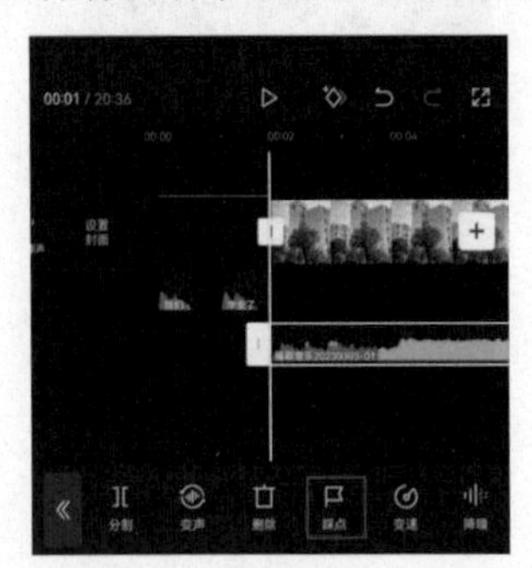

图 7-23

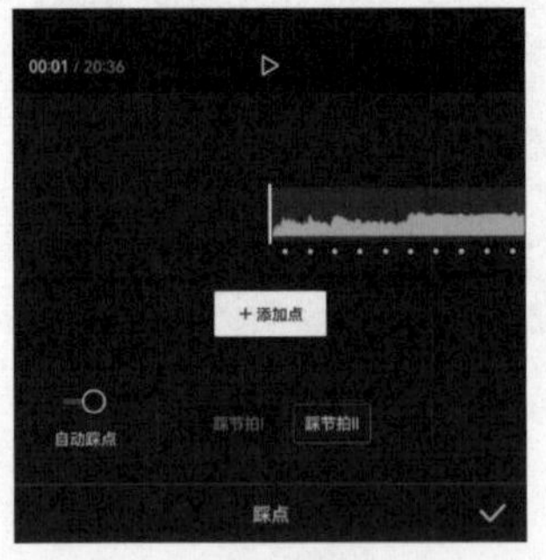

图 7-24

04 将时间线移动至第一个标记点的位置，选中第1段视频素材，点击底部工具栏中的“分割”按钮，将分割出来的后半段素材选中再点击“删除”按钮，如图7-25和图7-26所示，使第1段素材的尾端和第一个标记点对齐。

05 参照步骤04的操作方法，对余下素材和音频进行处理，使余下素材均与其相应的标记点对齐。

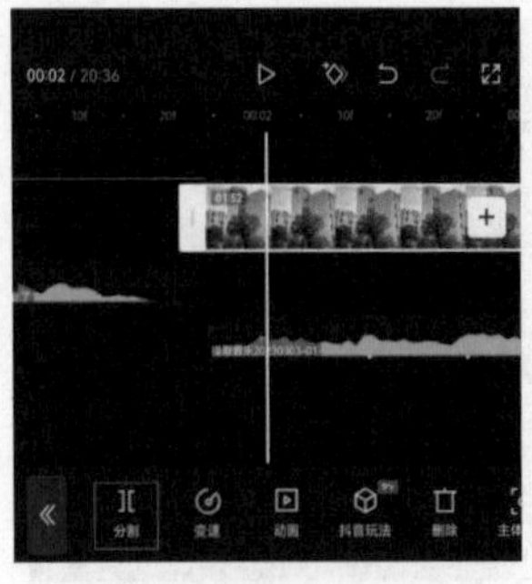

图 7-25

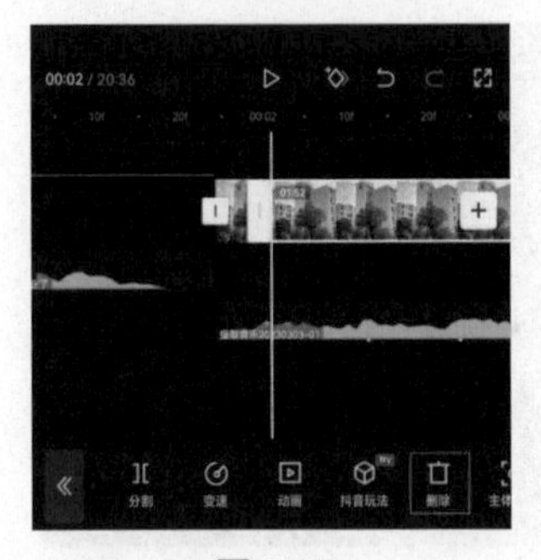

图 7-26

7.3.3 添加转场和字幕

下面将为视频素材添加转场效果，让各个素材之间的过渡效果变得更加协调，然后使用剪映的字幕模板为视频添加标题字幕，具体操作方法如下。

01 在时间线区域中点击第1段视频素材和第2段视频素材中间的□按钮，如图7-27所示，打开转场选项栏，选择“叠化”选项中的“叠化”转场效果，如图7-28所示。

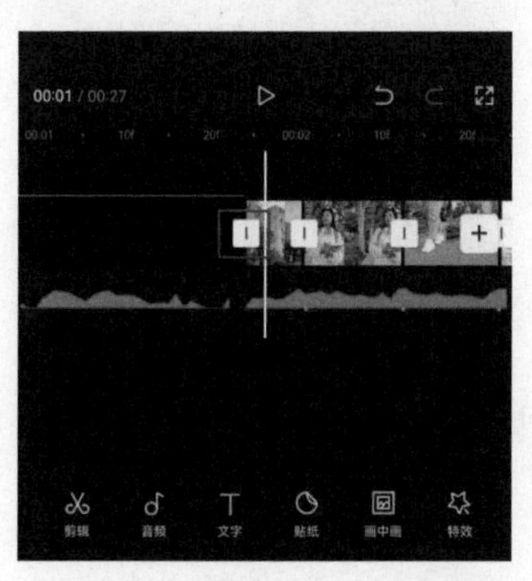

图 7-27

图 7-28

02 点击“全局应用”按钮，如图7-29所示，将转场效果应用到所有片段，并点击界面右下角的✓按钮保存操作，如图7-30所示。

图 7-29

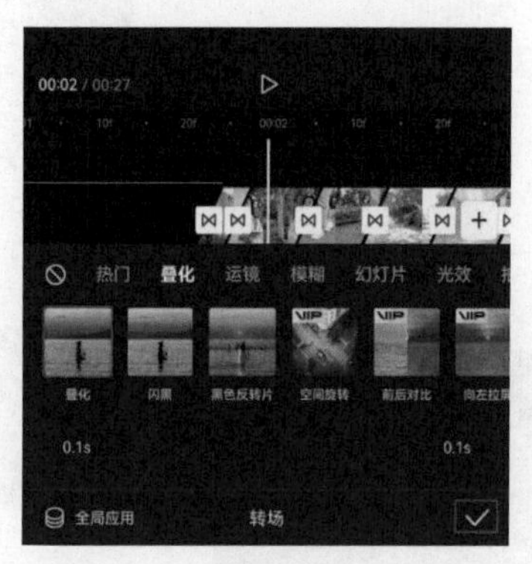

图 7-30

03 在时间线区域中点击黑场素材和第1段视频素材中间的转场效果，如图7-31所示，打开“转场”选项栏，点击其中的“无”按钮将转场效果删除，如图7-32所示。

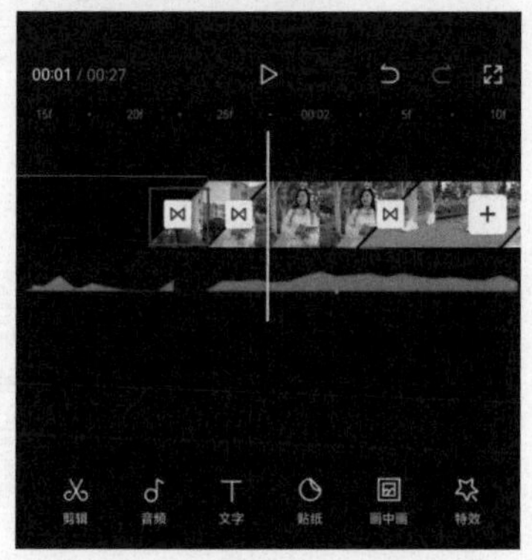

图 7-31

图 7-32

04 双指相向滑动将轨道缩小，将时间线移动至第1段视频素材的起始位置，点击底部工具栏中的“文字”按钮▆，如图7-33所示，打开“文字”选项栏，点击其中的“文字模板”按钮▆，如图7-34所示。

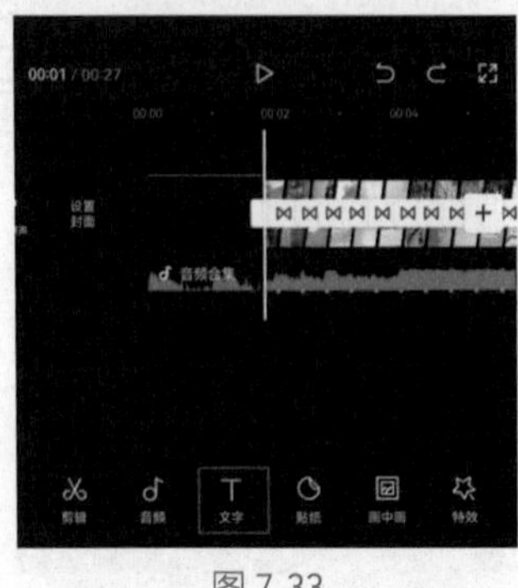

图 7-33

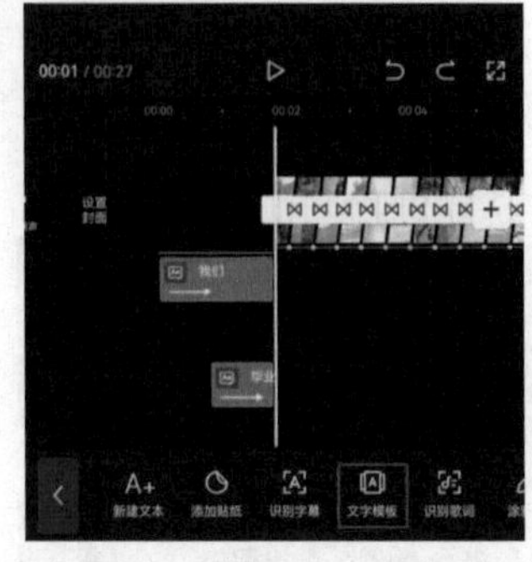

图 7-34

05 打开“文字模板”选项栏，在“字幕”选项中选择图7-35所示的样式，在输入框中将文字内容修改为“我们的故事”，并在预览区域中将其缩小后置于画面的左上角，如图7-36所示。

06 在时间线区域中选中文字素材，将其右侧的白色边框向右拖动，使其尾端和最后一段视频素材的尾端对齐，如图7-37所示。

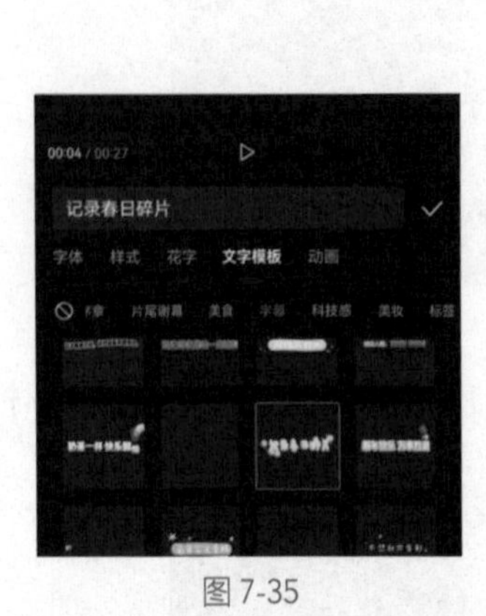

图 7-35

图 7-36

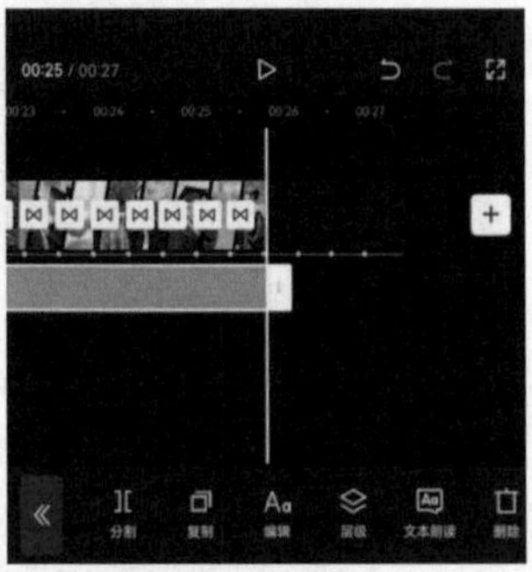

图 7-37

7.3.4 制作视频片尾

下面将使用剪映素材库里的黑场素材制作快闪视频的片尾，主要使用剪映的“文字”和“动画”功能，具体制作方法如下。

01 将时间线移动至最后一段视频素材的尾端，在时间线区域中点击“添加”按钮⊞，如图7-38所示，进入素材添加界面并点击切换至“素材库”选项，在其中选择黑场素材，如图7-39所示，点击“添加”按钮将其添加至剪辑项目中。

02 进入视频编辑界面，在未选中任何素材的状态下，点击底部工具栏中的“文字”按钮T，如图7-40所示，打开“文字”选项栏，点击其中的“新建文本”按钮A+，如图7-41所示。

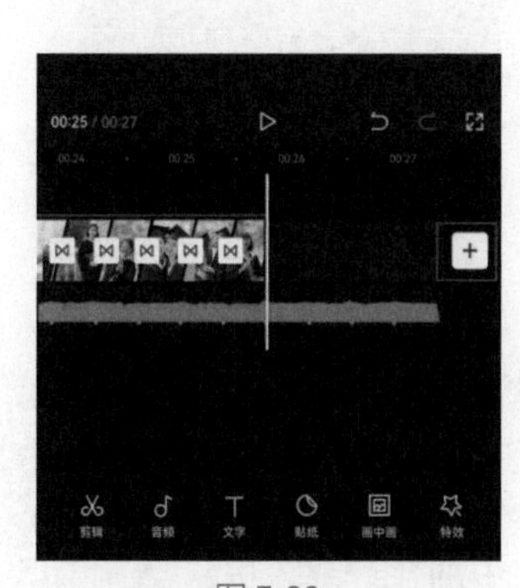

图 7-38

图 7-39

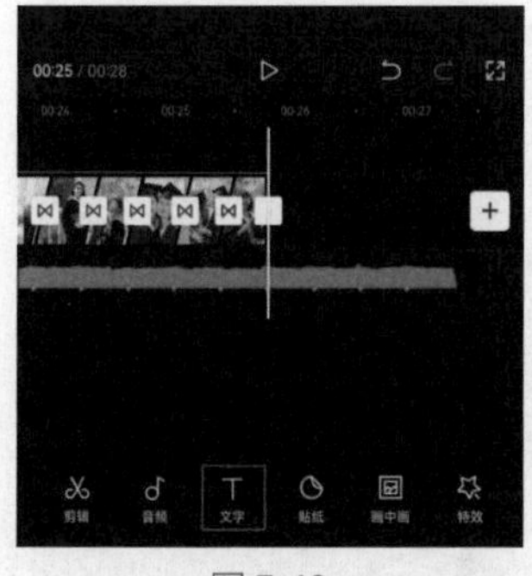

图 7-40

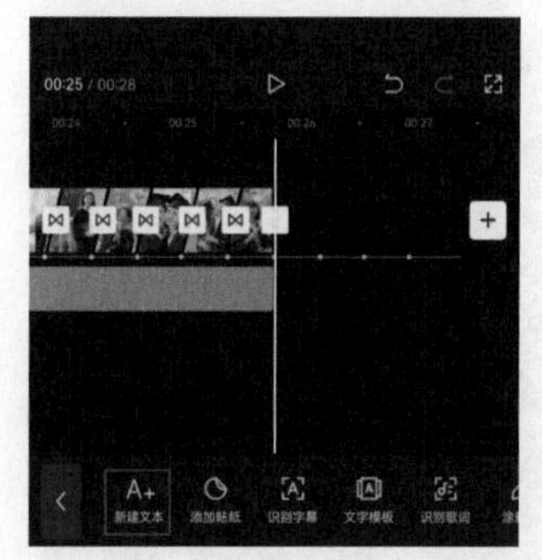

图 7-41

03 在输入框中输入需要添加的文字内容，如图7-42所示。在时间线区域中选中文字素材，将其右侧的白色边框向左拖动，使其尾端和音频素材的尾端对齐，如图7-43所示。

04 参照步骤03的操作方法调整黑场素材，使其尾端和文字素材及音频素材的尾端对齐。

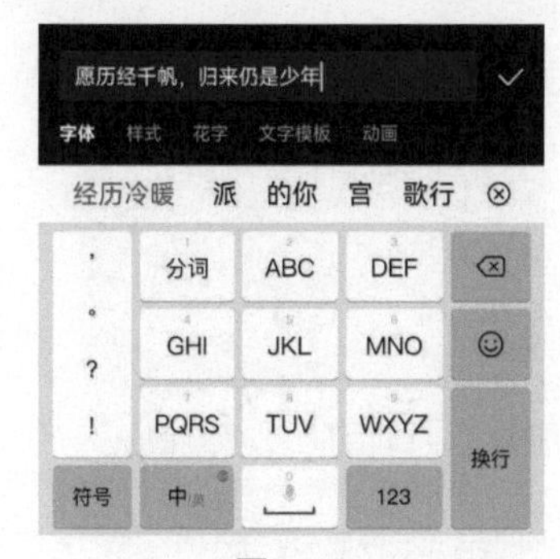

图 7-42

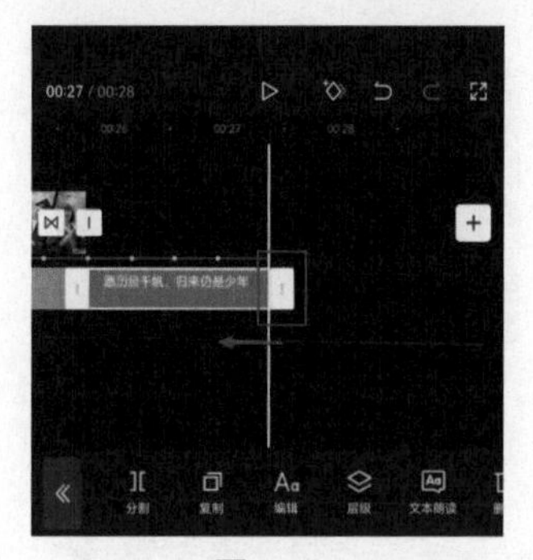

图 7-43

05 在时间线区域中选中文字素材，点击底部工具栏中的“动画”按钮◎，如图7-44所示，打开“动画”选项栏，在“入场”选项中选择“打字机I”效果，并拖动动画时长滑块，将其数值设置为1.6s，如图7-45所示。

图 7-44

图 7-45

7.3.5 添加音效后输出成片

下面将为视频的开场字幕添加一段背景音效，使视频更具感染力，做好该工作后，即可输出成品视频，具体操作方法如下。

01 将时间线移动至视频的起始位置，点击底部工具栏中的“音频”按钮，如图7-46所示，打开“音频”选项栏，点击其中的“音效”按钮，如图7-47所示。

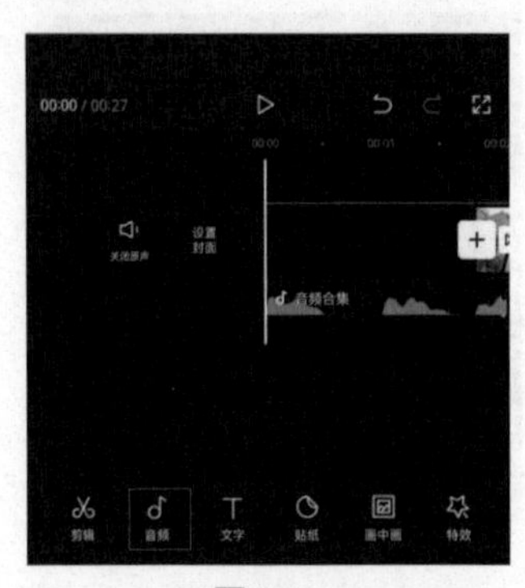

图 7-46

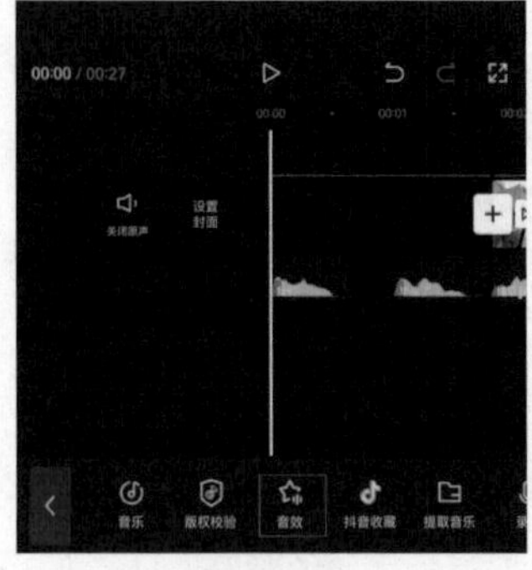

图 7-47

02 打开“音效”选项栏，在搜索框中输入关键词“打字机音效”，点击键盘中的“搜索”按钮，如图7-48所示，在搜索结果中选择图7-49所示的音效，点击“使用”按钮将其添加至剪辑项目中。

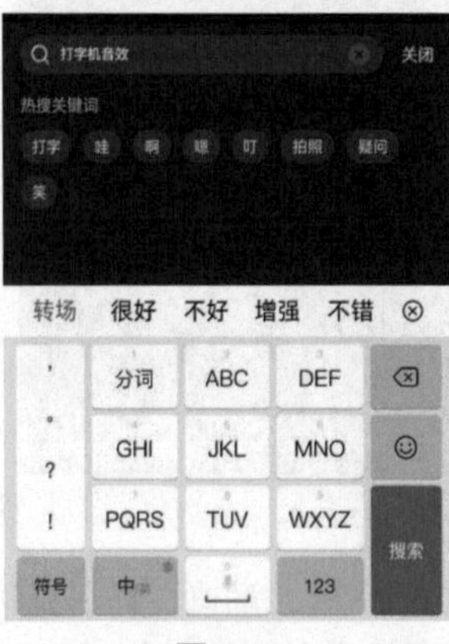

图 7-48

图 7-49

03 完成所有操作后，即可点击界面右上角的“导出”按钮，将视频保存至相册，效果如图7-50所示。

图7-50

7.4 课后习题：制作旅行类快闪视频

试着根据本章所讲的知识，自行策划、拍摄并剪辑一个旅行类快闪视频，熟悉并掌握快闪视频的创作方法。

第8章

电商短视频创作全流程

随着短视频的兴起，各大电商平台也开始推出相应的技术并大力推广、支持。以淘宝为首的电商平台开始要求入驻的商家们以短视频的形式来展示商品。

目前，各大品牌都会在商品展示头图或详情页的位置投放短视频，用动态的形式来展示自己的商品，这样可以让消费者对商品更加信任，以此提高商品的销量。本章将以《休闲食品广告》短视频为例，讲解电商短视频的创作全流程。

知识要点

❖ 了解淘宝短视频的规格要求
❖ 学习商品文案的写作技巧
❖ 了解电商短视频的拍摄技巧
❖ 学会使用剪映剪辑电商短视频
❖ 了解电商短视频的创作全流程

8.1 策划与筹备

策划与筹备阶段的主要工作包括组建团队、了解相关要求、撰写文案和编写脚本等，为中后期的短视频拍摄和剪辑做好准备工作。

8.1.1 组建团队

拍摄短视频可以组建一个中型团队，共4人，成员组成和角色分工如下。

（1）导演：负责统筹所有拍摄工作，并在现场进行人员调度，把控短视频的拍摄节奏和质量。

（2）编剧：分析商品卖点，根据甲方诉求，撰写商品文案和拍摄脚本。

（3）摄像师：与导演一同策划拍摄方案，布置拍摄现场的灯光，根据脚本完成拍摄。

（4）剪辑师：对视频素材进行后期剪辑，制作出成片，把控短视频的成片效果。

8.1.2 淘宝短视频的规格要求

在制作淘宝商品短视频之前，要先确定短视频尺寸及相应的规格要求。现在的电商平台都分为PC端和移动端两大部分，所以根据PC端和移动端对短视频的不同要求，所制作的淘宝商品短视频的尺寸也需要分为两种。

（1）PC端。1：1或16：9，这样的尺寸更能满足头图的展示需求，消费者的观看体验也是最佳的。

（2）移动端。3：4或9：16的竖屏都可以，建议选3：4（淘宝鼓励商家上传3：4的视频，并支持在爱逛街频道播出）。

对于短视频的尺寸，淘宝的建议是长度和宽度都不得低于800像素，上传的短视频尽量以.mp4格式为主。

在制作淘宝短视频时，建议以1080p的视频规格为主，即画面分辨率为1920像素×1080像素，帧率为25帧/秒或30帧/秒。这样在制作完成后，由于尺寸较大、画质较高，因此既可以将视频裁剪为1080像素×1080像素的1：1规格，又可以将视频裁剪为810像素×1080像素的3：4规格，基本可以满足淘宝对短视频尺寸的要求。

对于短视频的时长，淘宝的要求是不能超过60秒，但是在实际的展示过程中，消费者一般只会在视频上停留10秒～30秒，所以商品的头图短视频的时长最好控制在30秒之内，如图8-1所示。

图 8-1

在实际制作过程中，最好先剪辑一个完整的60秒版本，再根据不同电商平台的要求，分别剪辑出30秒、15秒、8秒等不同版本。这些视频中，30秒以内的版本可以放在商品头图的位置进行展示，而完整的60秒版本可以放在商品详情页的位置进行展示。

综上所述，在制作淘宝商品短视频时，前期策划时要尽可能地根据商品的卖点和需求，先列出完整版本的文案，然后再精简为多个不同时长的文案；中期拍摄时，尽量拍摄出最高清晰度的素材，制作完成后再将其裁剪或压缩为多个低清晰度的版本，这样能最大化地保留画面效果。

8.1.3 撰写文案

商品文案讲究以精练的文字提取商品的特点，并准确地传达给消费者。因此，商品文案的撰写可以简单分为两步，即提取卖点和编写文案。

1. 提取卖点

在拿到商品以后，要先对商品进行全方位地了解，一般商家会提供关于所拍摄商品的所有资料，自己也需要在网络上搜索一下相关商品的广告或短视频。

在本案例中，将围绕某公司旗下的盐焗鸡翅来进行创作。在商家提供的PPT简介中，如图8-2所示，可以了解到商家主要是想突出其原料，以及该商品的卖点："精选上好食材，多种香料，合理配比。经过粗粒海盐高温焗制，配料慢慢渗入肉里。香味扑鼻，鲜美欲滴，口感有嚼劲，咸香浓郁，好吃到停不下来。"

图 8-2

对以上卖点进行分析，发现商家提供的这段话一共有3句，第一句话是介绍商品的原料，第二句话是介绍商品的制作方法，而第三句则是描述商品的味道。所以很容易就可以提取出该商品的几个卖点：上好食材、多种香料、粗盐焗制而成、香味扑鼻、口感有嚼劲、好吃到停不下来。

2. 编写文案

有了卖点关键词之后，就可以开始进行文案的编写了。很多人觉得，好的文案一定文采飞扬，辞藻华丽。这种想法其实是错误的。文案最重要的作用就是能够把信息准确地传达给消费者，这就需要文案"形象、直接、易懂"。因为在电商平台上，消费者看一个商品的头图视频的时间大概只有10秒。如果一个短视频的文案需要消费者想一下才能理解，那这个文案大概率就是失败的，因为消费者往往不会有那么多的耐心。

例如，在形容该商品好吃时，如果写的是“美味十足”，消费者就不会有直观的感受，因为“美味十足”这个词是一个很抽象的词。但如果改成“好吃到停不下来”，消费者就对这个商品的美味程度有了一个很直观的感受；而且这种很日常化、口语化的表达会使消费者倍感亲切，很容易让其联想到日常生活中吃一个喜爱的东西吃得停不下来的情境。

除此之外，文案也要尽量写得通顺，比如，在写该商品的香味和口感时，“香味扑鼻，有嚼劲”就不如“咸香入骨，嚼劲十足”读起来顺口。

而由于该商品属于食品类，在写制作方法时很难避免提及所使用的原料，因此可以将原料和制作方法两个卖点结合起来写。该商品的完整文案为“使用上好食材，精选优质粗盐，佐以多种香料，高温焗制，咸香入骨，嚼劲十足，好吃到停不下来。”

8.1.4 编写脚本

文案定下来之后，就可以开始脚本的编写了。编写电商短视频的脚本其实就是为文案配上直观的画面。具体来说，就是告诉拍摄者每一个镜头到底要拍什么样的内容。表8-1为本案例短视频的脚本。

表8-1

编号	镜头	镜头内容	对白/字幕	时长
1	固定镜头，近景	端一盘盐焗鸡翅放到木质菜板上	盐焗鸡翅	1.6秒
2	固定镜头，特写	夹着鸡翅在空中展示		1.1秒
3	跟镜头（镜头跟随筷子的运动方向）	夹着鸡翅放入白色餐盘中		1.0秒
4	移镜头（从右至左）	拔了毛的整只鸡	使用上好食材	1.6秒
5	推镜头（镜头不断向罐子推近）	装着盐的罐子倒在地上，罐子里的盐一半撒在地上	精选优质粗盐	0.8秒
6	特写	镜头对准地上的盐堆，空中不断有盐撒下来		0.9秒
7	移镜头（从左至右）	地上的盐堆		1.1秒
8	固定镜头，特写	八角从空中落下	佐以多种香料	1.7秒
9	移镜头（从右至左）	分类放置在木质托盘中的香料（木质托盘斜着放）		2.1秒
10	固定镜头，特写	放置在旋转餐盘中的盐焗鸡翅	高温焗制	1.7秒
11	移镜头（从左至右）	放置在黑色餐盘中的盐焗鸡翅	咸香入骨，嚼劲十足	1.3秒
12	跟镜头（镜头跟随筷子的运动方向）	从餐盘中夹起一块鸡翅	好吃到停不下来	1.6秒

8.2 视频拍摄

视频拍摄阶段的主要工作包括准备拍摄器材、布置场景和准备道具、现场布光等操作。下面将根据8.1.4小节撰写的脚本，并运用之前所讲的知识拍摄短视频素材。

8.2.1 准备拍摄器材

在拍摄前需事先准备好拍摄器材。电商短视频对素材质量的要求相对较高，如果条件允许，建议使用相机搭配三脚架和稳定器进行拍摄。本视频主要在室内进行拍摄，所以需要事先准备好补光灯和五合一反光板。本视频需要使用到的器材如图8-3所示。

（1）相机：由于本案例视频对素材的质量要求比较高，因此选择采用相机进行拍摄。

（2）三脚架：采用相机三脚架，可以很好地稳定相机，从而获得清晰的画面。

（3）稳定器：采用三轴稳定器，可以有效解决录制视频时因抖动而造成的画面抖动或不平稳的问题。

（4）灯光设备：以自然光和室内灯光为主光，并配合补光灯和五合一反光板。

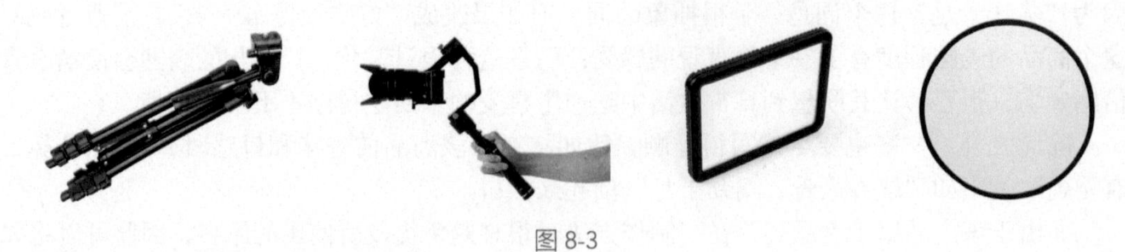

图 8-3

8.2.2 布置场景和准备道具

根据脚本来布置场景和准备道具，本视频是在室内拍摄的，需要专门搭建场景，而道具主要是盐焗鸡翅、盐、香料、餐盘等，具体见表8-2。

表8-2

场景	道具
厨房	盐焗鸡翅、白色餐盘、木质菜板、茶杯托盘、草莓饮品、黄色桌布、蓝莓、薄荷、筷子
餐厅	木质托盘、小菜碟、香料、木质小菜碟
茶室	盐焗鸡翅、小金橘、薄荷、黑色旋转餐盘、黑色餐盘、木质托盘、青红辣椒、洋葱、筷子
客厅	粉色幕布、盐焗鸡翅、筷子
	黑色幕布、拔了毛的整只鸡、青花瓷餐盘、白色罐子、盐、八角

此外，在布置场景和准备道具时，一定要注意以下几点。

（1）整理商品外观：在拍摄前必须对入境的商品进行清洁和整理，商品上不能有明显的瑕疵，以免影响商品的形象。

（2）保证道具的洁净：在选择道具的时候，一定要确保道具本身洁净，不能有明显的污渍、毛发、灰尘等，这些微小的污染物会在镜头下异常显眼。

（3）场景的美观：场景的布置要尽量做到简洁或错落有致，太过凌乱的场景会严重影响观众的观感。

8.2.3 现场布光

本视频中共包含有3个实地场景和两个用幕布搭建的场景，应根据具体场景制订相应的布光方案。

（1）实地场景布光：在拍摄厨房、餐厅和茶室的场景时，尽量选择窗户附近的位置，以自然光为主光，并打开室内所有灯光，再根据实际光照效果决定是否进行补光。

（2）幕布场景布光：在拍摄幕布场景时可以参考3.7节中的布光方案。

> **提示：**
>
> 无论是拍摄实地场景还是拍摄用幕布搭建的场景，布光都要围绕着商品进行，尽可能地让商品成为画面中最明亮的部分，这样可以突出商品主体。

8.2.4 拍摄短视频素材

完成现场所有布置工作后，就可以根据撰写的短视频脚本，拍摄与脚本对应的短视频素材了，拍摄过程中要注意景别的变化和镜头的运用。图8-4所示为拍摄的短视频素材。

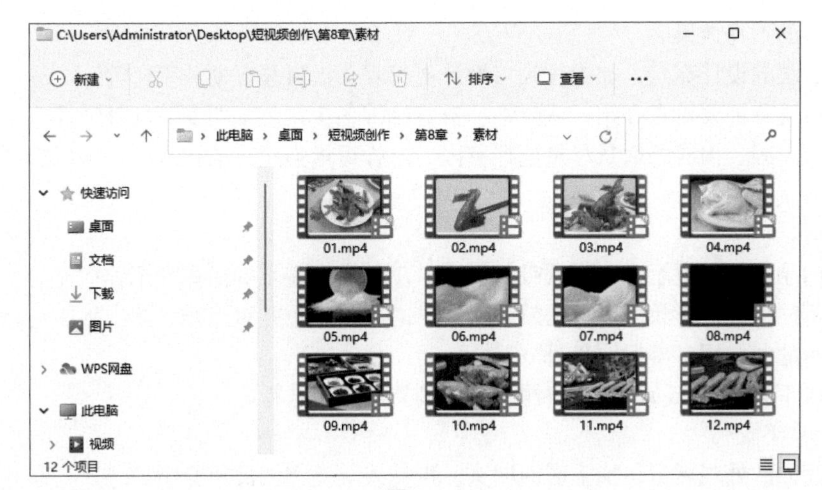

图 8-4

8.2.5 其他类型商品的拍摄建议

随着电商的快速发展，商品的种类也越来越多样化。本小节列出了一些常用商品的展示短视频的拍摄建议，以供参考。

1. 服装类商品

（1）全身不同角度的展示，让模特穿着衣服转一圈，使用户看清楚衣服在各个角度的样子。

（2）衣服设计亮点的介绍，扬长避短，如果设计独特就讲清楚特点，如果是基础款就突出百搭，如果材质好就讲亲肤、透气、触感好等。

（3）搭配的介绍，与店铺其他衣服搭配，提高客单价。

（4）衣服的拍摄，一定要先拍全身，再拍细节，让用户对衣服有一个整体的认知。

（5）最好能有模特展示衣服上身的效果，而且选择的模特要尽量和衣服的人群定位保持一致。

（6）细节的拍摄，不要单纯展示细节，最好能突出设计的亮点，并配上讲解或者文字说明。

（7）取景很重要。如果街拍，尽量选择跟衣服风格一致的地方；如果在室内拍摄，最好有盆栽、画布等道具。

2. 鞋子类商品

（1）鞋子不同角度的展示，设计亮点要重点介绍，最好有字幕形式的总结。

（2）鞋子舒适度的测评。如鞋底柔软可对折，对折后鞋面无痕迹；鞋面透气，将干冰放在鞋子里可瞬间散出水雾等，介绍一两个核心点即可。

（3）鞋子材质的展示，轻轻按压鞋面以凸显材质的光泽度，最好有讲解和字幕，如透气性好，柔软舒适。

（4）鞋子上脚的效果展示，让模特穿着走动，要有不同角度的展示。

3. 袜子类商品

（1）外观展示，对商品进行整体展示，可以把不同颜色和花纹的商品摆放在一起。

（2）材质测评要重点介绍，从弹性、透气性等各个角度证明商品的舒适性。

（3）袜子穿上后的效果展示，让模特穿着运动，要有不同角度的展示。

4. 家居服类商品

（1）上身效果展示，保暖衣、家居服一般都有多个款式和花色，可以让模特展示主推的两三款商品的上身效果。

（2）衣服的设计亮点，如螺纹收口设计更保暖，大口袋方便放手机等。

（3）材质测评要重点介绍，从弹性、透气性等各个角度证明商品的舒适性。

（4）家居服、内衣的取景尽量选择室内，这样可增强用户的代入感，可以选择沙发等道具营造家的氛围。

5. 彩妆类商品

（1）商品的外观展示，如磁铁吸盖、小羊皮材质等亮点的简单介绍。

（2）不同色号的彩妆上脸后的效果，主推的彩妆先拍并重点拍，非主推的彩妆后拍且简单拍。展示的时候用字幕标明色号。

（3）以不同色号彩妆的对比收尾，帮助消费者做出选择。

6. 底妆类商品

（1）商品的外观展示，加上雾面刷头、推抹式等亮点的简单介绍。

（2）先拍摄有瑕疵的面部特写，然后拍摄上妆后瑕疵被遮盖的特写。

（3）将上妆与未上妆的两边脸进行对比。

7. 眼部彩妆类商品

（1）商品的外观展示，加上独特刷头等设计亮点的简单介绍。

（2）上妆效果的展示，可以对比化妆与未化妆的效果。模特妆容的整体性非常重要，而且需要比较明艳，跟商品的色号定位保持一致。

（3）睫毛膏和眼线类商品较容易晕开，可以做防水的测评，比如喷上水后，用纸巾按压或轻抹不掉色、不晕开。

（4）彩妆类商品比较适合棚拍，建议用纯色背景板，可使画面干净整洁，光线也比较好控制。

8. 护肤类商品

（1）商品的外观展示，加上六边形盖帽等设计亮点的简单介绍。

（2）护肤品的使用演示，轻拍或者按摩，可边做演示边讲解某些成分的功效。

（3）护肤品使用前后的对比，可以做肌肤保湿度测评和商品酸碱度测评来说明商品温和、无刺激的特点。

9. 洁面类商品

（1）商品的外观展示，加上按压式等设计亮点的简单介绍。

（2）使用效果展示，如卸妆效果的展示，可以做左右脸的对比，或者在手臂上画上彩妆后卸妆。拍摄卸妆效果时最好在脸上卸妆，对于最难卸的眼妆和唇妆，只卸一半，以便给用户看对比效果。

（3）测评，主要是做洗脸后保湿度和商品本身酸碱度的测评，用仪器测量后展示具体的数值。

10. 箱包类商品

（1）商品的外观展示，包括箱包的正面、侧面和背面等角度。注意光线，要拍摄出箱包的质感，特别是五金配件的光泽度。

（2）细节的展示，箱包的特色设计，如五金配件；各个分区的展示，分别可以装钱包、水杯或iPad等。

（3）暴力测评（选用）：如反复摔箱子，站在箱子上蹦，反复拉动拉杆，用钥匙在箱子上划，以展现箱子防摔、承重性好、拉杆灵活、耐划等性能。

8.3 视频剪辑

剪辑本视频的步骤包括导入和粗剪视频素材、添加转场效果 、添加字幕、添加背景音乐，以及导出短视频等。下面就将拍摄好的《休闲食品广告》视频素材导入剪映中，并运用之前所讲的剪辑知识完成短视频的后期制作。

8.3.1 导入素材并进行粗剪

下面主要对视频素材进行剪辑和变速处理，先导入多个视频素材，在调整其持续时长后，使用剪映的“变速”功能调整素材的播放速度，具体操作方法如下。

01 在剪映中导入12段视频素材，将它们添加至时间线区域。选中第1段素材，将其右侧的白色边框向左拖动，使其时长缩短至8秒，如图8-5所示。

02 参照步骤01的操作方法，将第2段素材的时长缩短至6.9秒，将第4段素材的时长缩短至9.1秒，将第7段素材的时长缩短至5.7秒，如图8-6所示。

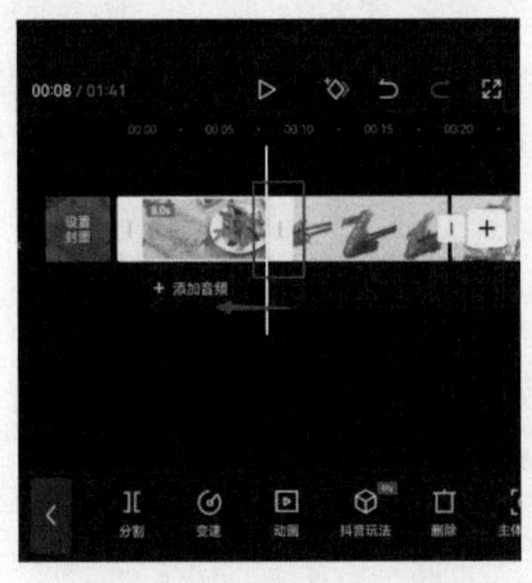

图 8-5

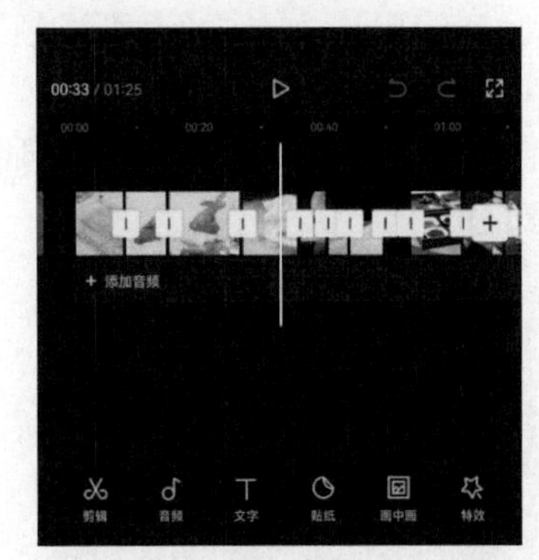

图 8-6

03 在时间线区域中选中第1段视频素材，点击底部工具栏中的“变速”按钮，如图8-7所示，打开“变速”选项栏，点击其中的“常规变速”按钮，如图8-8所示。

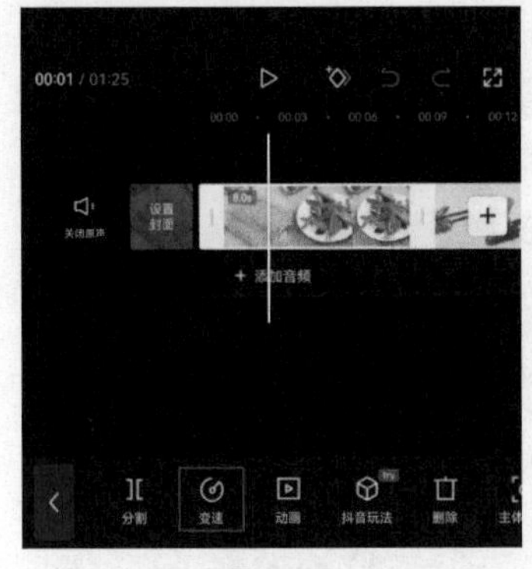

图 8-7

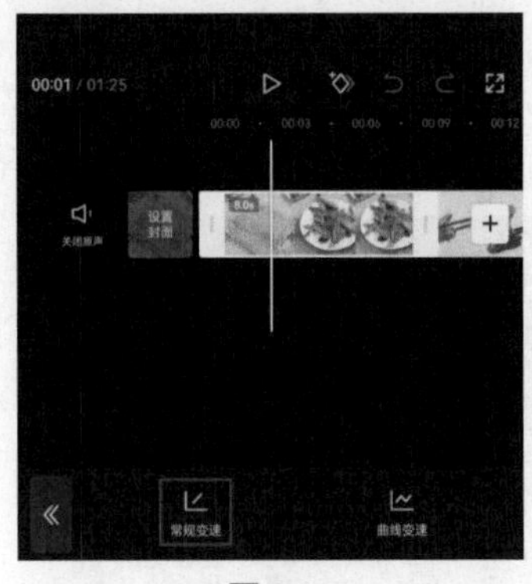

图 8-8

04 在底部浮窗中拖动变速滑块，将其数值设置为5.0x，完成后点击界面右下角的按钮保存操作，如图8-9所示。

05 参照步骤04的操作方法将第2段、第4段和第12段素材设置为5.0x，将第3段素材设置为8.8x，将第5段和第9段素材设置为3.8x，将第6段素材设置为2.8x，将第7段、第10段和第11段素材设置为4x，将第8段素材设置为2x，如图8-10所示。

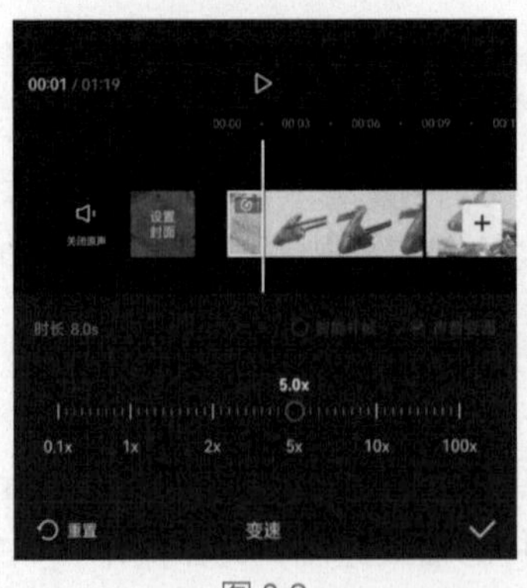

图 8-9

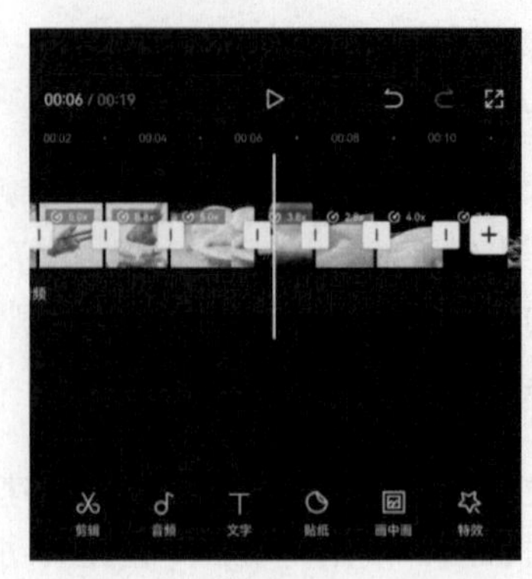

图 8-10

8.3.2 为视频添加转场效果

下面将为视频素材添加转场效果，让各个素材之间的过渡效果变得更加协调，具体操作方法如下。

01 在时间线区域中点击第1段视频素材和第2段视频素材中间的▯按钮，如图8-11所示，打开“转场”选项栏，选择“叠化”选项中的“叠化”转场效果，并拖动界面底部的滑块，将其时长调整为0.3s，如图8-12所示。

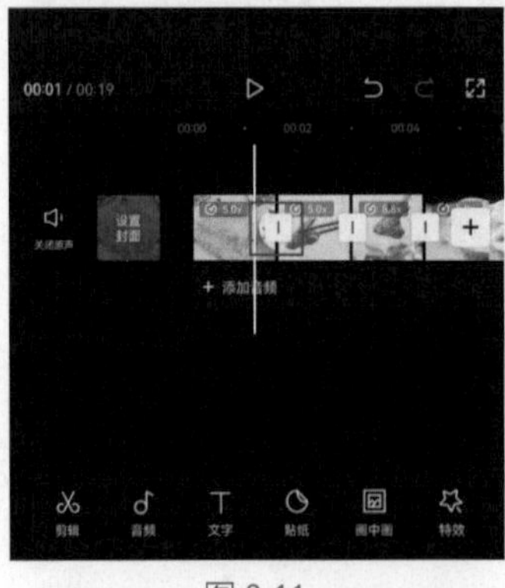

图 8-11

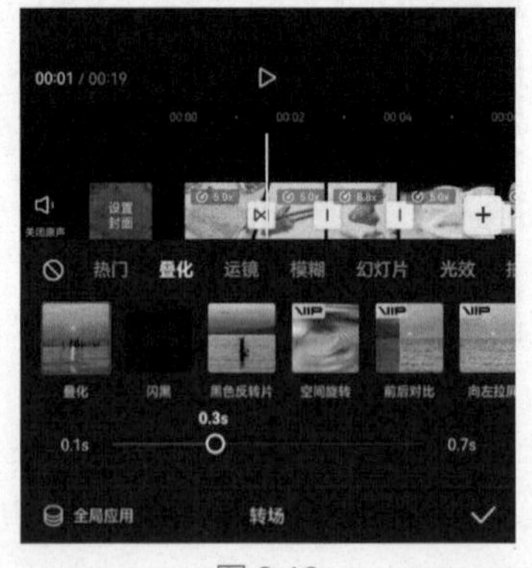

图 8-12

02 在“叠化”选项中点击“全局应用”按钮▣，如图8-13所示，将转场效果应用到所有片段，并点击界面右下角的☑按钮保存操作，如图8-14所示。

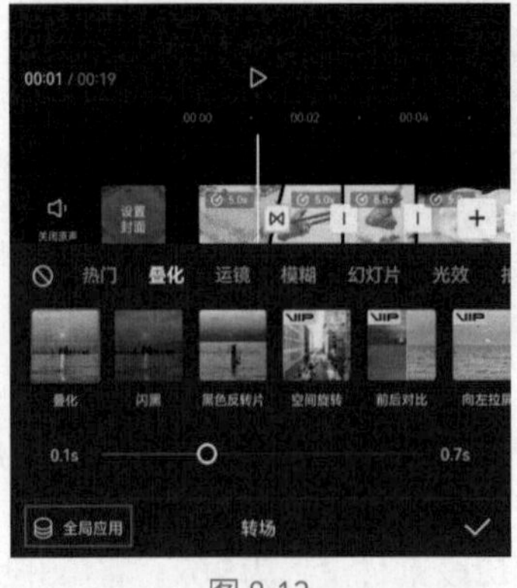

图 8-13

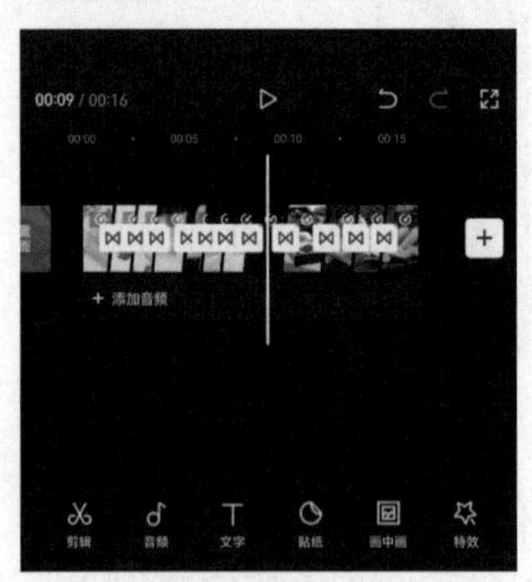

图 8-14

03 在时间线区域中点击第8段素材和第9段视频素材中间的转场效果，如图8-15所示，打开“转场”选项栏，拖动界面底部的滑块，将其时长调整为0.1秒，如图8-16所示。

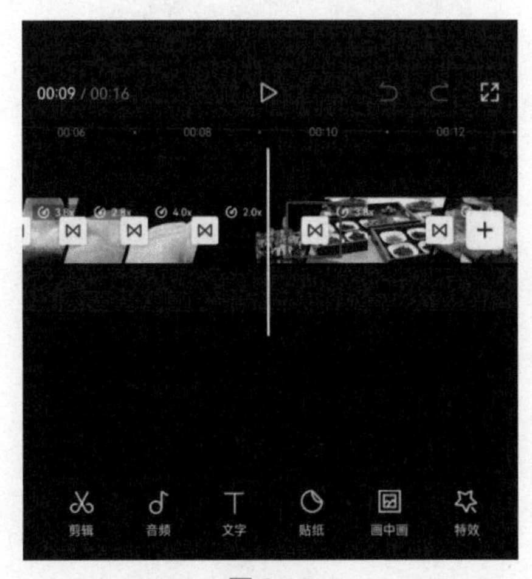

图 8-15

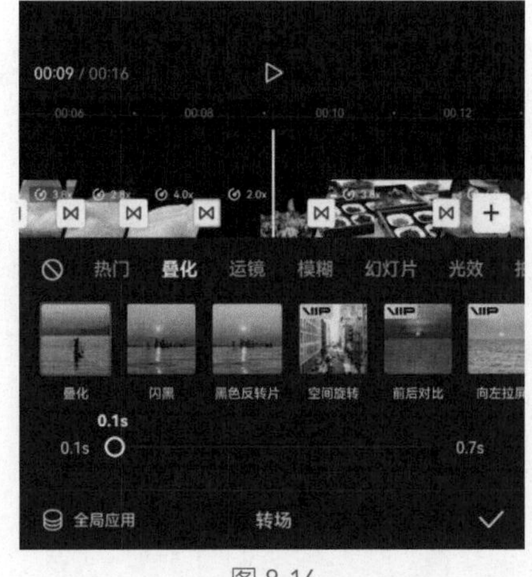

图 8-16

04 参照步骤03的操作方法，将第9段和第10段素材中间的转场效果的持续时长调整为1秒。

8.3.3 为视频添加字幕

下面主要运用剪映的“文字”和“动画”功能为视频制作好看的主题文字，为视频作品锦上添花，具体操作方法如下。

01 将时间线移动至视频的起始位置，在未选中任何素材的状态下，点击底部工具栏中的“文字”按钮，如图8-17所示，打开“文字”选项栏，点击其中的“新建文本”按钮，如图8-18所示。

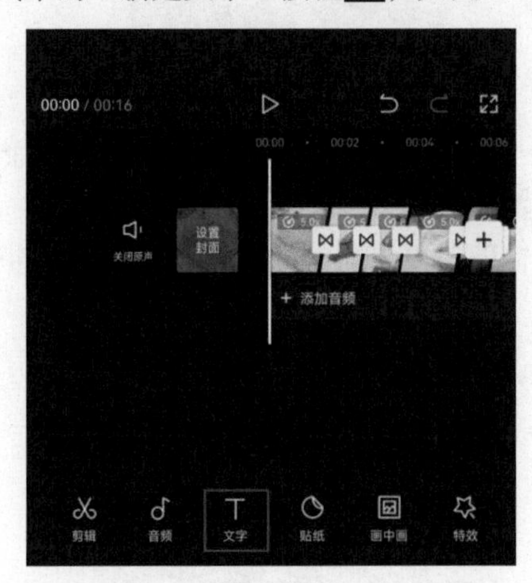

图 8-17

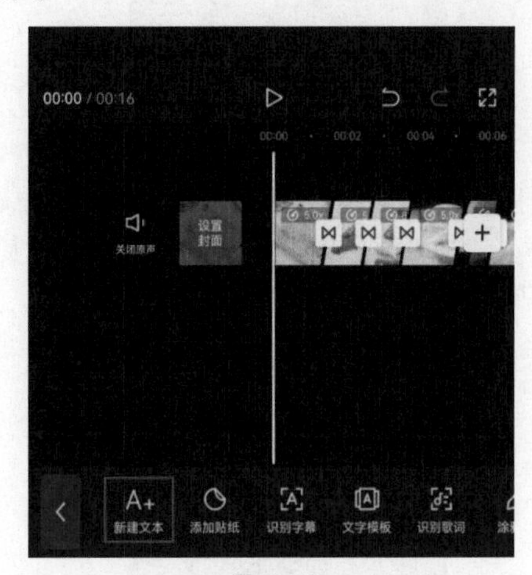

图 8-18

02 在输入框中输入需要添加的文字内容，并在“字体”选项栏中选择“后现代体”字体，如图8-19所示。

03 点击切换至样式选项栏，在“排列”选项中将字幕的排列方式设置为竖排，如图8-20所示。

04 点击切换至“花字”选项栏，选择图8-21所示的花字样式；再点击其切换至“动画”选项栏，选择“入场”选项中的“渐显”效果，并拖动动画时长滑块，将其数值设置为0.8秒，如图8-22所示。

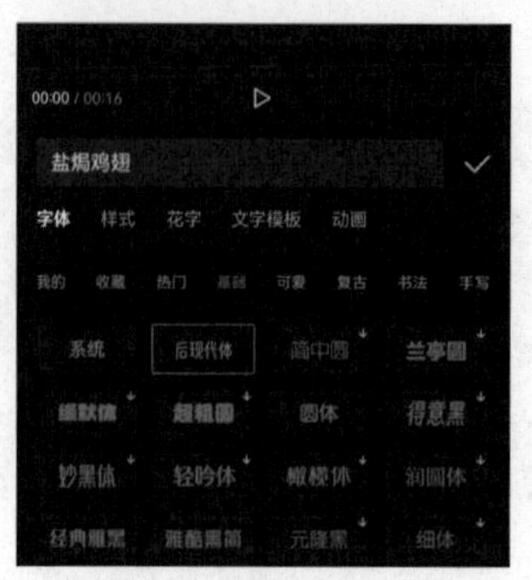

图 8-19

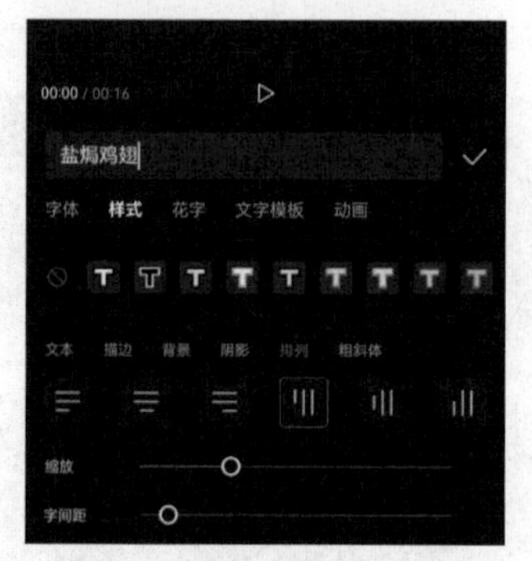

图 8-20

图 8-21

图 8-22

05 点击切换至“出场”选项，选择其中的“渐隐”效果，拖动动画时长滑块，将其数值设置为0.8秒，如图8-23所示，并点击界面中的✓按钮保存操作。

06 在时间线区域中选中文字素材，将其右侧的白色边框向右拖动，使其尾端和第3段素材的尾端对齐，如图8-24所示。

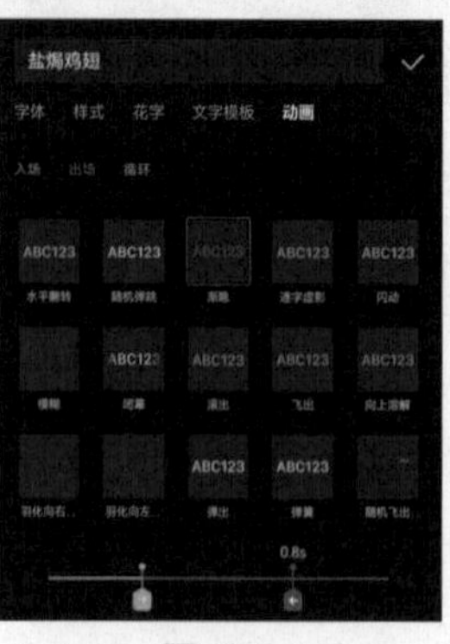

图 8-23

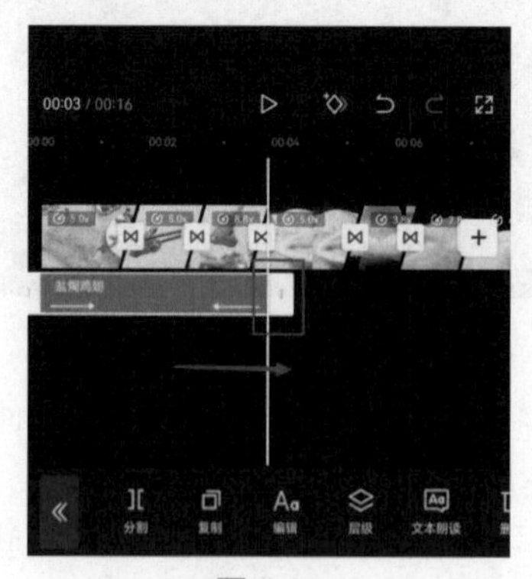

图 8-24

07 将时间线定位至第1段文字素材的尾端，点击底部工具栏中的“新建文本”按钮A+，如图8-25所示，在输入框中输入“使用”，并在“字体”选项栏中选择“思源中宋”字体，如图8-26所示。

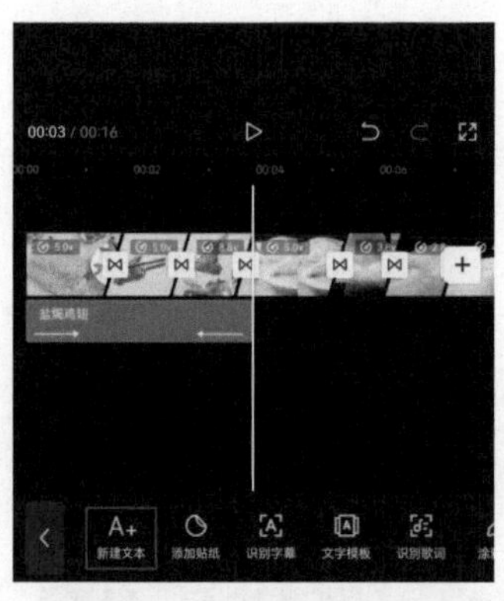

图 8-25

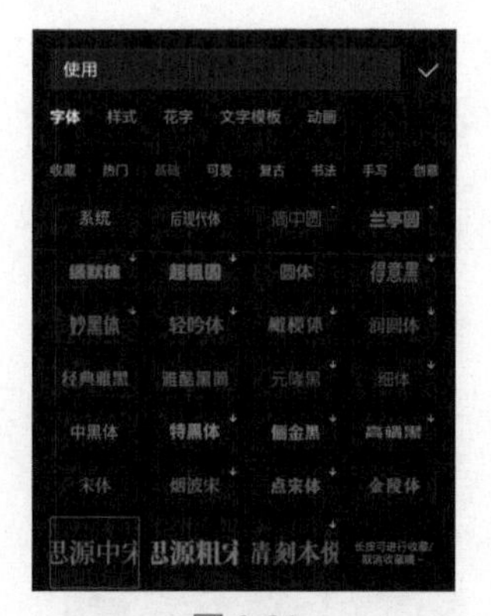

图 8-26

08 点击切换至“样式”选项栏，在“排列”选项中将字幕的排列方式设置为横排，将字间距的数值设置为4，如图8-27所示。

09 点击切换至“花字”选项栏，选择图8-28所示的花字样式，并在预览区域中将文字缩小后置于画面的左侧。

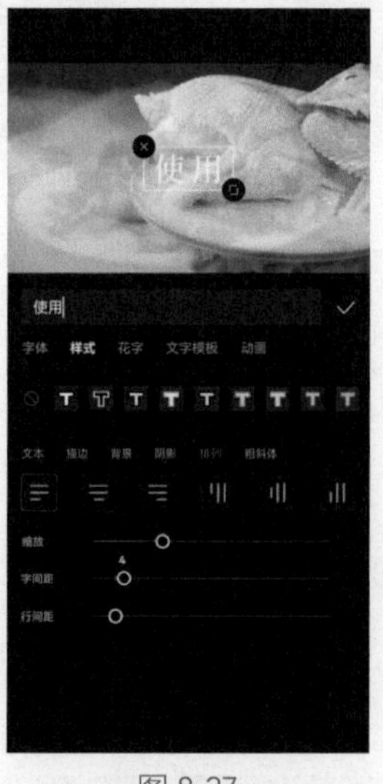

图 8-27

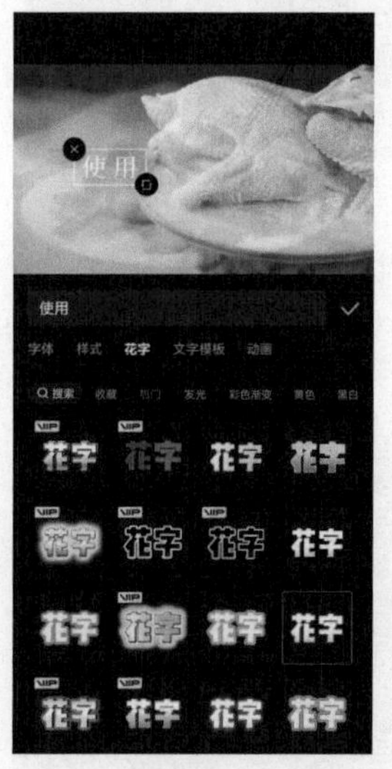

图 8-28

10 将时间线移动至第4段素材的尾端，在时间线区域中选中文字素材，点击底部工具栏中的“复制”按钮，如图8-29所示，在时间线区域中复制出一个一模一样的文字素材，然后选中该文字素材，点击底部工具栏中的“编辑”按钮，如图8-30所示。

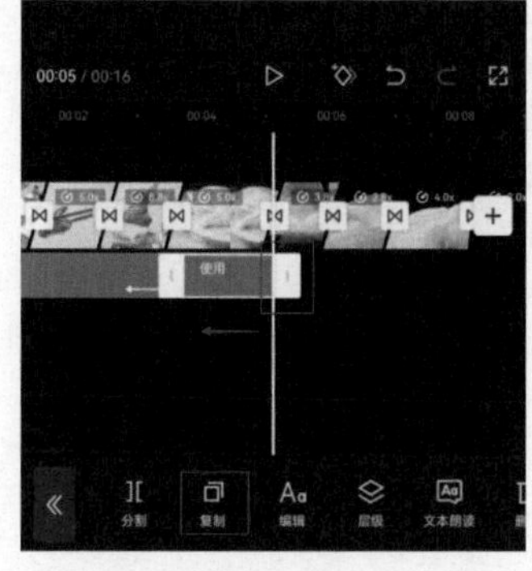

图 8-29

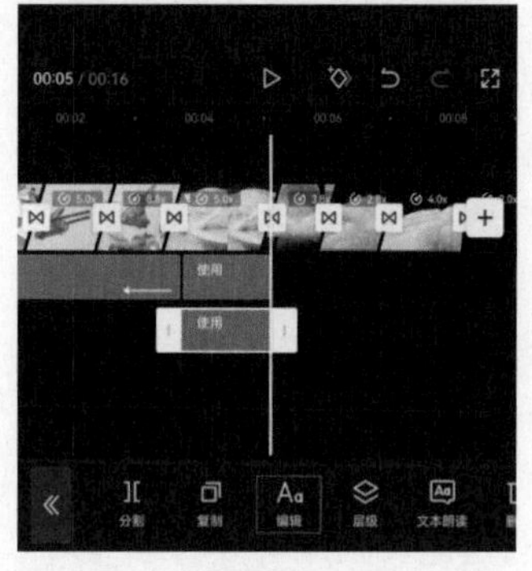

图 8-30

11 在输入框中将文字内容修改为“上好食材”，点击切换至“花字”选项栏，选择图8-31所示的花字样式，在预览区域中将文字放大后置于“使用”字幕的右侧。

12 参照步骤07～步骤11的操作方法，在第5～7段素材的下方添加“精选优质粗盐”字幕，在第8段和第9段素材的下方添加“佐以多种香料”字幕，如图8-32所示。

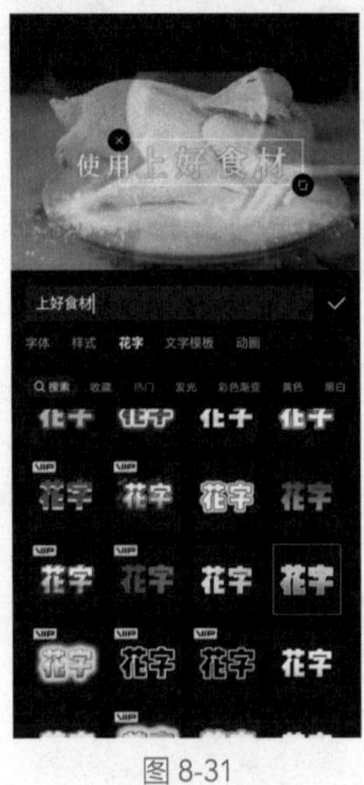

图 8-31

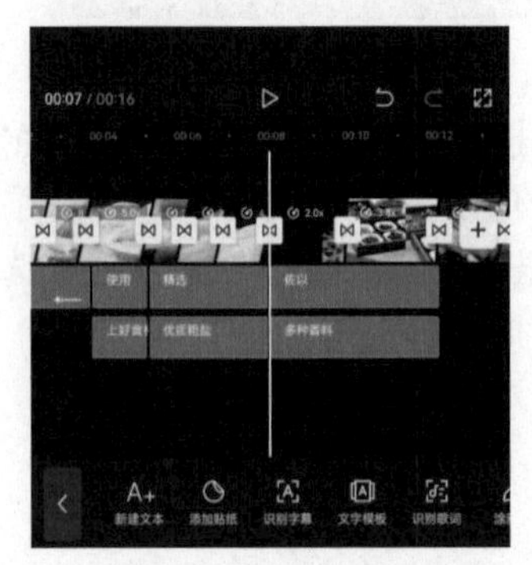

图 8-32

13 参照步骤07～步骤10的操作方法在第10段素材下方添加“高温焗制”字幕，并在“花字”选项栏中选择图8-33所示的花字样式。执行操作后，参照上述操作方法分别在第11段和第12段素材下方添加“咸香入骨，嚼劲十足”和“好吃到停不下来”字幕，如图8-34所示。

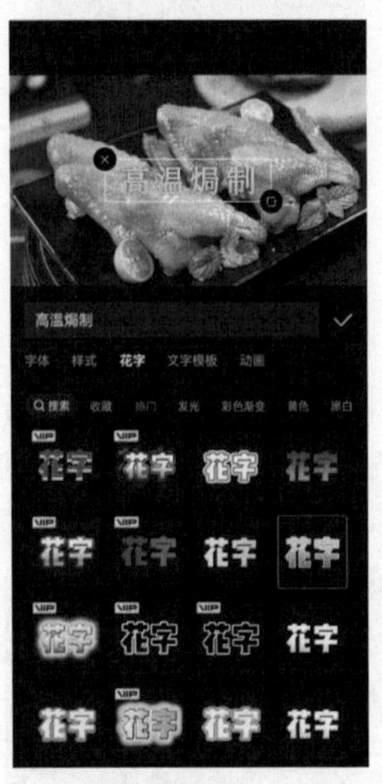

图 8-33

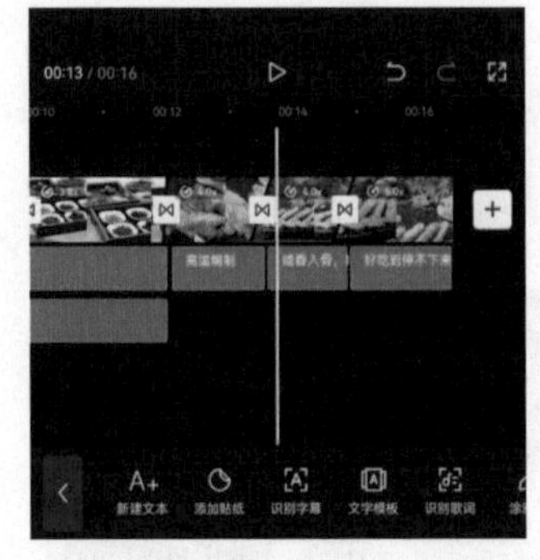

图 8-34

提示：

在时间线区域中添加完字幕后，一定要仔细调整好字幕的持续时长，使字幕内容和视频画面相匹配。

8.3.4 添加音乐后输出成片

下面将为视频添加背景音乐，使视频更具感染力，做好该工作后，即可输出成品视频，具体操作方法如下。

01 在未选中任何素材的状态下，点击底部工具栏中的“音频”按钮，如图8-35所示，打开“音频”选项栏，点击其中的“音乐”按钮，如图8-36所示。

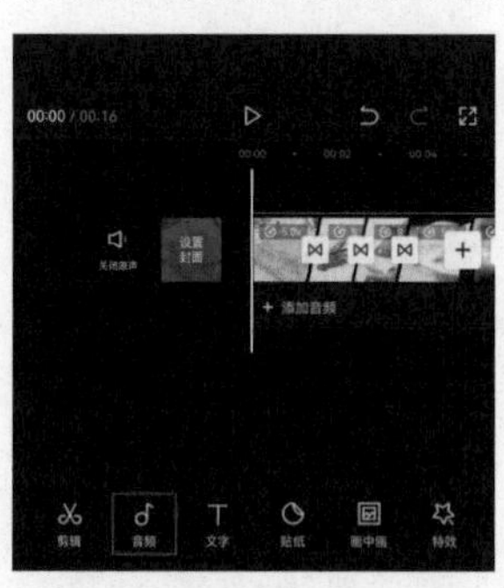

图 8-35

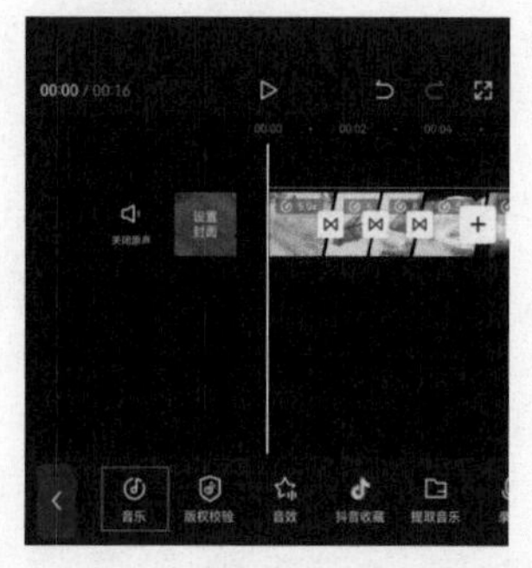

图 8-36

02 进入剪映音乐素材库，在搜索栏中输入关键词“广告”，点击键盘中的“搜索”按钮，如图8-37所示。在搜索结果中选择图8-38所示的音乐，并点击“使用”按钮将其添加至剪辑项目中。

图 8-37

图 8-38

03 将时间线移动至视频的结尾处，在时间线区域中选中音乐素材，点击底部工具栏中的“分割”按钮，再点击“删除”按钮将多余的音乐素材删除，如图8-39和图8-40所示。

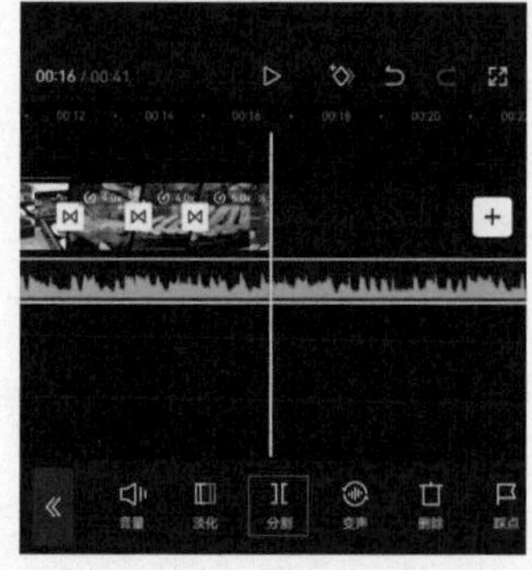

图 8-39

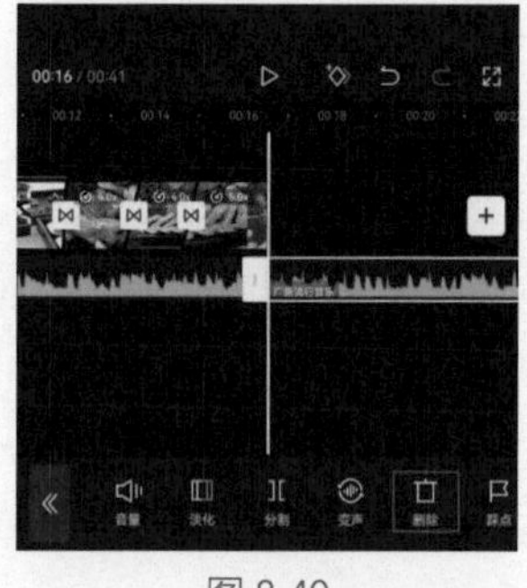

图 8-40

04 完成上述所有操作后，即可点击界面右上角的“导出”按钮，将其保存至手机相册，效果如图8-41所示。

图 8-41

8.4 课后习题：制作服装类电商短视频

试着根据本章所讲的知识，自行组建团队，策划、拍摄并剪辑一个服装类电商短视频，熟悉并掌握电商短视频的创作方法。

第9章 微电影创作全流程

微电影即微型电影，顾名思义，它的时间比较短，但具有完整的故事情节。

微电影是随着互联网的兴起而流行起来的，但是它其实是从电影诞生后就有了，如最初的代表作《工厂大门》《园丁浇花》等，近些年的代表作有筷子兄弟的《老男孩》。与电影的巨大投资相比，微电影在拍摄设备、资金、团队规模、流程等方面的要求都较低，实际制作难度也不大，中小型团队也能完成其拍摄与制作。本章将以微电影《桃花源》为例，讲解微电影的创作全流程。

学习目标

- ❖ 了解微电影剧本的创作要点
- ❖ 学会撰写微电影剧本和分镜头脚本
- ❖ 学会制订微电影的拍摄计划
- ❖ 学会使用剪映剪辑微电影
- ❖ 了解微电影的创作全流程

9.1 撰写微电影剧本

随着影视行业的蓬勃发展，很多人都想学习微电影的制作，将自己的生活拍成“大片”，在此之前需要学习微电影剧本的撰写。

9.1.1 组建微电影团队

拍摄微电影前需要组建一个团队，由导演、编剧、演员、摄像师、剪辑师、妆造师等成员组成，具体成员分工如下。

（1）导演：负责统筹所有拍摄工作，并在现场进行人员调度，把控微电影的拍摄节奏和质量。

（2）编剧：构思故事情节，撰写微电影剧本。

（3）摄像师：与导演一同策划拍摄方案，布置拍摄现场的灯光，根据微电影剧本完成拍摄。

（4）剪辑师：对视频素材进行后期剪辑，制作出成片，并把控成片的效果。

（5）演员：该微电影需要两名女演员、一名男演员及一只猫咪配合演出，两名女演员分别饰演女主角和女主角少女时期，男演员饰演女主角父亲。

（6）妆造师：主要是根据导演和剧本的要求给主角化妆和设计造型。

（7）道具师：主要工作是根据导演和剧本的要求准备好主角的服装，以及微电影中可能用到的道具。

9.1.2 微电影剧本创作要点

剧本是电影的基础，是电影的指南和蓝图，也是文学作品视频化的依据。剧本和其他文学作品（如小说、散文）的区别在于，剧本的可阅读性不如其他文学作品。创作剧本的最大目的就是辅助拍摄，因为任何电影都是在诠释编剧用文字创作的世界。

微电影剧本的创作要点如下。

要点一：具有画面感。剧本是操作蓝图和拍摄指南，要注意它的实操性和具体性，避免使用抽象化的语言来描述内容。

要点二：多关注人物的塑造、故事情节和场面的调度，因为影视作品是通过视听语言来完成修辞和创作的。

比如，一个普通人做了一件伟大的事情。这句话是典型的文学语言，不符合剧本的要求，因为它不能直接转化为画面，每个人看到这句话想象出来的故事都不一样。什么样的人算是普通人？是拾荒者还是环卫工人？什么样的事情算是伟大的事情？是拯救了落水者还是喂了流浪猫？每个人给出的答案都不一样。

但如果将其改成“一个衣着朴素的环卫工人将自己仅有的皱巴巴的10元钱递给了路边衣衫褴褛的乞丐。”这句话描述具体，给出了具体可拍摄的画面。普通人就是这个环卫工人，他干了一件让人觉得很伟大的事情，这个事情就是他将自己仅有的10元钱给了乞丐。注意“皱巴巴”这个词，我们能感受到这张钱肯定是放了很久且环卫工人舍不得花，而当他看到乞丐更需要的时候，便毫不犹豫地给了乞丐，这就是伟大之处。

再比如“一阵风吹过，小林走在结冰的小路上搓了搓手，并将手放在嘴边哈了口气，顿时飘来了一缕白雾。”这句话就很有画面感，整句话没有一个“冷”字，却真实地让大家感觉到了天寒地冻。

9.1.3 《桃花源》剧本

本小节将以微电影《桃花源》剧本的创作为例，详细讲解微电影剧本的创作过程，包含剧情梗概、人物小传和部分文学剧本实例。

1. 剧情梗概

冉冉是一名都市白领，繁忙的工作让她感到十分疲惫。某一天，冉冉如往常一样工作到半夜，赶上最后一班地铁，在地铁上昏昏欲睡时，地铁上响起报站的提示声，冉冉迷糊间听到下一站的名字似乎叫桃花源，心中不禁发出“这世上真的有桃花源吗”的感叹，而后在睡梦中冉冉回想起了自己18岁时的那个无忧无虑的夏天。醒来后，恰逢父亲打来电话叫冉冉回家吃西瓜，冉冉恍然大悟，原来家里才是自己什么时候都可以回去的桃花源。

2. 人物小传

冉冉：28岁，都市白领，工作认真努力，事业心强。

少女冉冉：18岁，无忧无虑。

父亲：55岁，慈爱、唠叨。

3. 部分文学剧本实例

第一场 地铁 早晨 室内

清晨，淡蓝色的天空中飘浮着几朵白云，马路上许多车辆来往不绝，写字楼在阳光的照射下熠熠生辉。

地铁站台，正当等了许久的冉冉忍不住活动了下有些酸痛的腿时，一列地铁缓缓驶入车站。进入地铁，有些困倦的冉冉皱着眉四处张望，想寻找一个座位。

旁白：城市生活总是忙碌的，我们在人潮中穿梭，地铁、公交等在不知疲倦地运行。

第二场 写字楼 早晨 室外

冉冉从天桥上走过，直接走到写字楼下，进入大堂，来到电梯口；冉冉伸手按下按钮，电梯刚好到达，“叮”的一声，电梯门开，冉冉走进电梯。

旁白：短暂的周末过去了，又要开始新一周的工作了。

第三场 咖啡馆 白天 室内

冉冉坐在咖啡馆里用笔记本电脑办公，双手在电脑上敲个不停，电脑旁放着一杯咖啡，冉冉不时喝上一口。咖啡馆外，阳光正盛，车辆川流不息，直至夜晚。

旁白：我们总是在忙碌和闲暇之间无缝切换，但偶尔也会发出对生活的感叹。

第四场 地铁 夜晚 室内

地铁上，忙碌了一天的冉冉坐在座位上，有气无力地将头靠在座位旁的栏杆上，眼皮控制不住地耷拉着，迷糊间，听见地铁上响起了报站的提示声“叮，下一站桃花源。”

冉冉（心想）：这世上真的有桃花源吗？

第五场 老家 白天 室外

树上的知了不停地鸣叫，悬挂着的铃铛“叮叮”作响，地上的猫咪困倦地打着哈欠，冉冉正将手伸向天空，试图遮挡住阳光，远处传来父亲的呼喊。

父亲：冉冉，去切一个西瓜吃！

冉冉：好勒！

……

9.1.4 根据文学剧本创作分镜头脚本

什么是分镜头脚本？分镜头脚本又称摄制工作台本，是将文字转换成立体视听形象的中间媒介，它主要用于根据解说词和文学剧本设计相应的画面，配置音乐、音响，把握微电影的节奏和风格等。

将自己假设成一个导演，当要拍摄一部短片或电影时，需要很多人参与，那么要如何才能让每一个人都能尽量了解你的想法和意图呢？你不可能将自己对于这部影片的构想给每一个人都解释一遍，那么这个时候，分镜头脚本就能起到很大的作用了。

分镜头脚本中包含的主要项目如下。

（1）标题：在脚本的最上方标注清楚是哪部微电影或视频的脚本。

（2）时长：在标题下面写出成片的大概时长。

（3）镜号：也称为机位号，通常用于多机位拍摄的情况，用1、2、3……来表示。

（4）景别：表示画面用什么景别去拍摄，有远景、全景、中景、近景、特写5个类别。

（5）拍摄手法：也称为拍摄技法，包括推镜头、拉镜头、摇镜头、移镜头、跟镜头、升镜头、降镜头等。

（6）画面内容：将文学剧本的画面内容按照镜号写上去即可，注意画面描述要遵循少抽象、多具体的原则。

（7）声音：包含台词、音乐、音效3个部分。台词是指剧中人物的对白；音乐是指背景音乐；音效是指同期声、环境音或者后期要加的一些特殊音效等。

（8）备注：标注画面的特色要求，如升格拍摄等。

《XXX》分镜头脚本

导演版（15min）

<table>
<tr><th rowspan="2">镜号</th><th rowspan="2">景别</th><th rowspan="2">拍摄手法</th><th rowspan="2">画面内容</th><th colspan="3">声音</th><th rowspan="2">备注</th></tr>
<tr><th>台词</th><th>音乐</th><th>音效</th></tr>
<tr><td>1</td><td>远景</td><td>推镜头</td><td>要点1：少用抽象形容词</td><td>对白台词</td><td>背景音乐</td><td>环境音等</td><td></td></tr>
<tr><td>2</td><td>全景</td><td>拉镜头</td><td>要点2：客观描述画面即可</td><td>……</td><td>……</td><td>……</td><td></td></tr>
<tr><td>3</td><td>中景</td><td>摇镜头</td><td>……</td><td></td><td></td><td></td><td></td></tr>
<tr><td>4</td><td>近景</td><td>移镜头</td><td></td><td></td><td></td><td></td><td></td></tr>
<tr><td>5</td><td>特写</td><td>跟镜头</td><td></td><td></td><td></td><td></td><td></td></tr>
<tr><td>6</td><td>……</td><td>……</td><td></td><td></td><td></td><td></td><td></td></tr>
</table>

微电影《桃花源》部分分镜头脚本

导演版（15min）

<table>
<tr><th rowspan="2">镜号</th><th rowspan="2">景别</th><th rowspan="2">拍摄手法</th><th rowspan="2">画面内容</th><th colspan="3">声音</th><th rowspan="2">备注</th></tr>
<tr><th>旁白</th><th>音乐</th><th>音效</th></tr>
<tr><td>1</td><td>远景</td><td>固定镜头</td><td>城市天空</td><td></td><td rowspan="5">都市背景音乐</td><td rowspan="3">车流声</td><td rowspan="2">延时</td></tr>
<tr><td>2</td><td>近景</td><td>固定镜头</td><td>城市车流</td><td></td></tr>
<tr><td>3</td><td>近景</td><td>环绕镜头</td><td>阳光下的写字楼</td><td>城市生活总是忙碌的</td><td></td></tr>
<tr><td>4</td><td>中景</td><td>固定镜头</td><td>冉冉站在地铁站台上等地铁，一列地铁缓缓驶入车站</td><td>我们在人潮中穿梭</td><td>地铁进入站台的音效</td><td></td></tr>
<tr><td>5</td><td>特写</td><td>固定镜头</td><td>冉冉在地铁上皱着眉四处张望，想寻找一个座位</td><td>地铁、公交在不知疲倦地运行</td><td>地铁上的背景音效</td><td></td></tr>
</table>

续表

<table>
<tr><th rowspan="2">镜号</th><th rowspan="2">景别</th><th rowspan="2">拍摄手法</th><th rowspan="2">画面内容</th><th colspan="3">声音</th><th rowspan="2">备注</th></tr>
<tr><th>旁白</th><th>音乐</th><th>音效</th></tr>
<tr><td>6</td><td>特写</td><td>跟镜头</td><td>冉冉走在天桥上</td><td>短暂的周末过去了</td><td rowspan="11">都市背景音乐</td><td>车流声、走路声</td><td></td></tr>
<tr><td>7</td><td>全景</td><td>固定镜头</td><td>冉冉拿着咖啡走在写字楼下</td><td rowspan="3">又要开始新一周的工作了</td><td></td><td></td></tr>
<tr><td>8</td><td>近景</td><td>固定镜头</td><td>冉冉在写字楼下一边走路，一边打电话</td><td></td><td></td></tr>
<tr><td>9</td><td>全景</td><td>固定镜头</td><td>冉冉走在写字楼大堂中</td><td></td><td></td></tr>
<tr><td>10</td><td>中景</td><td>固定镜头</td><td>冉冉伸手按下电梯按钮，进入电梯</td><td></td><td>电梯开门音效</td><td></td></tr>
<tr><td>11</td><td>近景</td><td>固定镜头</td><td>冉冉坐在咖啡馆里用笔记本电脑办公，双手在电脑上敲个不停</td><td rowspan="4">我们总是在忙碌和闲暇之间无缝切换</td><td></td><td></td></tr>
<tr><td>12</td><td>全景</td><td>固定镜头</td><td>冉冉一边看电脑屏幕，一边喝咖啡</td><td></td><td></td></tr>
<tr><td>13</td><td>近景</td><td>固定镜头</td><td>冉冉身体向后倚靠在椅背上，严肃地看着电脑</td><td></td><td></td></tr>
<tr><td>14</td><td>近景</td><td>固定镜头</td><td>冉冉伸手拿起电脑旁的咖啡喝了一口</td><td></td><td></td></tr>
<tr><td>15</td><td>全景</td><td></td><td>城市车流</td><td>但偶尔也会发出对生活的感叹</td><td>车流声</td><td>白天到黑夜延时</td></tr>
<tr><td>16</td><td>特写</td><td></td><td>冉冉坐在地铁上昏昏欲睡</td><td></td><td></td><td></td></tr>
</table>

提示：

上面的文字版分镜头脚本适合小团队，相对来说不是那么复杂，制作成本不高，主要作用是让大家更好地配合拍摄。除了这样的文字版，其实还有另外两种形式的分镜头脚本，分别是图画版和视频版。图画版是分镜设计师将画面用手绘的方式直接画出来，这样更加直观。视频版则是直接将文字做成动态视频，其中的特效等场景都会预先还原出来，相当于在真人出镜之前做一版动画，成本和预算特别高。一般来说，个人和工作室用文字版分镜头脚本就已经足够了。

9.2 微电影拍摄筹备

微电影的拍摄相较于普通短视频的拍摄要复杂很多，要拍摄的场景和内容相较于普通短视频也会多很多，所以拍摄前期的准备工作就显得尤为重要。

9.2.1 确定拍摄计划

在写完分镜头脚本之后，初步的故事就已经成型了，可以先把脚本发给摄像师，让他们先提前熟悉一下要拍摄的画面，根据脚本要求去准备拍摄器材；再列出拍摄计划和物料清单，规划好时间和地点，在保证拍摄质量的前提下尽可能地节省时间。

- 场景

场景一：地铁（两场戏——冉冉）

场景二：写字楼（一场戏——冉冉）

场景三：咖啡馆（一场戏——冉冉）
场景四：老家（4场戏——冉冉两场、冉冉和猫咪一场、父亲一场）

- 第一天

上午——写字楼、咖啡馆中冉冉的戏份
下午——地铁中冉冉的戏份
晚上——布置老家场景并设计走位，准备第二天的戏

- 第二天

拍摄冉冉和猫咪、父亲在老家的戏份
核对物料清单

- 拍摄场景

地铁
写字楼
咖啡馆或书店
具有年代感的院子或民宿

- 演员

冉冉——一套正装（衬衫+半身裙）
少女冉冉——两套具有年代感的衣服（短袖+短裤）
父亲——一套衣服，普通日常穿着
猫咪

- 道具

第一天第二场：包包、咖啡
第一天第三场：笔记本电脑、咖啡
第二天第一场：铃铛、3个西瓜、托盘、水杯、书、蒲扇、冰棍、拍立得、风扇

- 发布通告单

通告单的发放对象是全体剧组人员，目的是确保每个人都知道当天的流程，以便让大家更好地配合拍摄。通告单中最重要的是时间、地点信息。时间包含集合时间、出发时间和每场戏的拍摄时间，地点包括集合点、出发点和每场戏的拍摄地点。

微电影《桃花源》4月6日通告单
日期：2023年4月6日 星期四
拍摄：第1天/共2天

天气：晴　日出：7:00　日落：18:30　气温：20～28℃
片场：北塔大厦A座
地点：X地铁站3号口
时间：8:00导演组、摄像组、灯光组、妆造组、设备组出发　8:00演职人员全部就位
用餐：午餐12:00片场发放　晚餐18:00片场发放

场号	场景	演员	拍摄内容	日/夜	内/外	拍摄时间	拍摄地点	必要道具
2	写字楼	凌嫒嫒（冉冉）	见剧本	日	外+内	8:30	北塔大厦A座	包包、咖啡
3	咖啡馆	凌嫒嫒（冉冉）	见剧本	日	内	14:00	相遇咖啡馆	笔记本电脑、咖啡
1	地铁	凌嫒嫒（冉冉）	见剧本	日	外	16:00	XX地铁站3号口	

拍摄现场禁止大声喧哗，手机请调成静音！

9.2.2 拍摄时的注意事项

1. 避免穿帮镜头

穿帮镜头主要分为两类。一类是设备、工作人员的穿帮。大多数微电影都是采用多机位方式拍摄的，所以要避免镜头中出现其他设备和工作人员。要避免这类问题，在拍摄现场多注意就好了，因为这是比较容易发现的问题。

另一类是剧情、道具的穿帮。由于是分镜头、分场景进行拍摄，因此就会存在同一场景要拍好几场戏的情况，这个时候每场戏演员的服装、妆容等一定要明确，一旦出错，剧情逻辑就会出现很大的问题，而且后期补救成本非常大。要避免这类问题，在制作分镜头脚本的时候，就要备注好每场戏所需要的服装、妆容、道具。

2. 注意同期录音

在拍摄现场能同期录音是最好的，一旦音频出现问题，后期要么找演员补录，要么找人配音，这是比较麻烦的；同时也要注意保持拍摄现场的安静，如果环境嘈杂，那么收音效果会大打折扣。

9.3 微电影剪辑

剪辑微电影的步骤包括制作片头、导入和粗剪视频素材、制作分屏效果、添加转场效果、添加字幕和旁白、添加背景音乐和音效制作字幕滚动片尾等。下面就将拍摄好的微电影《桃花源》视频素材导入剪映中，并运用之前所讲的剪辑知识完成微电影的后期制作。

9.3.1 制作微电影片头

下面将使用剪映素材库里的黑场素材制作微电影的片头，主要使用剪映的"新建文本""文本朗读""文字模板"功能，具体制作方法如下。

01 打开剪映，在素材添加界面中切换至"素材库"选项，并在其中选择黑场素材，如图9-1所示，点击"添加"按钮将其添加至剪辑项目中。进入视频编辑界面后，点击底部工具栏中的"文字"按钮T，如图9-2所示。

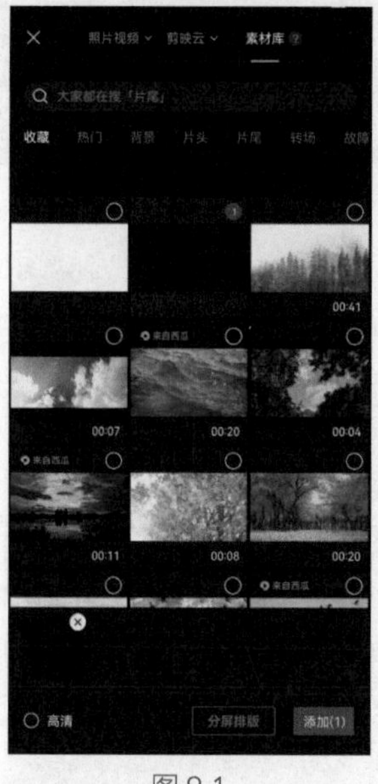

图 9-1

图 9-2

02 打开“文字”选项栏，点击其中的“新建文本”按钮，如图9-3所示，在输入框中输入需要添加的文字内容，并在预览区域中将其缩小后置于画面的最下方，如图9-4所示。

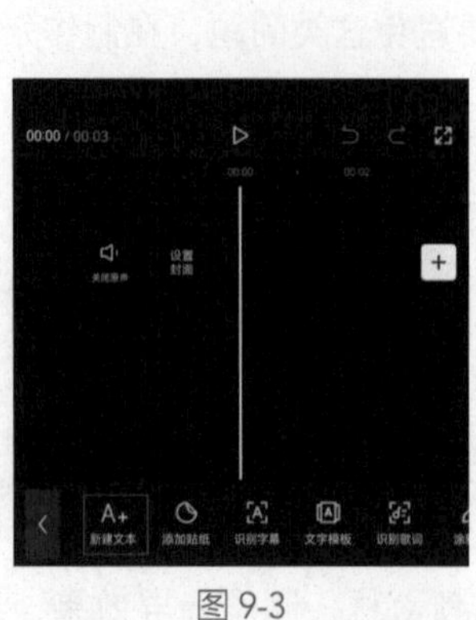

图 9-3

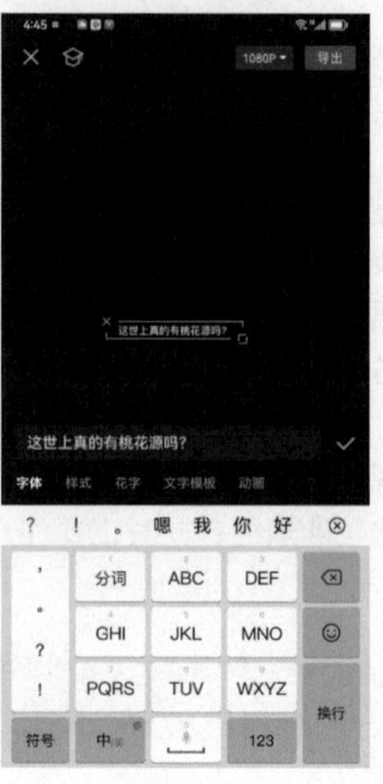

图 9-4

03 在选中文字素材的状态下，点击底部工具栏中的“文本朗读”按钮，如图9-5所示，打开“文本朗读”选项栏，选择其中的“温柔淑女”效果，并点击界面右下角的按钮保存操作，如图9-6所示。

图 9-5

图 9-6

04 在时间线区域中选中文字素材，点击底部工具栏中的“动画”按钮，如图9-7所示，打开“动画”选项栏，在“入场”选项中选择“渐显”效果，如图9-8所示。

图 9-7

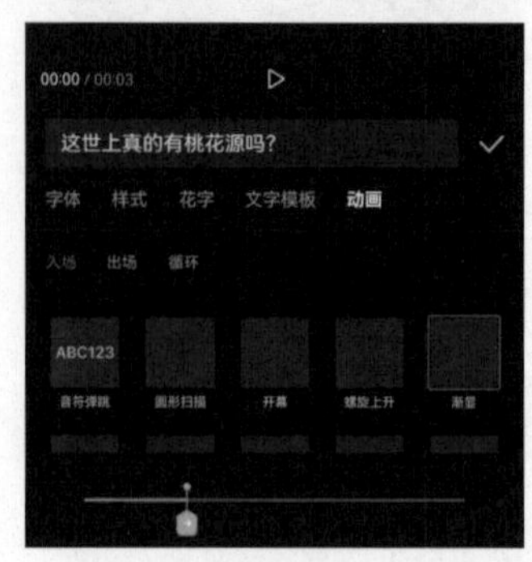

图 9-8

05 在底部工具栏中点击“返回”按钮《，如图9-9所示，再在底部工具栏中点击“文字模板”按钮[A]，如图9-10所示。

图 9-9

图 9-10

06 打开“文字模板”选项栏，在“手写字”选项中选择图9-11所示的模板，再在输入框中将“人”修改为“桃”，并点击输入框旁边的⇅按钮，如图9-12所示。切换至下一行，在输入框中将“生”修改为“花”，如图9-13所示。

图 9-11

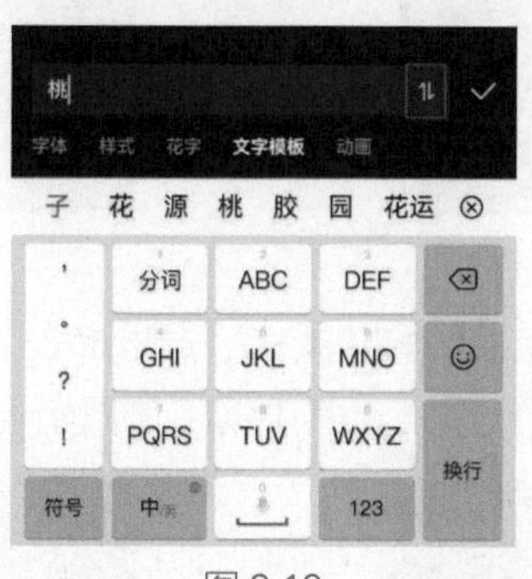

图 9-12

图 9-13

07 参照步骤06的操作方法，将“海海”修改为“源”，并将英文删除。

08 在时间线区域中选中黑场素材，将其右侧的白色边框向右拖动，将其持续时长延长至3.6秒，如图9-14所示。

09 参照步骤08的操作方法调整文字素材的持续时长，使其长度和黑场素材的长度保持一致，在预览区域中将“桃花源”字幕放大后置于画面的正中间，如图9-15所示。

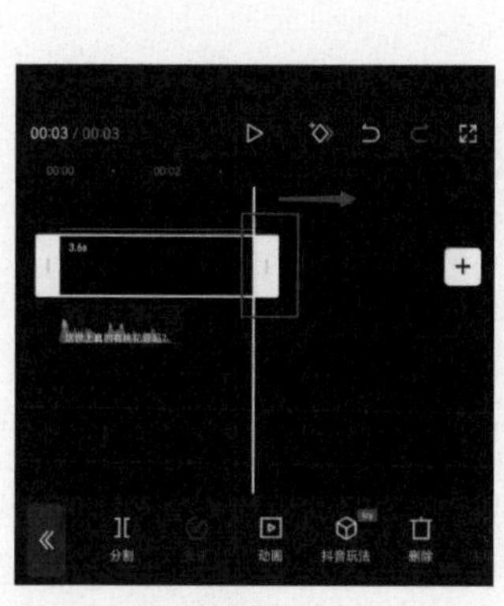
图 9-14

图 9-15

9.3.2 导入素材并进行粗剪

下面主要对视频素材进行变速处理，先导入多个视频素材，在调整它们的持续时长后，使用剪映的“变速”功能调整素材的播放速度，具体操作方法如下。

01 将时间线移动至黑场素材的尾端，在时间线区域中点击“添加”按钮[+]，如图9-16所示，打开手机相册，将提前准备好的视频素材导入剪辑项目中。在时间线区域中选中第1段素材，将其右侧的白色边框向左拖动，使其时长缩短至4.5秒，如图9-17所示。参照上述操作方法对余下素材进行剪辑。

图 9-16

图 9-17

02 在时间线区域中选中第3段视频素材，点击底部工具栏中的“变速”按钮，如图9-18所示，打开“变速”选项栏，点击其中的“常规变速”按钮，如图9-19所示。

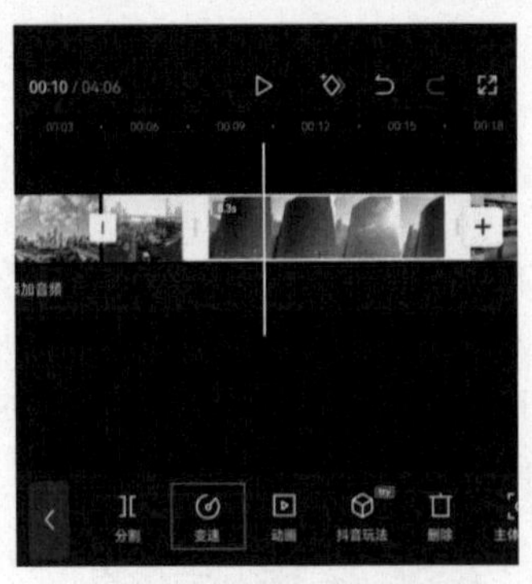

图 9-18

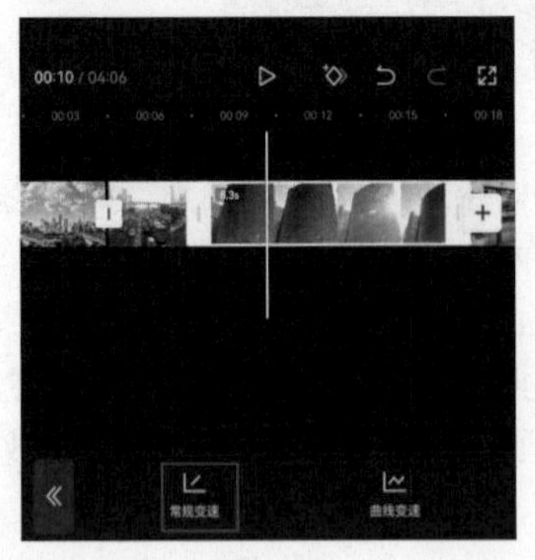

图 9-19

03 在底部浮窗中拖动变速滑块，将其数值设置为3.0x，完成后点击界面右下角的✓按钮保存操作，如图9-20所示。

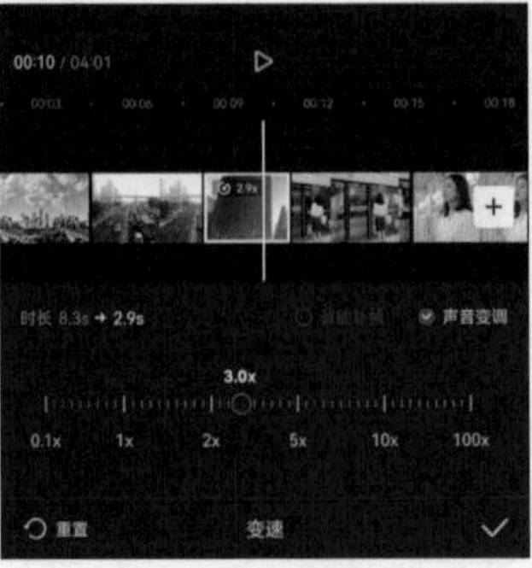

图 9-20

04 参照步骤02和步骤03的操作方法将第7、第8、第9段素材调整为1.5x，将第10段素材调整为2.4x，将第11和第26段素材调整为5.0x，将第13段素材调整为1.4x，将第14、第18段素材调整为3.0x，将第15和第22段素材调整为2.0x，将第17段素材调整为1.7x，将第28段素材调整为1.3x，将第48段素材调整为0.2x。

9.3.3 制作分屏效果

下面将为视频添加蒙版，并结合剪映的“画中画”功能制作出多屏显示效果，让视频显得更加专业，具体制作方法如下。

01 在时间线区域中选中第8段素材，点击底部工具栏中的“切画中画”按钮，将其移动至第7段素材的下方，如图9-21和图9-22所示。

02 参照步骤01的操作方法将第9段素材移动至第8段素材的下方，如图9-23所示。

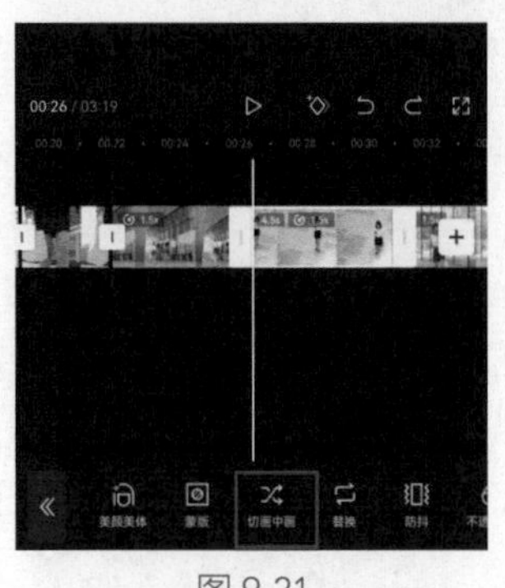

图 9-21

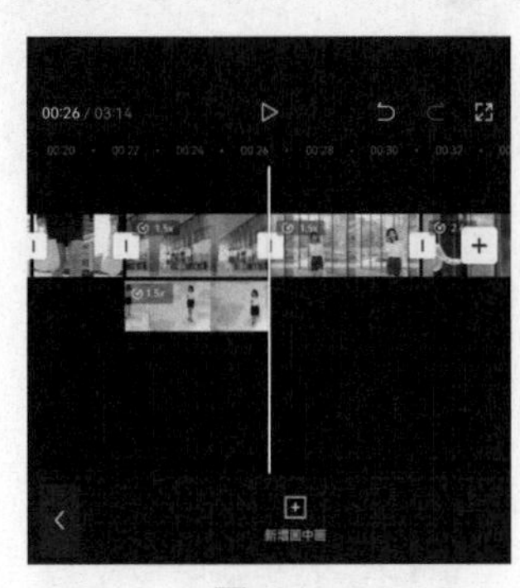

图 9-22

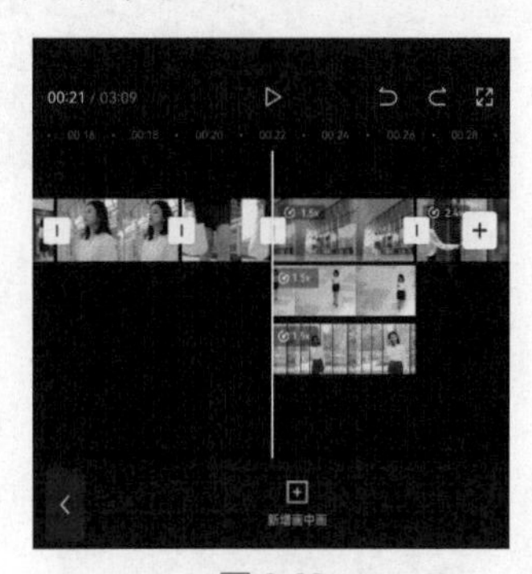

图 9-23

03 在时间线区域中选中第9段素材，点击底部工具栏中的“蒙版”按钮，如图9-24所示，打开“蒙版”选项栏，在其中选择“镜面”蒙版，在预览区域中将蒙版移动至画面的左侧，使其将人物全部框住，如图9-25所示。

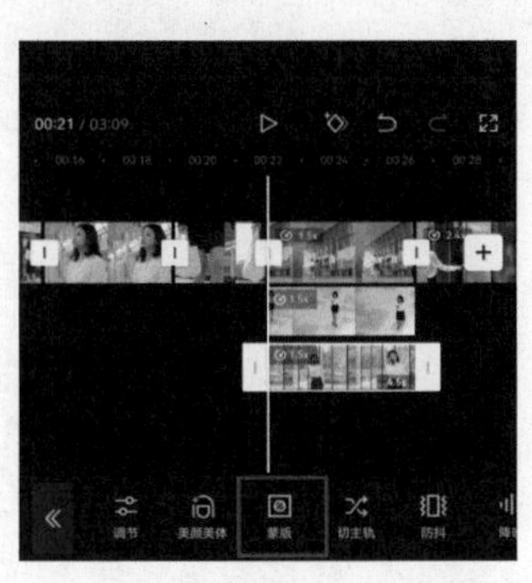

图 9-24

图 9-25

04 参照步骤03的操作方法，为第8段素材和第7段素材添加“镜面”蒙版，并将蒙版移动至画面中人物出现的位置，如图9-26和图9-27所示。

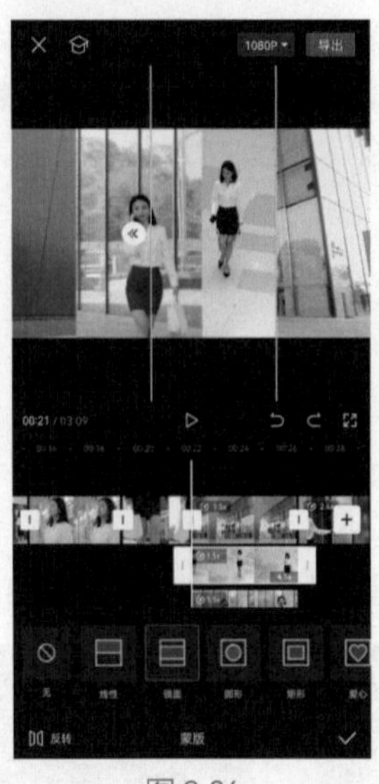

图 9-26

图 9-27

05 在时间线区域中选中第9段素材，在预览区域中将其向右移动，将画面中的人物置于右侧，如图9-28所示。

06 参照步骤05的操作方法，使第8段素材中的人物位于画面的正中间，使第7段素材中的人物位于画面的左侧，如图9-29和图9-30所示。

图 9-28

图 9-29

图 9-30

9.3.4 添加转场效果

下面将为视频素材添加转场效果，让各个素材之间的过渡效果变得更加协调，具体操作方法如下。

01 在时间线区域中点击第1段素材和第2段素材中间的按钮，如图9-31所示，打开“转场”选项栏，选择“叠化”选项中的“叠化”转场效果，如图9-32所示。

02 在“叠化”选项中点击“全局应用”按钮，如图9-33所示，将转场效果应用到所有片段，并点击界面右下角的按钮保存操作，如图9-34所示。

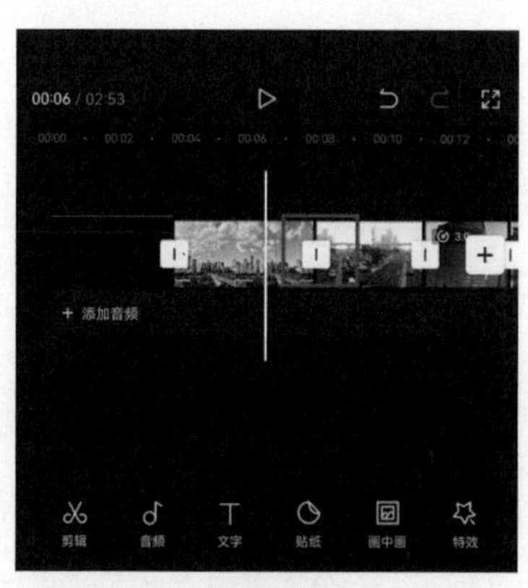

图 9-31

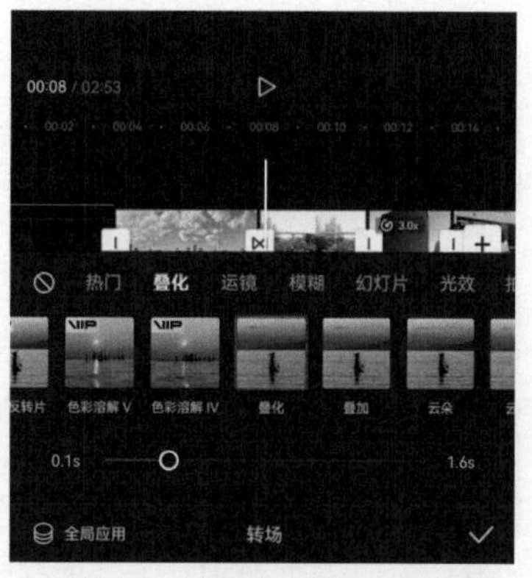

图 9-32

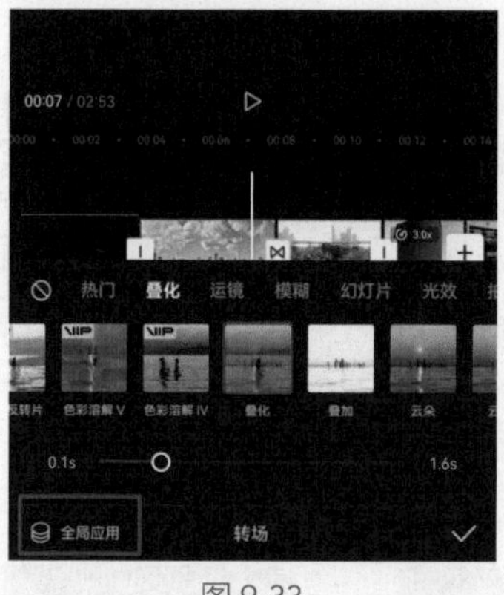

图 9-33

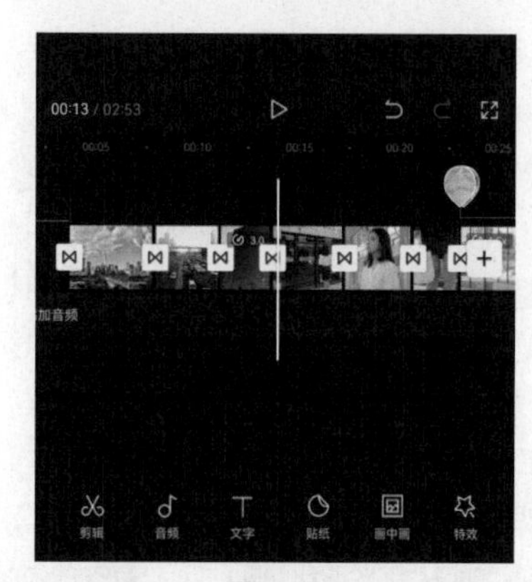

图 9-34

03 在时间线区域中点击黑场素材和第1段视频素材中间的转场效果，如图9-35所示，打开“转场”选项栏，点击“无”按钮⊘，如图9-36所示，将转场效果删除。

04 参照步骤03的操作方法，将第7段素材和第10段素材中间、第23段素材和第24段素材中间的转场效果删除。

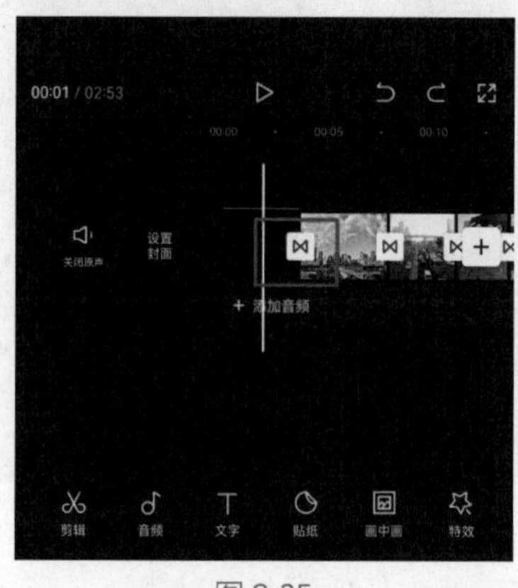

图 9-35

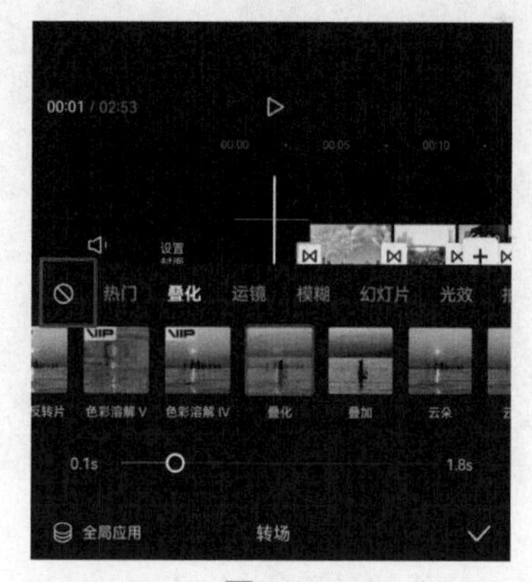

图 9-36

05 在时间线区域中点击第7段素材和第10段视频素材中间的转场效果，如图9-37所示，打开“转场”选项栏，将转场效果更改为“光效”选项中的“炫光”效果，如图9-38所示。

06 参照步骤05的操作方法，将第19段素材和第20段视频素材中间的转场效果更改为“光效”选项中的“泛白”效果，并拖动界面底部的滑块，将时长调整为2秒。

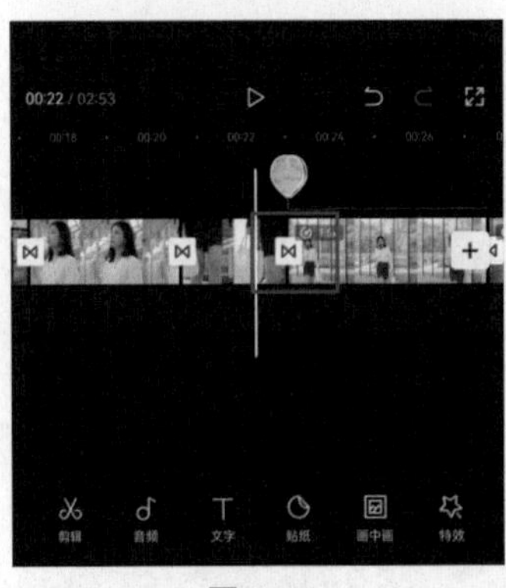

图 9-37

图 9-38

9.3.5 添加字幕和旁白

下面将为视频添加字幕和旁白，为视频作品锦上添花，主要运用剪映的“文字模板”“新建文本”“文本朗读”功能，具体制作方法如下。

01 将时间线移动至第1段素材的起始位置，点击底部工具栏中的“文字”按钮，打开“文字”选项栏，点击其中的“文字模板”按钮，打开“文字模板”选项栏，在“片尾谢幕”选项中选择图9-39所示的模板，并参照9.3.1小节中步骤06的操作方法，修改输入框中的文字内容。

02 在时间线区域中调整好文字素材的持续时长，使其和第1段素材的长度保持一致，如图9-40所示，再参照上述操作方法在第2段素材的下方添加图9-41所示的字幕。

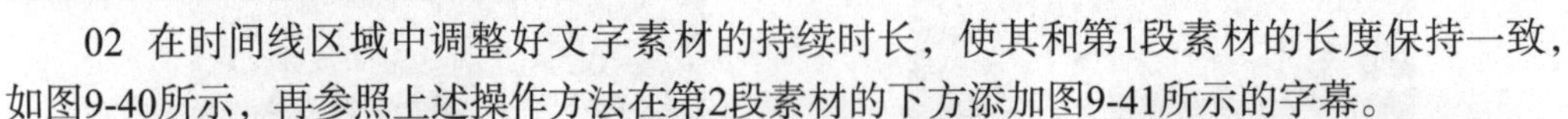

图 9-39

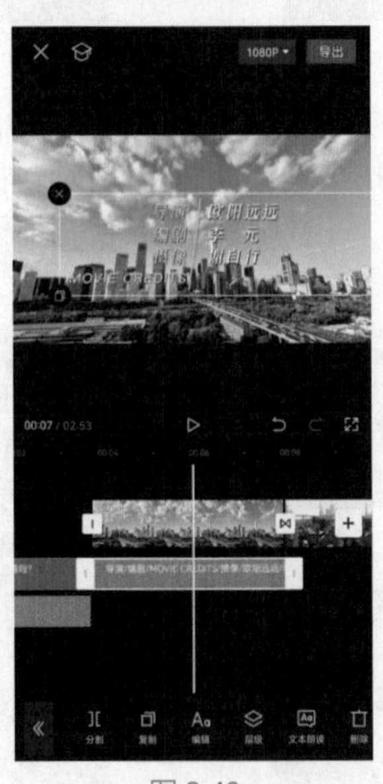

图 9-40

图 9-41

03 将时间线移动至第3段素材的起始位置，在未选中任何素材的状态下，点击底部工具栏中的“文字”按钮，打开“文字”选项栏，点击其中的“新建文本”按钮，在输入框中输入需要添加的文字内容，在预览区域中将其缩小后置于画面的最下方，再点击界面中的按钮保存操作，如图9-42所示。

04 在选中文字素材的状态下，点击底部工具栏中的“文本朗读”按钮，如图9-43所示。

图 9-42

图 9-43

05 在打开的选项栏中选择“温柔淑女”效果，并点击界面右下角的☑按钮保存操作，如图9-44所示。

06 在时间线区域中选中文字素材，将其右侧的白色边框向左拖动，使其长度和刚刚生成的音频素材的长度保持一致，如图9-45所示。

07 参照步骤01至步骤06的操作方法，按照剧本中的文案为视频添加余下的旁白和字幕。

图 9-44

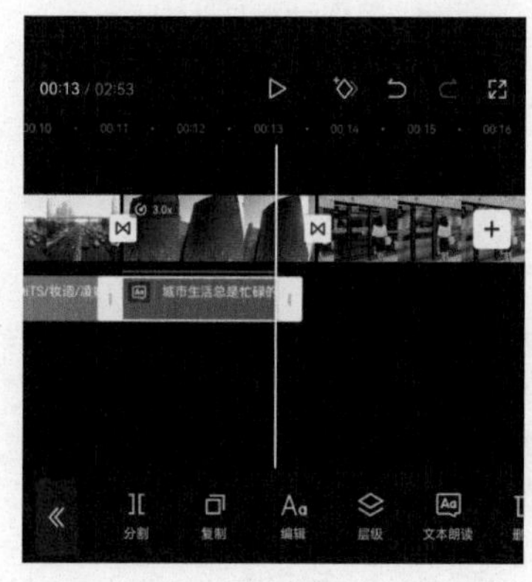

图 9-45

9.3.6 添加背景音乐和音效

下面将为视频添加背景音乐和音效，使视频更具感染力，主要使用剪映的“抖音收藏”“音效”功能，具体制作方法如下。

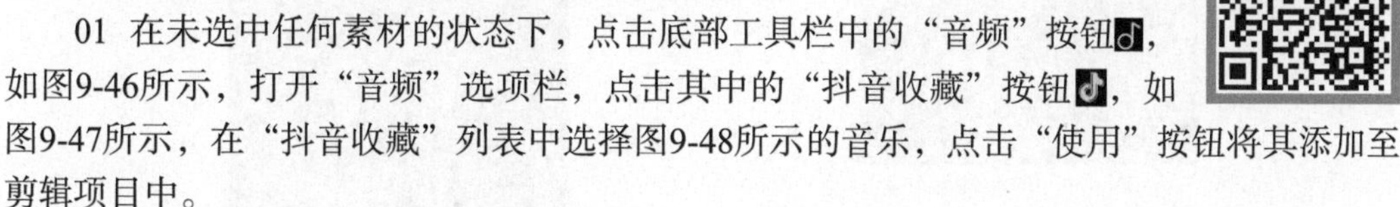

01 在未选中任何素材的状态下，点击底部工具栏中的“音频”按钮♪，如图9-46所示，打开“音频”选项栏，点击其中的“抖音收藏”按钮♪，如图9-47所示，在“抖音收藏”列表中选择图9-48所示的音乐，点击“使用”按钮将其添加至剪辑项目中。

02 将时间线移动至第19段素材的结尾处，点击底部工具栏中的“分割”按钮Ⅱ，再点击“删除”按钮▣将多余的音乐素材删除，如图9-49和图9-50所示。

03 将时间线移动至第1段素材的起始位置，点击底部工具栏中的“音频”按钮♪，如图9-51所示，打开“音频”选项栏，点击其中的“音效”按钮☆，如图9-52所示。

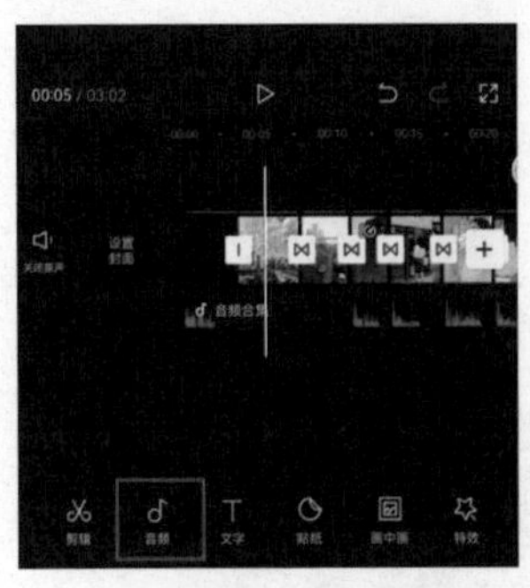

图 9-46

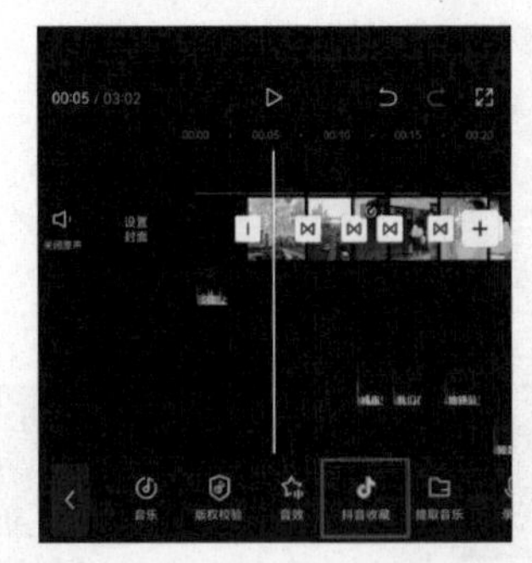

图 9-47

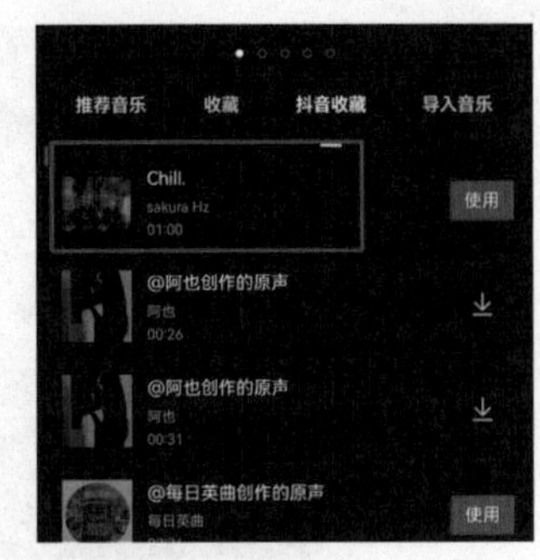

图 9-48

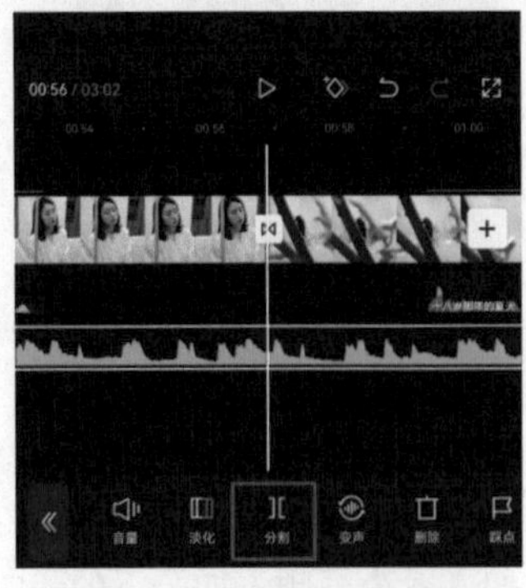

图 9-49

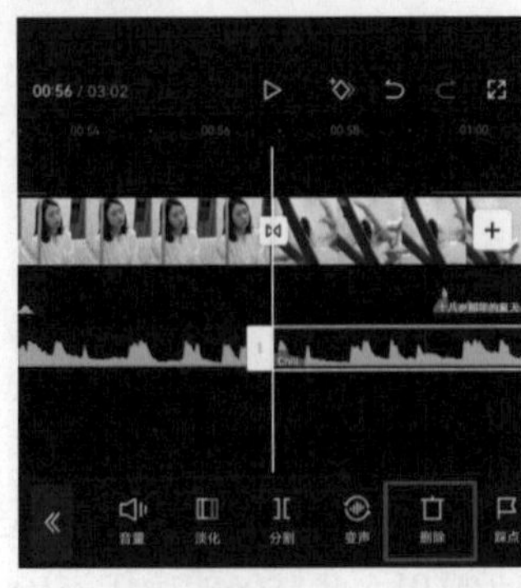

图 9-50

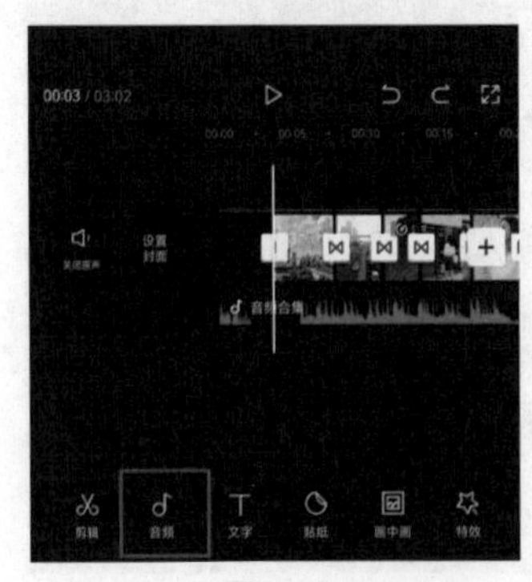

图 9-51

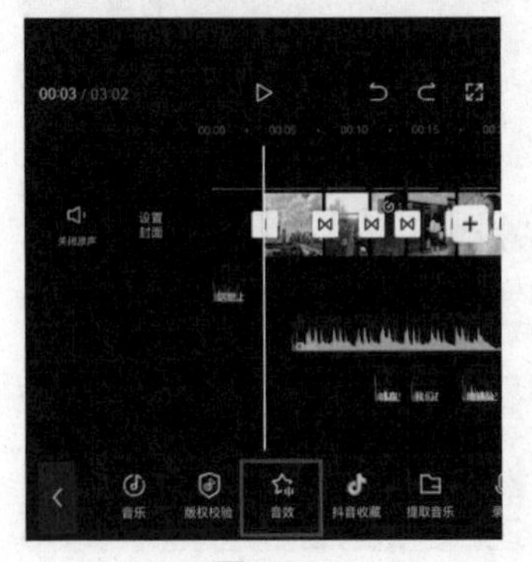

图 9-52

04 打开“音效”选项栏，在搜索框中输入关键词“车流”，点击键盘中的“搜索”按钮，如图9-53所示，在搜索结果中选择图9-54所示的音效，点击“使用”按钮将其添加至剪辑项目中。

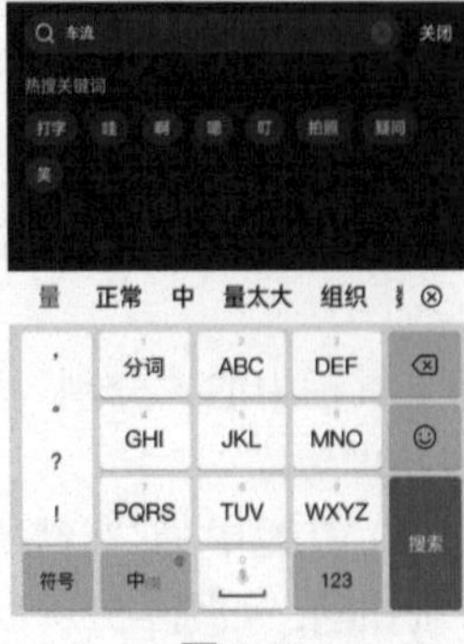

图 9-53

图 9-54

05 将时间线移动至第3段素材的结尾处，点击底部工具栏中的“分割”按钮，再点击“删除”按钮将多余的音效素材删除，如图9-55和图9-56所示。

06 将时间线移动至第20段素材的起始位置，参照步骤01和步骤02的操作方法为视频再添加一首合适的背景音乐。参照步骤03至步骤05的操作方法为视频中的其他素材添加音效。

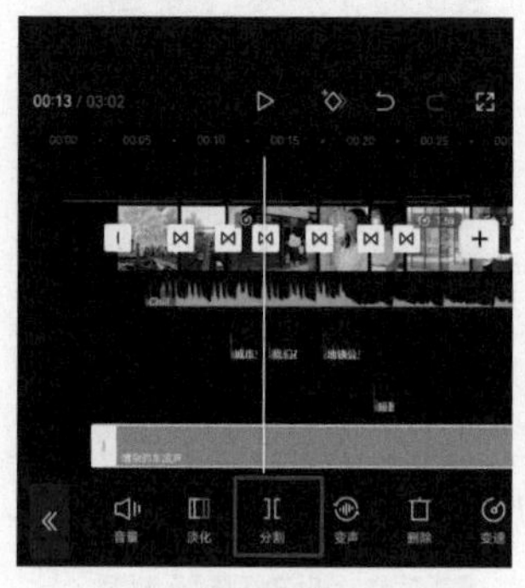

图 9-55

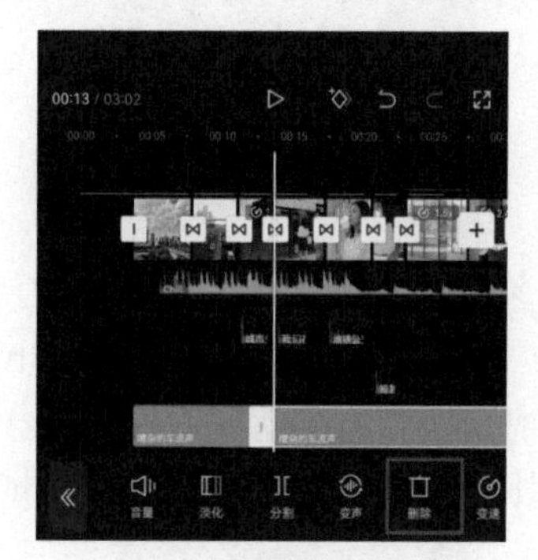

图 9-56

9.3.7 制作字幕滚动片尾

下面将为微电影制作字幕滚动片尾，主要使用剪映的“文字”“关键帧”“混合模式”功能，具体的制作方法如下。

01 参照9.3.1小节中步骤01和步骤02的操作方法，将“素材库”添加至剪辑项目中。进入视频编辑界面，点击底部工具栏中的“文字”按钮，打开“文字”选项栏，点击其中的“新建文本”按钮。

02 在输入框中输入需要添加的文字内容，点击切换至样式选项栏，将字号的数值设置为5，如图9-57所示。

03 点击“排列”选项，将字间距的数值设置为2，将行间距的数值设置为6，并在预览区域中将文字素材移动至画面的右侧，点击按钮保存操作，如图9-58所示。

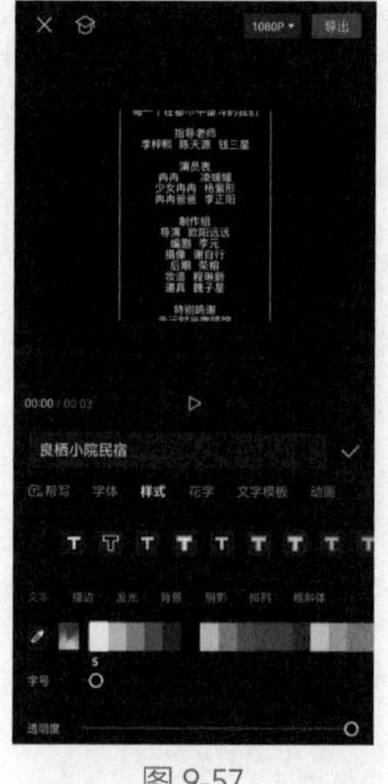

图 9-57

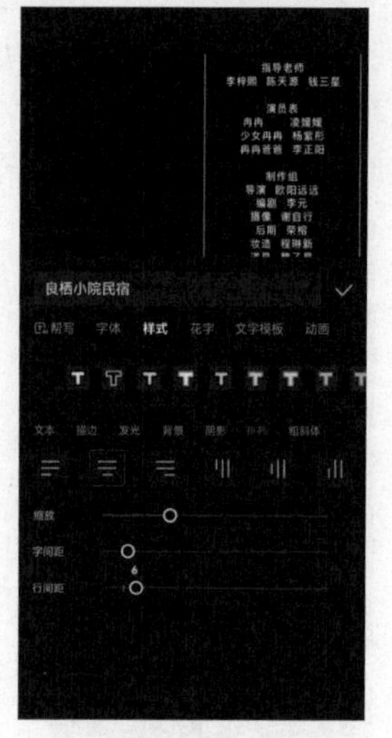

图 9-58

04 在时间线区域中选中黑场素材，将其右侧的白色边框向右拖动，并将其时长延长至18.3秒，如图9-59所示。参照上述操作方法调整文字素材的时长，使其长度和黑场素材的长度保持一致，如图9-60所示。完成上述操作后，点击界面右上角的“导出”按钮将视频保存至相册。

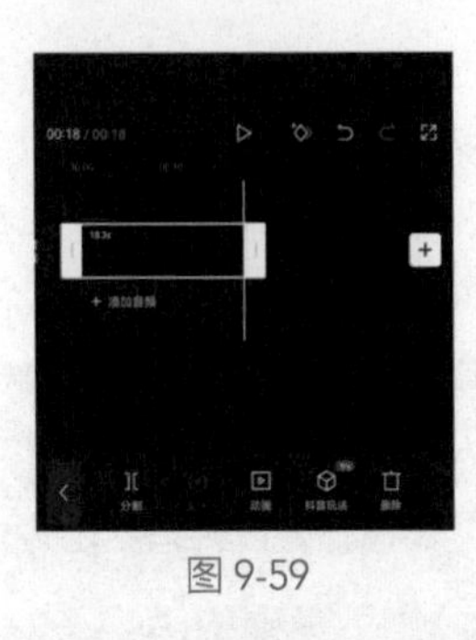
图 9-59

图 9-60

05 在剪映中打开微电影的剪辑项目，将时间线移动至最后一段素材的起始位置，如图9-61所示，选中视频素材，点击界面中的◇按钮，添加一个关键帧。

06 将时间线往后移动4秒左右，在预览区域用双指背向滑动，将画面放大，此时剪映会自动在时间线所在位置创建一个关键帧，如图9-62所示。

图 9-61

图 9-62

07 将时间线往后稍稍移动一点，如图9-63所示，点击界面中的◇按钮，添加一个关键帧。

08 将时间线往后移动4秒左右，在预览区域中将视频素材移动至画面的左侧，剪映会再次自动在时间线所在的位置创建一个关键帧，如图9-64所示。

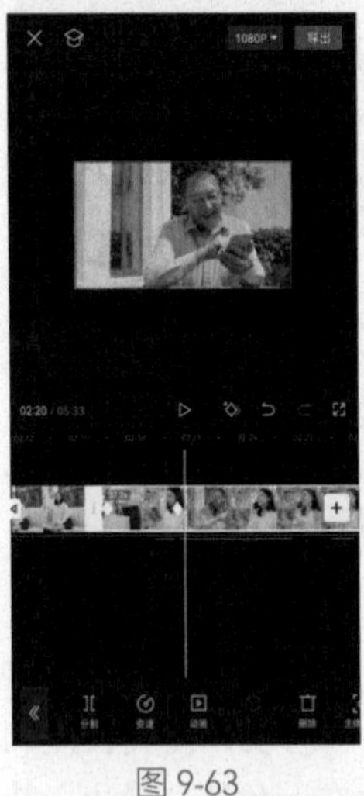
图 9-63

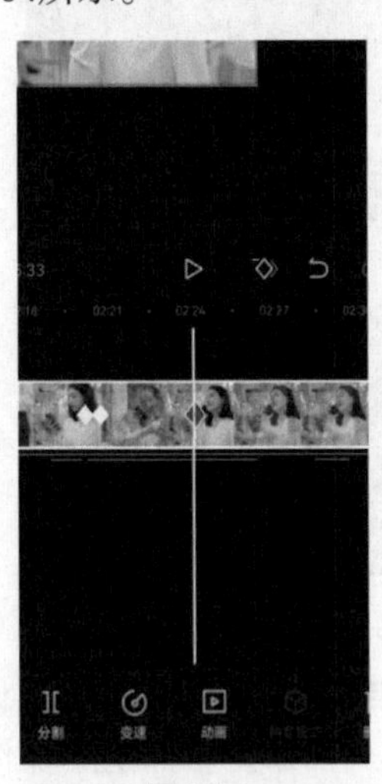
图 9-64

09 将时间线移动至2分35秒左右，在未选中任何素材的状态下，点击底部工具栏中的“画中画”按钮，再点击“新增画中画”按钮，如图9-65和图9-66所示。

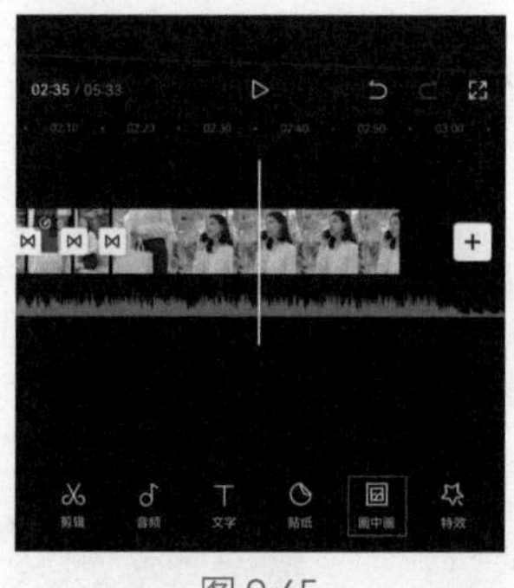
图 9-65

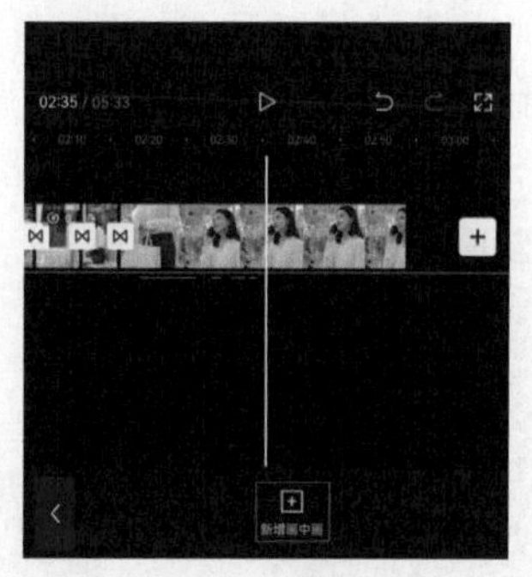
图 9-66

10 打开手机相册，将刚刚导出的文字素材添加至剪辑项目中，点击底部工具栏中的“混合模式”按钮，如图9-67所示，在“混合模式”选项栏中选择“滤色”效果，点击按钮保存操作，如图9-68所示。

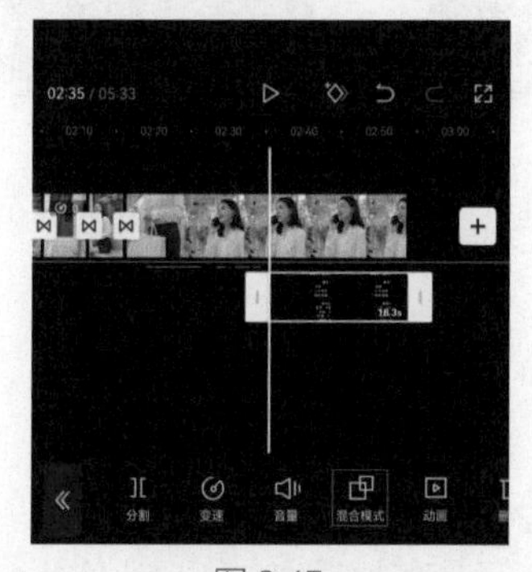
图 9-67

图 9-68

11 将时间线移动至文字素材的起始位置，在预览区域中将文字素材移动至画面的最下方，如图9-69所示，点击界面中的按钮，添加一个关键帧。

12 将时间线移动至文字素材的尾端，在预览区域中将文字素材移动至画面的最上方，此时剪映会自动在时间线所在位置再创建一个关键帧，如图9-70所示。

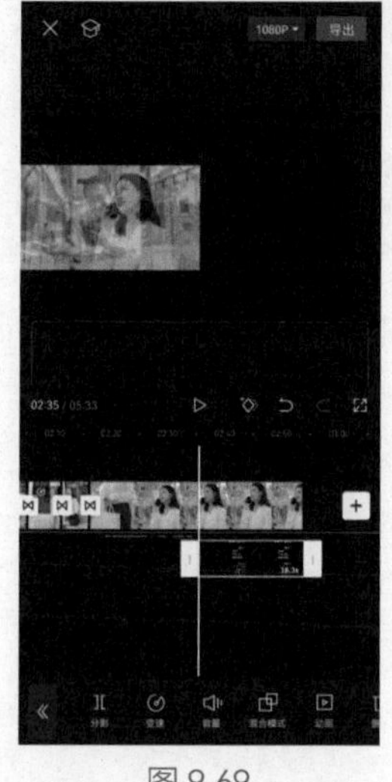
图 9-69

图 9-70

13 将时间线移动至视频的结尾，参照9.3.1小节中步骤01至步骤02的操作方法为视频添加一段时长为8.5秒左右的“家，是我们什么时候都可以回去的桃花源”字幕，并添加时长为8.5秒的“收拢”入场动画，如图9-71所示。

14 将时间线移动至文字素材的结尾，选中音乐素材，点击底部工具栏中的“分割”按钮，再点击“删除”按钮将多余的音乐素材删除，如图9-72和图9-73所示。

图 9-71

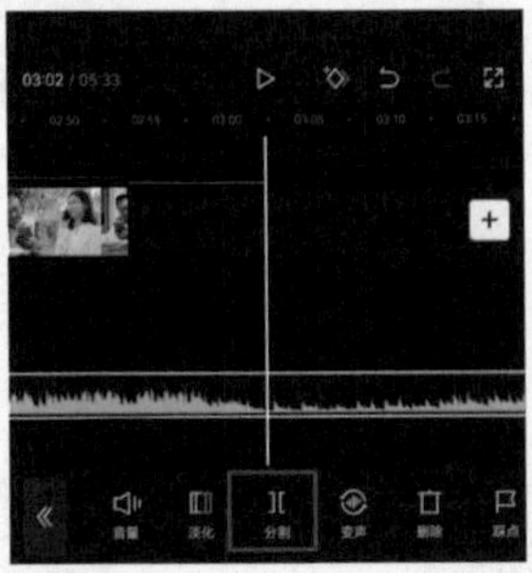

图 9-72

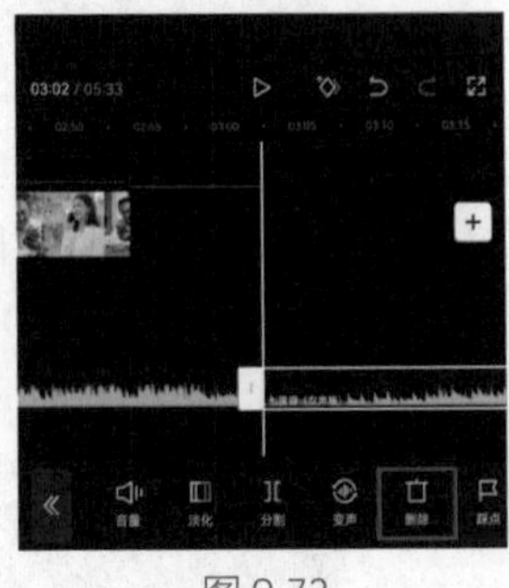

图 9-73

15 完成所有操作后，即可点击界面右上角的“导出”按钮，将视频保存至相册，效果如图9-74所示。

图 9-74

9.4 课后习题：制作青春校园微电影

试着根据本章所讲的知识，自行组建团队，策划、拍摄并剪辑一部青春校园微电影，熟悉并掌握微电影的创作方法。

第10章 短视频运营

短视频的内容固然重要，但想要让更多的用户看到，还需要进行推广。本章将对短视频推广中短视频的发布技巧、标题的写作技巧、封面的制作技巧、影响抖音推荐的主要因素、DOU+投放和变现渠道等内容进行系统讲解。通过对本章的学习，读者可以对短视频的推广有一个基本的认识，并能够快速掌握短视频推广的相关方法与技巧。

学习目标

- 了解短视频的发布技巧
- 掌握短视频标题的写作技巧
- 掌握短视频封面的制作技巧
- 了解影响抖音推荐的主要因素
- 了解 DOU+ 投放技巧和短视频变现渠道

10.1 短视频发布

短视频制作完成后就可以发布了，作为最后一个环节，千万不要以为点击“发布视频”按钮就可以了，发布时间、发布规律及是否@了关键账号都对短视频的热度有很大影响。

10.1.1 最佳发布时间

很多时候，同一类视频，在质量差不多的情况下，在不同时间发布，其播放量、点赞率、评论数等数据均会出现较大差异。这也从侧面证明了，发布时间对于一条视频的流量有较大影响。那么何时发布才能获得更高的流量呢？下面将从周发布时间、日发布时间这两个方面进行分析。

1. 从每周发布视频的时间进行分析

在可以保证稳定输出视频的情况下，最好是从周一到周日每天都发布一条甚至两条视频。但对个人短视频创作者来说，这个视频发布量是很难实现的。那么就要在一周内有所取舍，可以在一周中流量较少的那一天选择不发或少发视频。

笔者研究了一下粉丝数量在百万以上的抖音号在一周中发布视频的规律，总结出以下3点经验。

（1）周日发布视频的频率较低

其实很多抖音大号基本上每天都会发视频，因为这些账号多是由团队运营的。但仔细研究还是能够发现，他们在周日这天发布视频的频率明显低于其他时间。因为周日临近周一，大多数观众都会或多或少地开始准备进入上班的状态，所以他们刷抖音的次数会有所减少。

（2）周五、周六发布视频的频率较高

周五和周六这两天，大多数抖音大号的视频发布频率都较高。其原因可能在于，这两天大家都沉浸在放假的喜悦中，愿意用更多时间去消遣，所以抖音的打开率也会相对较高。

（3）周三也适合发布视频

在对大量抖音号的发布频率进行分析后笔者意外发现，很多抖音大号也喜欢在周三发布视频，这可能是因为周三是工作日的中间点，很多人会觉得过了周三，离休息日就不远了，他们会用一些时间来放松心情，所以抖音的流量也会有所提升。

图10-1所示为某抖音大号在一周各天发布视频的数量的柱形图，该图从侧面印证了笔者的上述分析。

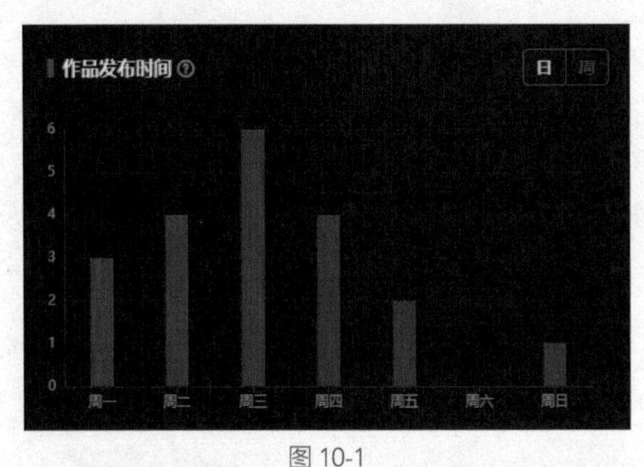

图 10-1

2. 从每日发布视频的时间进行分析

相比每周发布视频的时间，每天的发布时间其实更为重要，因为在一天的不同时段，拿手机刷视频的人数会有很大区别。举个最简单的例子，夜间12点以后，绝大多数人都已经睡觉了，如果此时发视频，那么必然是没有什么流量的。

笔者对大量抖音大号的视频发布时间进行分析，总结了以下3点经验。

（1）发布视频的时间主要集中在17点～19点

大多数抖音大号集中在17点～19点这一时间段发放视频，原因在于，抖音的大部分用户都是上班族，而上班族每天最放松的时间应该就是下班后坐在地铁或者公交车上的这段时间。这个时候，很多人都会通过刷抖音上的有趣的短视频来缓解一天的疲劳。

（2）11点～13点也是不错的发布时间

首先强调一点，抖音上大部分的视频都在18点～20点发布，所以相对来说，其他时间段的视频发布量都比较少。但11点～13点这个时间段也算是一个小高峰，会有一些账号选择在这个时间段发布视频。这个时间段同样是上班族休息的时间，大家可能会利用碎片时间刷一刷短视频。

（3）21点以后更适合教育类账号发布视频

笔者在搜集到的数据中发现了一个比较特殊的情况，那就是教育类的抖音号往往会选择在21点以后发布视频，如图10-2所示。

分析其原因，虽然17点～19点看视频的人多，但大多数人都是为了休闲放松一下。而吃过晚饭后，一些上班族为了提升自己，就会花时间看一些教育类的内容，此时家中的环境也比较安静，适合学习。

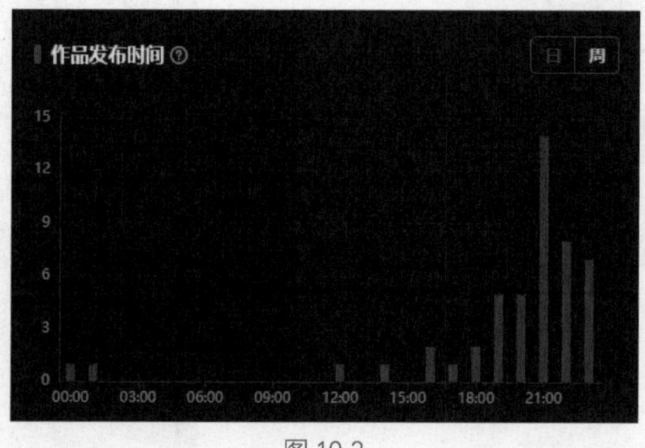

图 10-2

10.1.2 @抖音小助手

“抖音小助手”是抖音官方账号之一，专门负责评选关注度较高的热点短视频，而被其选中的短视频均会出现在每周一期的“热点大事件”中。所以，在发布的每一条短视频中都@抖音小助手，可以增加被抖音官方发现的概率，一旦被其推荐，就可以极大地提高自己的短视频上热门的概率。

即便没有被官方选中，多看看“热点大事件”中的内容，也可以从大量热点视频中学习到一些经验。

另外，“抖音小助手”这个官方账号还会不定期发布一些短视频制作技巧，短视频创作者可以从中学到不少实用的知识，如图10-3所示。

下面介绍@抖音小助手的详细步骤。

01 搜索“抖音小助手”并关注，如图10-4所示。

02 选择自己需要发布的短视频后，在视频发布界面中点击“@朋友”选项，如图10-5所示。

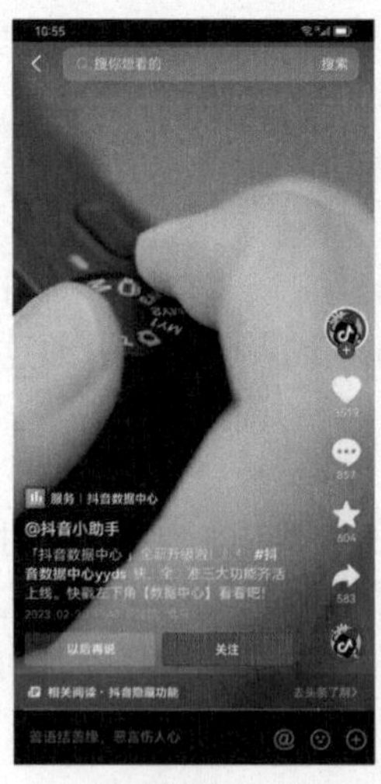

图 10-3

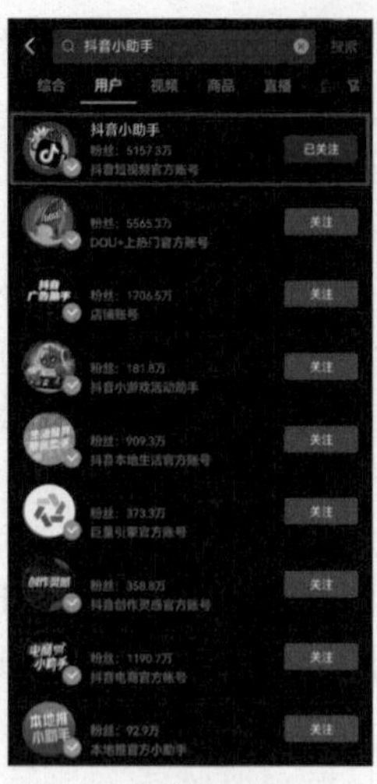

图 10-4

图 10-5

03 在好友列表中找到或直接搜索“抖音小助手”，如图10-6所示

04 @抖音小助手成功后，其将以黄色字体出现在标题中，如图10-7所示。

图 10-6

图 10-7

10.1.3 抓住热点的技巧

短视频文案内容要紧贴热点，在发布视频时有以下两个抓住热点的小技巧。

1. @相关的人或官方账号

上面已经提到，@抖音小助手可以参与每周热点视频的评选，短视频一旦被选中即可增加流量。如果为某个视频投放了DOU+，还可以@DOU+小助手，如图10-8所示。如果视频足够精彩，还有可能获得额外流量。

虽然在大多数情况下，@某个人主要是为了提醒其观看这个视频，但当@了一位热点人物时，表明该视频与这位热点人物是有一定关联的。借用热点人物的热度来增加自己视频的流量，这也是一种常用的抓住热点的方法。

2. 参与相关话题

每一个视频都会有所属的领域，所以参与相关话题几乎是发布每个视频时都必须要做的操作。

比如发布一个有关Photoshop（PS）操作的视频，那么参与的话题可以是“电商设计”“平面设计”“ps教程”等，如图10-9所示；而发布一个关于传统手工艺的视频，参与的话题就可以是“传统文化”“手艺人”等，如图10-10所示。

图 10-8

图 10-9

图 10-10

如果不知道自己的视频参与什么话题能够吸引更多的流量，可以参考一下同类的高点赞量视频所参与的话题。参与话题的方式非常简单，只需要在视频发布界面中点击“添加话题”选项，然后输入所要参与的话题即可。

10.1.4 稳定输出作品

如果想从零开始经营一个抖音号或者快手号，那么持续、有规律地发布视频是一个基本要求。持续、有规律地发布视频有以下3个好处。

1．培养观众黏性

每天下午5点准时发布视频，持续1个月左右，你的观众就会养成习惯，每天5点准时等着观看最新视频。

有人会疑惑为什么很多短视频大号下方都会有催更的留言，因为观众对其制作的视频内容产生了依赖，每天这个时候就等着更新视频，抢着先评论，如图10-11所示，要是没有看到视频就觉得好像少了点什么。而这种黏性，就是靠着有规律地、持续地发布优质视频而形成的。

一旦账号具有了这种黏性，即便内容质量有所起伏，也可以在较长一段时间内获得稳定的流量。

2．获得平台推荐

一些账号经营者在开始的一两个星期劲头比较足，能够保证每天发布视频，并且获得了还不错的流量。但也许存在各种原因，导致无法持续输出内容，当1个月后再发视频时，流量也许就会严重减少。

除了在这个月内粉丝有所流失导致流量减少外，更重要的原因在于，当平台监测到你无法稳定提供内容后，就会降低你的视频的推荐优先级，导致在发布视频后流量不理想。

所以，持续、有规律地发布视频，将有利于获得平台的推荐，增加视频的流量。

3．受众特点突出

发布视频的规律性除了是指发布时间具有一定的规律外，还指发布的内容具有一定的规律。短视频经营最忌讳的就是“东一锄头，西一棒子”。让每一次发布的视频内容都属于同一垂直领域，这样获得的粉丝或者是经常看你视频的观众就会具有鲜明特点，有着很强的共性。比如一个美食类视频号，每次都发布美食类的视频，如图10-12所示，那么其受众就主要是对美食感兴趣的人群，从而为今后的变现打下基础。

图 10-11

图 10-12

10.2 标题和封面

短视频的封面和标题是夺取用户视线的关键，封面和标题是否吸引人，决定了有多少人会点开这条视频，也就决定了视频的浏览量。

10.2.1 标题的写作方法

一个好的标题不仅要紧贴主题内容，还要有足够的吸引力，下面将讲解如何撰写标题。

1．5 个写出好标题的关键点

（1）突出视频解决的具体问题

一条视频的内容能否被观众接受，往往在于其是否解决了具体的问题。对于一条解决了具体问题的视频来说，一定要在标题上表现出这个具体问题是什么。

比如科普类的视频，就可以直接将科普的问题作为标题，例如“为什么没有绿色的哺乳动物?”，如图10-13所示，“地下12376米到底有什么”等；而对于护肤类产品的带货视频，则可以直接将这个产品的功效写在标题上，同样也要以解决问题为出发点，比如“干皮好物|让皮肤嫩到心坎儿里的精华分享”，如图10-14所示。

（2）标题要留有悬念

如果将视频的核心内容全部都展示在标题上了，那么观众也就没有打开视频的必要了。因此，在写标题时，一定要注意留有一定的悬念，从而利用观众的好奇心驱使其打开这条视频。

比如上面介绍的直接将问题作为标题，其实除了突出了视频所解决的问题以外，还给观众留有了一定的悬念。也就是说，如果观众不知道问题的答案，又对这个问题感兴趣，就大概率会点开视频去观看。这也从侧面解释了很多标题都是问句的形式的原因。

但保持悬念的方法绝不只限于问句，比如“两个实操方法，彻底破除假努力，让你高效学习！”（见图10-15）这个标题就会引起观众的好奇心——“这两个方法到底是什么”，从而点开视频观看。

图 10-13

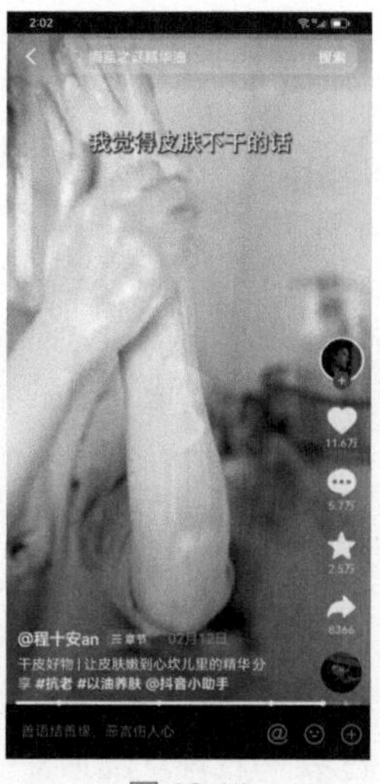

图 10-14

图 10-15

（3）加入高流量关键词

任何一个垂直领域都会有流量相对较高的关键词。比如美食领域，“家常菜”“减肥餐”“营养”等（见图10-16）都有比较高的流量，用在标题里会让视频更容易被搜索到。

另外，如果不确定哪个关键词的流量更高，不妨在抖音搜索栏中输入几个关键词，然后点击界面中的“视频”选项，数一数哪个关键词下的视频数量更多。

（4）追热点

“追热点”这一标题撰写思路与“加入高流量关键词”有相似之处，都是为了提高观众看到该条视频的概率，毕竟哪个话题讨论的人数多，哪个话题的受众基数就会更大。

但二者的不同之处在于，所有领域都有自己的高流量关键词，但并不是所有领域都能借用且成为热点。如科技领域的账号去蹭艺人的热点就很难出效果，但像图10-17中的财经博主，他在世界杯期间分析世界杯背后的经济学，这个热点就借助得很合适。

图 10-16

图 10-17

（5）利用名人效应

名人本身是自带流量的，通过关注名人的微博或抖音号、快手号等，发掘他们正在用的物品或者去过的地方，然后在相应的视频标题中加上“某某名人在用的……”或者“某某名人常去的……”内容。有这样标题的视频的流量一般都不会太低，但需要注意的是，不要为了流量而假借明星进行宣传。

2．好标题的 3 个特点

（1）尽量简短

观众不会将注意力放在标题上很长时间，所以标题要尽量简短，并且要将主要内容表达清楚，让观众一目了然。

在撰写标题时，切记要将最吸引人的点放在前半句，比如“一套嫁妆值一套房，传统苗银饰品是怎么打造出来的”，如图10-18所示，其通过“一套嫁妆值一套房”来引起观众的好奇心，让观众好奇是什么嫁妆值一套房子，所以将其放在前半句会在第一时间抓住观众的注意力。

（2）摆数字

通过摆数字，如“5秒就能学会”“3个小妙招”“400米高空”等（见图10-19），可以让观众直接知道大概的视频内容，从而在潜意识中认为这个视频有“干货”。

另外，如果要表现出专业性，也可以加入数字。比如“从业11年的美容师告诉你更有效的护肤方法”；带货视频则可以通过数字表现产品效果，比如“每天使用5分钟还你一个不一样的自己”等。

（3）采用问句

采用问句既可以设置悬念，又可以表明视频的核心内容。可以说，问句是最常用的一种标题格式。观众看到问句格式的标题，往往会受好奇心的驱使点开视频进行观看。

需要注意的是，问句格式的标题并不仅限于科普类或者教育类账号使用，比如“为什么渴死也不能喝海水?”（见图10-20），同样可以勾起观众的好奇心。

事实上，几乎任何一个视频都可以用问句来作为标题。但如果发布的所有视频的标题都是类似格式，会让观众觉得单调和乏味。

图 10-18

图 10-19

图 10-20

10.2.2 封面的制作技巧

一个合格的封面需要满足主题明确、画面清晰、背景简单、文字精简等条件。在有人物出镜的情况下，常见的封面布局如图10-21～图10-23所示。可以看到，一般情况下，人物会占到画面的1/3以上，正脸面对镜头，且周围会配上醒目的标题或关键字等。

如果视频中没有人物出镜，如测评、好物分享、美食等类型的视频，那么常见的封面布局如图10-24～图10-26所示，主要以简洁的构图来凸显主体。

图 10-21

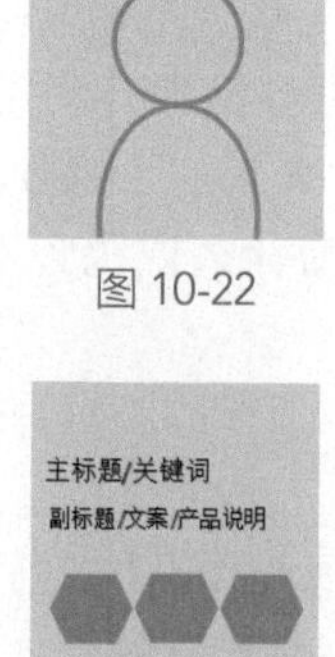

图 10-22

图 10-23

图 10-24

图 10-25

图 10-26

在人物和美食、宠物等同时出镜的境况下，画面依然以人物为主，美食、宠物等应放在突出位置，不宜过小，如图10-27和图10-28所示。在做美妆类视频时，常见的布局方式是将人物妆前妆后的对比图并列排放，如图10-29所示。

图 10-27

图 10-28

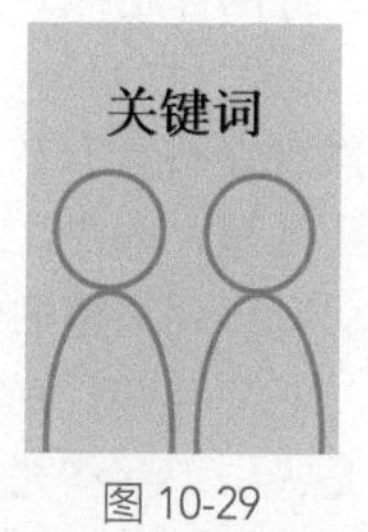

图 10-29

10.3 影响抖音推荐的因素

被抖音平台推荐的关键性指标有社交圈转发、完播率、点赞率、评论数、转发量、关注人数等。接下来就围绕这几个关键性指标进行详细讲解，以帮助各位创作者获取更多的推荐机会。

10.3.1 社交圈转发

社交圈转发主要建立在用户的喜好基础上，想要收获更多的播放量，就需要动用自己的人脉关系对视频进行转发，这是抖音推荐机制中的一个核心指标。

平时可以加入一些相关的微信群，多在群内进行互动，短视频作品发布后，及时分享到这些群中；或者创建抖音互助群，发布了新内容后，与群内成员相互分享、点赞，实现互利共赢。

10.3.2 完播率

完播率也是一个重要指标，是指视频完整播放的总次数，它在一定程度上反映了视频的质量。在不违反抖音正常推荐规则的前提下，视频完播率越高，视频的点赞率、评论数和转发量也会越高，并且能直接决定这个视频是否能进入新的流量池。

提升完播率对短视频来说至关重要，完播率提高了，短视频就会获得更多的流量并被推荐给更多人。在保证短视频完整的前提下，应当尽可能地缩短视频的长度，提升完播率有以下3个要点。

1．视频时长较短

相对长视频来说，时长短的视频更容易提升完播率。假设一个视频的时长为1分钟，用户只看了30秒，那它的完播率是50%；如果这个视频的时长为30秒，一个用户看了20秒，那么它的完播率是2/3，即67%。这就是为什么说视频不是越长越好，因为较短的视频的完播率会高一些。

但也不是说视频越短越好，仅有两三秒的幻灯片也是不行的，抖音有一个说法是“不满七秒的视频没权重”，这个说法也并不是完全没有道理，几秒和几十秒的视频完播率的权重是不能相提并论的。一般情况下，短视频作品的时长最好控制在10秒～20秒，或者8秒～15秒，时长在这两个区间的视频的完播率是最高的。

抖音里还有一个“黄金6秒”原则。“黄金6秒”是指超过90%的用户在观看短视频时，看到第6秒就会决定是否划走。下面总结了一些把握好“黄金6秒”的技巧，仅供参考。

（1）视频的主题内容尽量在开头就表现出来，不要拖沓。

（2）注意配乐，尽量使用抖音的热门音乐。

（3）要善于用视频封面抓住用户的眼球，突出视频主题。

（4）好的标题或开头文案能吸引人继续看下去，如图10-30所示。

2．视频内容完整

虽然现在抖音开放了180秒视频的权限，但大部分视频的时长还是10秒～15秒。无论视频是长还是短，都要注意，必须保持视频内容的完整性。视频时长可以很短，但必须保证用户看完后能得到完整的信息，并有所收获。

3．最重要的内容放在最后

这是吸引观众看完视频最有效的办法，但前提是视频内容能勾起用户看到最后的欲望，下面有3个小技巧。

（1）内容分点说明

比如，一条分享生活小妙招的视频，如果在标题中告诉用户视频中会有几个实用的妙招，用户就会想知道究竟是哪几个或自己是否全部知道。同时，如果把最有用的技巧放在最后，用户就会很容易被吸引而看完整个视频，如图10-31所示。

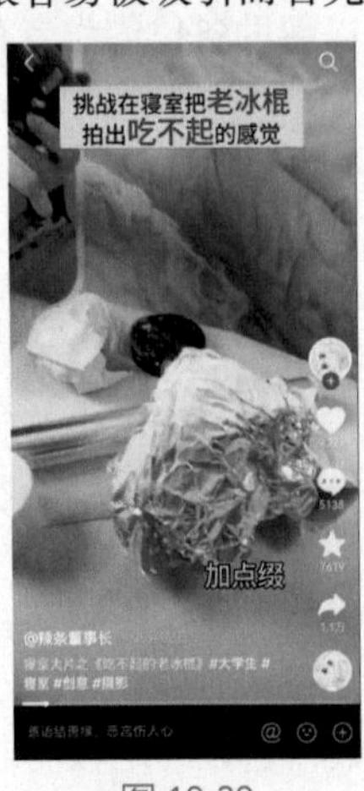

图 10-30

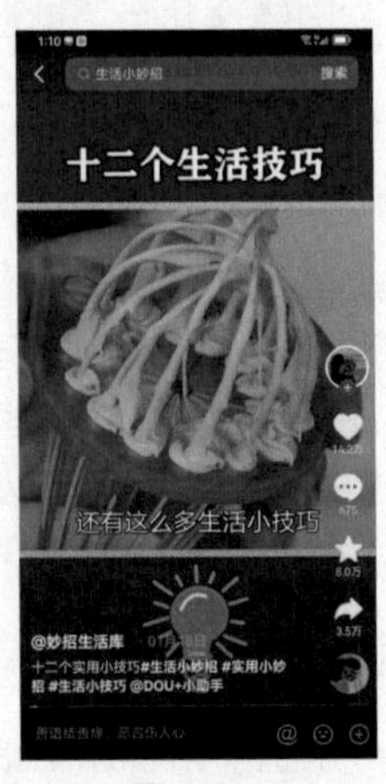

图 10-31

（2）在标题中提出问题

在标题中提出问题，比如“你真的知道×××吗?”用户如果想知道这件事，就能坚持看完视频，如图10-32所示。

（3）在标题中写上“一定要看到最后”

如果直接在标题中写上“一定要看到最后”，如图10-33所示，用户就会产生好奇心并坚持看到最后。在抖音中搜索这类视频，会发现这类视频的点赞数都很多。由此可见，这个方法有效，可以尝试一下。当然，前提是视频结尾一定要有惊喜，不然用户不会点赞，下次也不会观看了。

图 10-32

图 10-33

10.3.3 点赞率

抖音点赞率的计算公式：点赞率=点赞量/播放量。根据抖音推荐机制，点赞率为3%～5%就是非常优质的作品，会被系统不停地推荐。相反，点赞率过低的作品系统将不再进行推荐。下面介绍两个提升点赞率的技巧。

1．利用用户的收藏心理

如果用户给一条视频点了赞，那么该视频就会被收藏在“个人中心”的“喜欢”列表里，所以有时点赞不仅代表喜欢，还代表收藏。用户在希望以后还能看到同一个视频的时候会选择收藏视频。比如对于知识类视频，当用户觉得其中的内容会有帮助的时候就会收藏，不然以后可能就找不到了。激发用户的这种心理，就能让用户主动点赞。

2．表达情绪

不管是搞笑类视频，还是情感类视频，其实都是在表达一种情绪。如果视频中表达的情绪能让用户感同身受，用户就会点赞视频。例如：某抖音博主在视频中展示自己绘画的才艺，如图10-34所示，同时借助绘画作品抒发了自己对自然风光的亲近和向往之情，同样向往投身自然风光的用户在观看时就很愿意为视频点赞。

图 10-34

提升点赞率有个需要注意的地方，就是视频的发布时间，在不同的时间段发布视频，获得的点赞数是有很大差别的。一般来说，下午一点（13:00）和晚上六点（18:00）是点赞高峰期。通过数据平台的研究分析，大部分视频的点赞数都在700以下，超过1万的其实并不多，按照抖音短视频推送的算法规则，如果在前1000个推荐量范围内视频点赞率比例高的话，系统会对应地推送下一波的流量。因此前1000个推荐量的点赞率很重要，创作者要掌握好视频发布的时间，在高峰期发布视频能够有效提升视频的权重及上热门的机会。

10.3.4 评论数

每个“爆款”视频下都会有一条令人眼前一亮的“神评论”，这类评论会吸引用户重复观看视频，因为在打开评论区时，视频是一直在循环播放的。但有时视频的完播率、点赞率都很高，评论数却很少，原因有两方面：一是信息少，用户无法从视频中获取更多的信息；二是话题感弱，用户没有想要参与互动的欲望。这时，可以从这两方面入手来增加评论数。

1．增加信息量

在刷抖音时，可以发现某些博主说话的语速非常快，这是因为加快语速可以在短时间内表达大量的观点，这就大大增加了视频的信息量。观点越多，用户获取的信息也就越多。当信息较多时，或多或少都会有一些观点与用户产生共鸣或者引发争议，这时，用户就会通过评论来表达自己的观点。

2．制造话题

在视频中制造话题能非常有效地引发用户进行互动。比如，图10-35所示的视频，视频中的话题就是“南北方买菜的差异”，通过演绎一个现象来激发用户讨论的欲望。当用户经历过时就会表示“还真是这样！”，而当用户没有经历过的时候就会表示“还能这样？”，无论用户是否有过类似的经历，只要制造了话题，用户都会很愿意参与评论。

图 10-35

10.3.5 转发量

转发就意味着用户对视频内容的认可，用户保存这些内容或者分享给朋友观看，可以扩大视频的传播范围。如果内容足够优质，视频很可能会被二次转发，甚至会被三次转发，视频的曝光度和影响力也就越来越大。

如果能有效地增加评论数，那么增加转发量也很容易理解。可以通过同样的思路来增加转发量，这个思路就是增加话题，引起用户的表达欲望与认同感。认同感，是指这条视频让用户感同身受，说出了用户一直想说的话。而当视频的话题感或用户对其的认同感足够强的时候，用户就会转发，让更多人看到自己认同的东西。

10.3.6 关注人数

首先，对抖音博主来说，粉丝越多，账号的价值越高，能带来的回报自然也就越高。以低门槛的抖音电商带货来说，想要开通抖音电商带货功能，最简单的方法就是开通抖音商品橱窗，除了实名认证及发布视频外，账号还需要满足粉丝数大于1000的需求（1000个粉丝的目标不算太高，大多数人都能完成）。只有满足这些条件，才能在短视频中添加商品链接并售卖商品，或者在直播间售卖商品，完成变现，这是抖音粉丝数量增加较直接的好处之一。

其次，就是当抖音粉丝数量增加之后，不用担心没有货源，很多商家看到账号的流量不错后就会来找你。但是在选择商品的时候，一定要检查质量，保证自己卖的东西是正规的，不能让粉丝买到假货和残次品。如果自己有货源那就更好了，这样利润更高，而且可以开直播卖货，不仅提升了账号的人气，还能让利益最大化。

除了卖货，粉丝多的账号还能接各种广告，如帮忙推广某款游戏、某个App等。拍摄一条软广告发布到自己的抖音账号中，广告收入主要由粉丝量决定。目前，抖音上大多数账号都是以这种方式变现的，如图10-36所示。

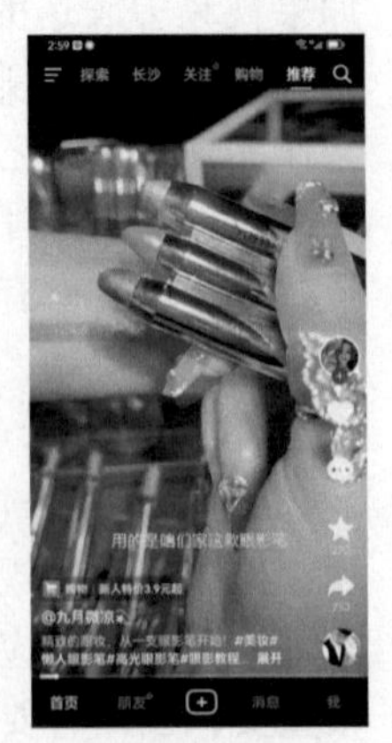

图 10-36

除以上几点外，粉丝数量持续增长，说明账号持续被用户喜欢和关注。系统会根据用户对账号的喜爱程度提升账号的权重，账号及其内容相应地会获得更多推荐。不管是直播带货还是短视频带货，拥有大量的粉丝都是变现的一大助力。获取粉丝是做抖音账号的主要目的，粉丝数量代表了一个抖音账号的影响力，也是账号变现的基础。

10.4 DOU+ 投放

众所周知，像抖音或者快手这样的平台都有一个“流量池”的概念。以抖音为例，最小的流量池的要求为300次播放，当这300次播放的完播率、点赞率和评论数达到要求后，对应视频才会被放入3000次播放的流量池中。

于是，就有可能出现这样的情况：自己认为做得还不错的视频，播放量却始终上不去，抖音也不会再给这个视频提供流量。此时就可以花钱买流量，让更多的人看到自己的视频，这项花钱买流量的服务就是DOU+。

10.4.1 投放入口

在开始投放之前，首先需要做的就是找到DOU+的投放入口。在观看视频时，点击界面右侧的“分享”按钮⋯，如图10-37所示。在打开的浮窗中点击“上热门”按钮DOU+，如图10-38所示，即可进入DOU+投放页面。

DOU+的收费是完全按照增加的流量来计算的，100元可以增加5000次左右的播放量。

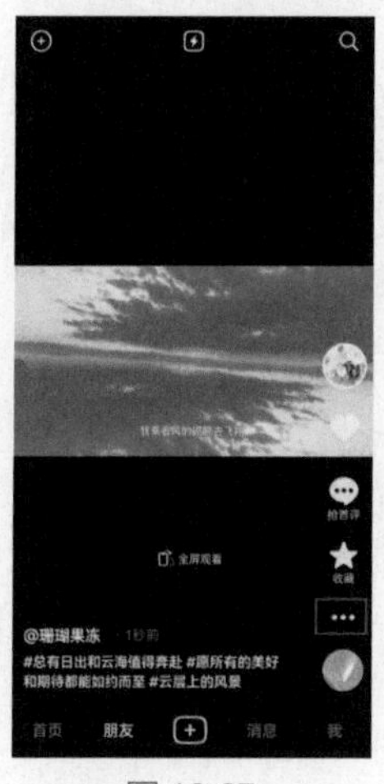

图 10-37

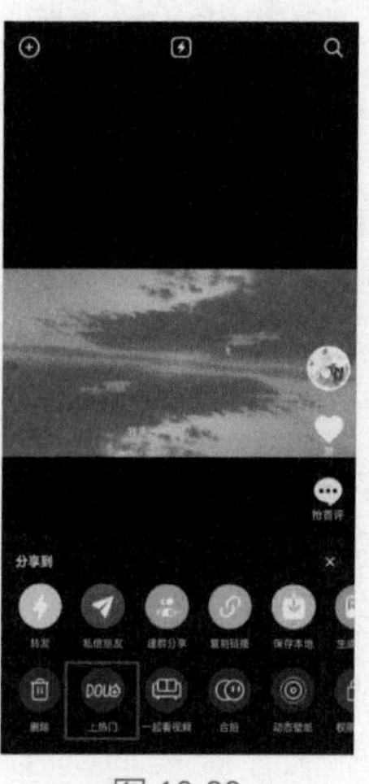

图 10-38

10.4.2 投放设置

在确定DOU+的投放模式后，接下来需要进行各项参数的详细设置，首先要考虑的就是“期望提升”和“投放时长”，然后是“潜在兴趣用户”。

1. “期望提升”选项的设置思路

在图10-39所示的界面中点击“期望提升”选项，即可在底部浮窗中看到具体的目标选项，如图10-40所示。当选择某一选项后，抖音就会将视频推送给大概率可以增加相关指标的观众。当选择“主页浏览量”选项后，就会将视频推送给喜欢在主页中选择不同视频浏览的人群；当选择“点赞评论量”选项后，系统会将视频推送给那些会经常点赞或者评论的观众等。

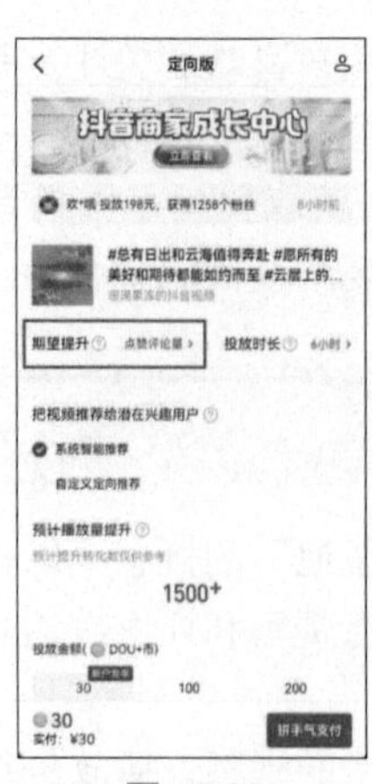

图 10-39

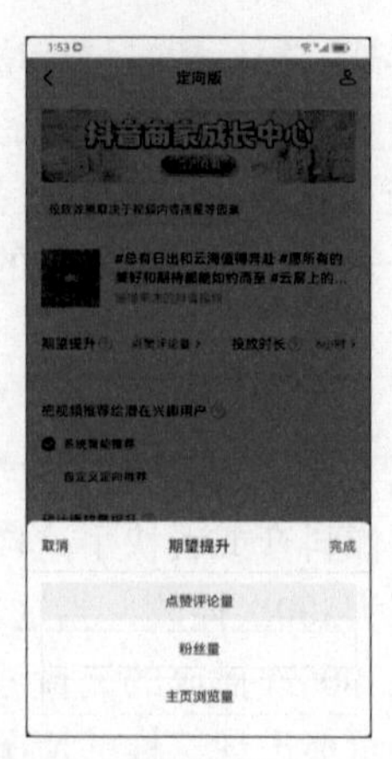

图 10-40

如果想让自己的视频被更多的人看到，比如带货视频，建议选择“点赞评论量”选项，这时有人可能会有疑问，投DOU+的播放量不是根据花钱的多少决定的吗？为何还与选择哪一种“投放目标”有关？不要忘记，在花钱买流量的同时，如果这条视频的点赞数和评论数够多，系统会将该视频放入播放次数更多的流量池中。

比如，投了100元DOU+，增加了5000次播放量，在这5000次播放量中如果获得了几百个赞或者几十条评论，那么系统就很可能将这条视频放入下一级流量池，从而进一步增加播放量。而且对于带货类短视频来说，关键在于让更多的人看到视频，从而增加成交单数。至于看过视频的人是否会成为帐号的粉丝，其实并不重要。

而如果你经营一个专注做内容的账号，希望通过优质的内容吸引更多的粉丝，然后通过植入广告进行变现，那么建议选择“粉丝量”选项，逐步建立起账号变现的资本。

如果已经积累了很多优质的内容，并且运营初期优质内容没有体现其应有的价值，就可以选择“主页浏览量”选项，让观众有机会发现该账号以前发布的优质内容。

2. “投放时长”选项的设置思路

投放时长主要根据时效性和投放的时间段来确定。比如一条新闻类的视频在短时间内大面积推送，这样才能获得最佳的推广效果。

如果所做的视频主要面向上班族，而他们刷抖音的时间集中在17:00～19:00这段在公交车或者地铁上的时间，或者是21:00以后这段睡前时间，那么就要考虑所设置的投放时长能否覆盖这些高流量时间段。点击“投放时长”选项，如图10-41所示，即可在底部浮窗中看到“2小时”“6小时”“12小时”“24小时”4个选项，如图10-42所示。

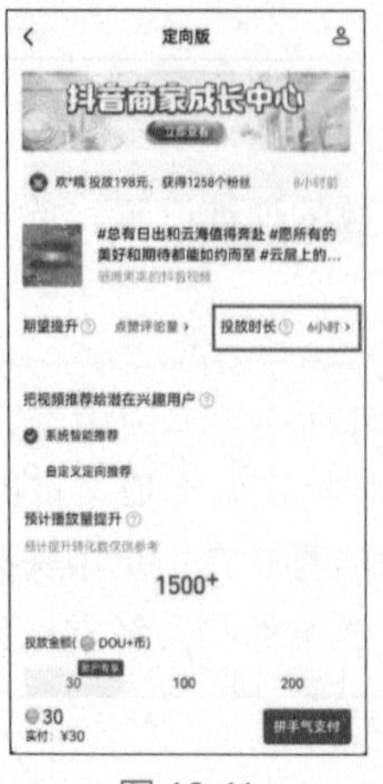

图 10-41

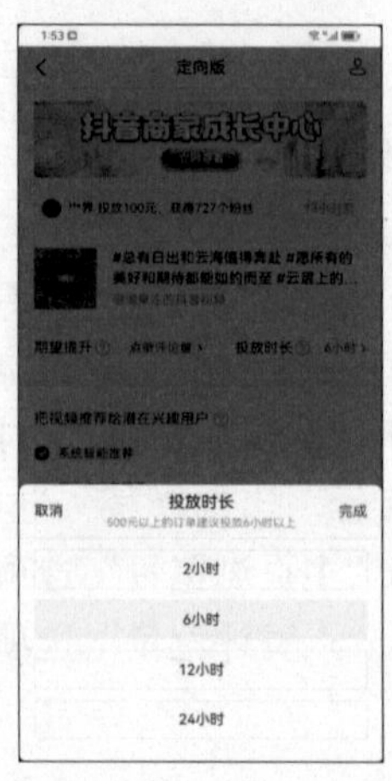

图 10-42

3．“潜在兴趣用户”选项的设置思路

“潜在兴趣用户”选项中包含两种模式，分别为“系统智能推荐”和“自定义定向推荐”。

（1）系统智能推荐

“系统智能推荐”选项是DOU+的默认选项，比较适合那些覆盖范围较广的视频，不包含对性别、年龄、地域等属性的细分设置。

（2）自定义定向推荐

在该选项中，可以详细设置视频推送的目标人群，对于绝大多数有明确目标受众的视频来说，建议选择此种推送模式。其中包含性别、年龄、地域、兴趣标签和达人相似粉丝5种细分设置，基本可以满足精确推送视频的需求。

以美妆类带货视频为例，如果希望通过DOU+进行更精准的投放，可以将“性别”设置为“女”；“年龄”设置为18～30岁（可多选）；“地域”设置为“全国”；“兴趣标签”设置为“美妆”“娱乐”“服饰”等；“达人相似粉丝”可以选择美妆领域的头部账号，如“陶鹿鹿”“起司姨太”等，从而让视频出现在目标账号粉丝的推荐页面。

需要注意的是，增加限制条件后，流量的购买价格也会上升。比如，所有选项均为“不限”，则100元可以获得5000次左右的播放量，如图10-43所示；在限制“性别”和“年龄”后，100元能获得4000次左右的播放量，如图10-44所示；当对“兴趣标签”进行限制后，100元只能获得2500次左右的播放量，如图10-45所示。

所以，为了获得最高性价比，一般来说，只需限制“性别”和“年龄”即可。但针对具体视频还应具体分析，读者可选择不同模式分别投放100元，然后计算一下不同方式的回报率，以确定最优设置。

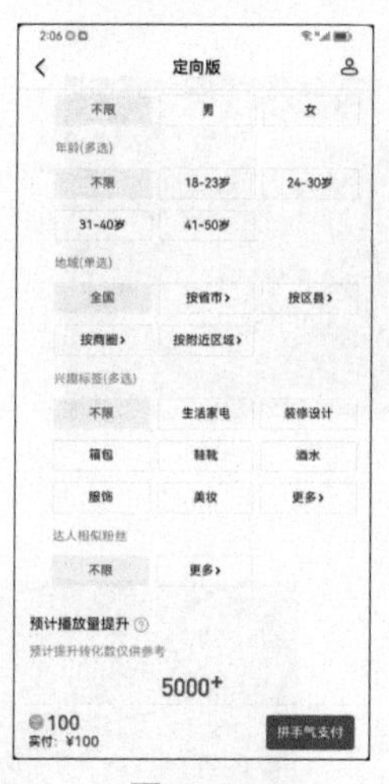

图 10-43

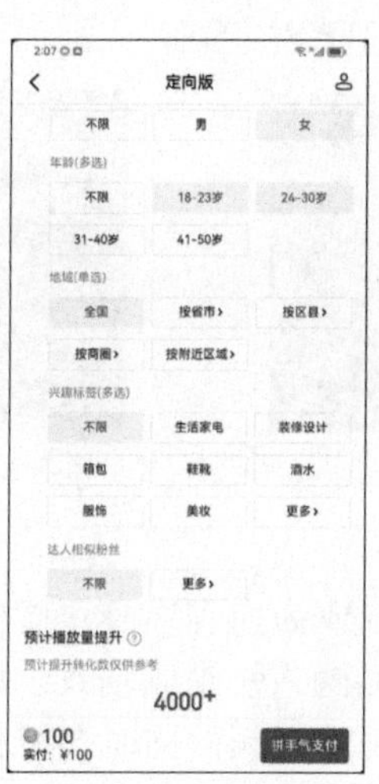

图 10-44

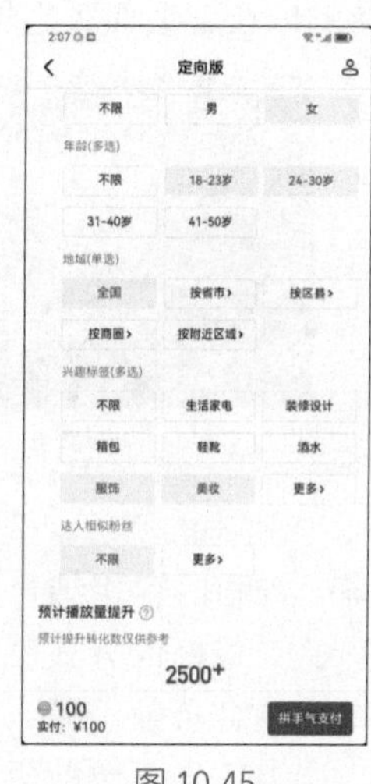

图 10-45

在界面的最下方可以选择DOU+投放金额。也可以选择“自定义”选项，输入100元～200000元的任意金额。

这里介绍一个设置DOU+投放金额的小技巧。比如，要为一个视频投300元的DOU+，不要一次性投入300元，而是分3次，每次投100元，这样可以使视频的推广效果最大化。

10.5 短视频变现

短视频行业瞬息万变，但变现始终是视频创作者关心的一个核心问题。如今，抖音、快手、西瓜视频、今日头条、大鱼号等平台纷纷推出丰厚的补贴政策、流量扶持和商业变现计划，以抢夺优质的短视频创作者。但对于许多短视频团队来说，单靠平台补贴是远远不够的，还得从广告、电商等方面入手。

本节就为大家介绍几种目前除平台补贴外比较主流的短视频变现形式，包括广告变现、电商变现、粉丝变现和特色变现。

10.5.1 广告变现

随着短视频的快速发展，众多商家萌生出了以短视频形式进行产品推广的想法，争先恐后地涌入短视频领域，纷纷进行广告投放。商家涌入短视频广告市场给运营者和平台带来了不菲的利润，对于运营者来说，此时应当把握时机，率先通过创意性广告让用户接受广告的内容，同时提高短视频广告的变现效率。这也是比较适合新手的一种短视频变现形式。短视频广告大致可以分为以下3种。

1. 贴片广告

贴片广告是视频广告较明显的形式之一，属于视频中的“硬广告”。我们经常在短视频或影视剧中见到的视频中间插播的广告或视频开场前的广告，就属于贴片广告，如图10-46所示。贴片广告是目前网络视频采用得最多的一种营销模式，它通常与视频本身的内容无关，如果处理得不够巧妙，很容易让观众产生抗拒心理。

2. 浮窗 Logo

通常，浮窗Logo是指短视频播放时出现在边角位置的品牌Logo。例如，知名美食视频博主李子柒，她一般会在视频的右下角加上特有的水印，如图10-47所示，这不仅能在一定程度上防止视频被盗用，同时还具备一定的商业价值。观众在观看视频的同时，不经意间瞟到角落的Logo，久而久之便会对品牌产生记忆。

图 10-46

图 10-47

3. 内容中的创意软植入

将广告和内容相结合，使广告成为内容本身，这种方式称为“软植入”。最好的方式就是将产品融入短视频场景，如果产品和视频内容结合巧妙，那么观众在观看视频的同时会很自然地接纳产品。这类广告不像前两种广告那么生硬，且其收益也是比较可观的。

现在，在很多短视频中，经常可以看到创作者在传递主题内容的同时，自然而然地提及某个品牌或是拿出一件产品，如图10-48所示。如果这样的广告植入自然且表现幽默，那么很容易被观众所接受，进而促成购买行为的发生。

对于品牌商家来说，这种形式的广告的成本比传统的竞标式电视、电影广告更低。对于有一定粉丝基础的短视频创作者来说，有想法、有创意、有粉丝愿意买单，一旦产生了可观的利润，自然也会引得商家纷纷投来合作的“橄榄枝”。

图 10-48

10.5.2 电商变现

在短视频浪潮的推动之下，内容电商已经成为当前短视频行业的热门趋势。越来越多的企业、个人通过发布自己的原创内容，并凭借基数庞大的粉丝群构建起了自己的营利体系，因此电商逐渐成为他们探索商业模式过程中的一个重要选择。下面介绍两种主流的电商变现形式。

1．视频带货

如今，许多短视频平台都推出了“边看边买”的功能，用户在观看短视频时，对应商品的链接将会显示在短视频左下角，点击该链接，可以跳转至电商平台进行购买。

以抖音为例，该平台如今上线了“商品分享”功能，在视频左下角放置购买链接，如图10-49所示，用户点击商品链接后便会显示商品推荐信息，如图10-50所示。点击界面右下角的“领券购买”按钮，可以进入图10-51所示的界面，用户可以在该界面中选择商品种类和尺码，完成选择后点击界面下方的“领券购买”按钮，即可进入订单提交界面，如图10-52所示。

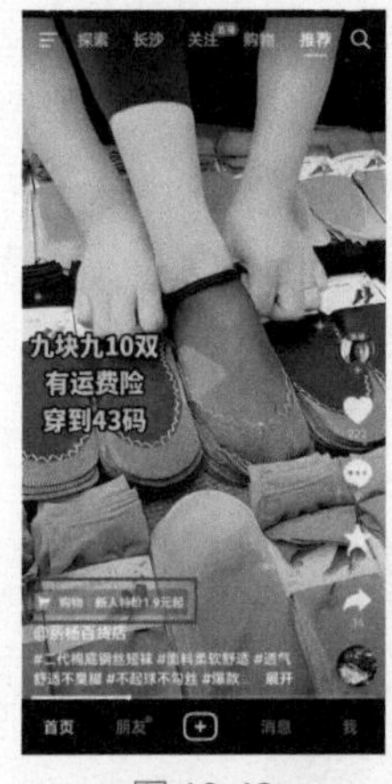

图 10-49

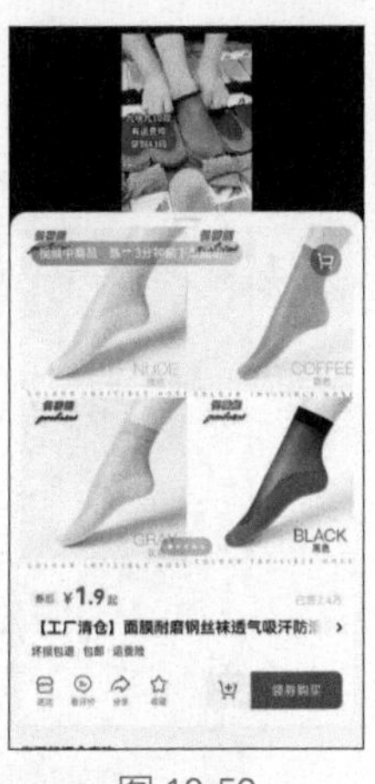

图 10-50

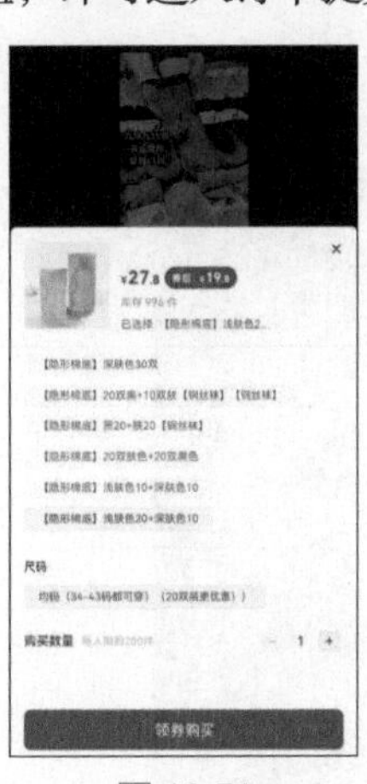

图 10-51

图 10-52

2．直播带货

短视频直播带货是短视频电商变现的另一种形式，主要是以直播为媒介，将黏性较高的用户吸引进直播间，通过面对面直播的方式对商品进行推荐，促使用户购买，从而获取利益，如图10-53所示。

以抖音直播间为例，主播在右下角放置商品链接，用户点击商品链接后可以跳转至相关页面进行购买，如图10-54所示。提示：在开通平台电商功能之前，用户最好提前了解平台的相关准则及入驻要求，避免发生违规交易及违规操作。图10-55所示为抖音平台的“商品分享功能申请”界面。

图 10-53

图 10-54

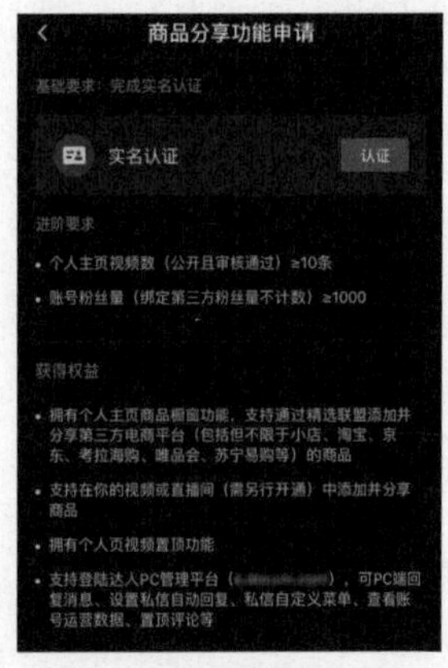

图 10-55

10.5.3 粉丝变现

很多运营者都会面对粉丝数量饱和的问题，想要解决此问题，运营者可以从内容、互动、推广等方面着手，吸引更多的粉丝。在具备了一定的粉丝基础后，运营者可以尝试从以下几方面入手，实现粉丝的变现。

1. 直播打赏

直播打赏是网络直播的主要变现手段之一，直播带来的丰厚经济效益也是吸引众多视频运营者进行直播的关键。

许多短视频平台都具备直播功能，运营者开通直播功能后即可与粉丝进行实时互动。除了积攒人气外，平台的打赏功能也为那些刚入门的运营者提供了坚持下去的动力。当前短视频的变现形式主要集中在直播和电商两个层面，一些运营者的短视频质量很高，但是他们不擅长直播，也没有相应的推广品牌，这样就容易造成变现困难的局面，而打赏功能在一定程度上可以缓解这一难题。图10-56和图10-57所示为抖音平台的直播礼物展示界面及直播打赏界面。

图 10-56

图 10-57

从运营者的角度来看，可以在直播完成后通过提现来转换收获的抖币，这样就达到了通过直播变现的目的。

很多短视频运营者通过平台打赏功能获得了相当可观的收入，足不出户就可以通过展示才艺获得丰厚的收入。一般，用户打赏分为两种情况：第一种是用户对运营者直播的内容感兴趣；第二种是用户对运营者传达的价值观表示认同。对于短视频运营者来说，想要实现人气的持续增长，以获得更多的打赏金额，还是应该从直播内容出发，为账号树立良好的口碑，尽量满足用户需求，多与用户进行互动交流。

2. 付费课程

通过付费课程来营利也是粉丝变现的典型形式，这种变现形式主要被一些能提供专业技能的运营者所使用。运营者以视频形式帮助用户提高专业技能，用户向运营者支付费用。付费课程这种营利模式更像是一种线下交易的方式。

2020年2月3日，抖音正式支持用户售卖付费课程。数据平台“新抖”对2月点赞排名前100的抖音卖课视频进行了统计，据此可得出图10-58和图10-59所示的统计数据。

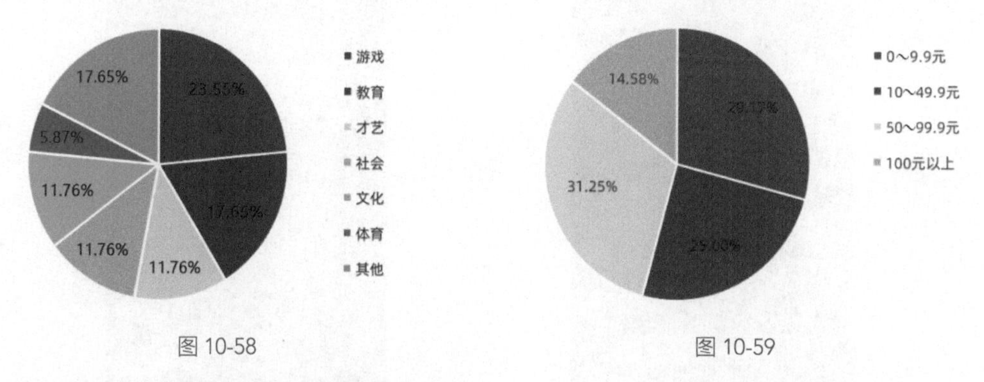

图 10-58　　图 10-59

线上受欢迎、课程销量好的视频的特点如下。

（1）场景学习：以视频的形式还原知识应用场景，让用户了解学习课程的必要性。

（2）低门槛：获赞率较高的卖课视频的时长通常在1分钟以内，观看门槛低，大部分课程都针对零基础用户。对于视频创作者来说，在降低理解门槛的同时，还需要让用户看完觉得有收获，愿意进一步购买付费课程。

（3）价格合理：低价让用户的购买门槛更低，让用户产生“用最少的钱买最有用的知识”的想法，有利于增长销量。

（4）课程实用性：大部分点赞量高的卖课视频关联的付费课程都比较实用，对于一些零基础用户来说，技能知识简单且实用才会激发其购买欲。因此，课程的包装不宜太专业，强调课程的实用性才是最重要的。

让用户接受付费课程并非是一件容易的事情。作为运营者，要确保用户能从视频中学到内容。可以尝试为培训课程制订一套完整的学习体系，为读者进行阶段性的讲解；也可以针对用户的某一问题给出解决方案，有针对性地为读者提供帮助。

10.5.4 特色变现

使自己的变现方式与众不同，有效地将自己的流量转化为实在的收益，这成了运营者变现成功的决定性因素。除了上述的一些常规变现形式外，大家还可以尝试从短视频平台提供的条件入手，寻求变现的新方向。

1．渠道分成

对于运营者来说，渠道分成是初期最直接的变现手段，选取合适的渠道分成模式可以快速积累资金，从而为后期其他短视频的制作与运营提供便利。

2．签约独播

如今网络上各大短视频平台层出不穷，为了能够获得更强的市场竞争力，很多平台纷纷开始与运营者签约独播。与平台签约独播是实现短视频变现的一种快捷方式，但这种方式比较适合运营成熟、粉丝众多的运营者，因为对于新人来说，想要获得平台的青睐，从而得到签约收益是一件不容易的事。

3．活动奖励

为了提高用户的活跃度，一些短视频平台会设置一些奖励活动，运营者完成活动任务便可以获得相应的虚拟货币或专属礼物。图10-60和图10-61所示为抖音推出的“百万开麦”活动。

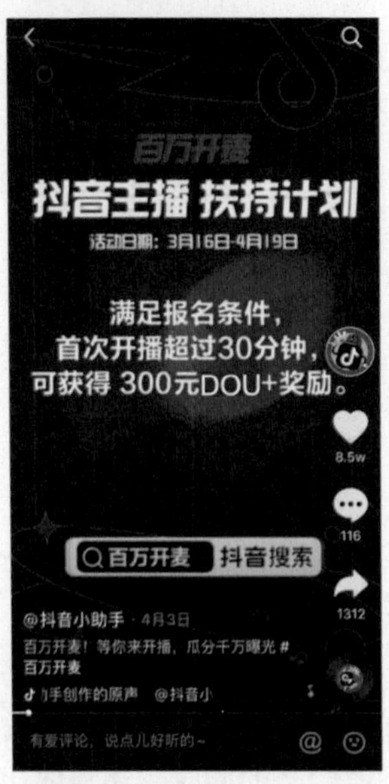

图 10-60

图 10-61

4. 开发周边产品

短视频的营利不仅仅依靠付费观看或收取广告费，现在，制作周边产品也成了一种常见的营利手段。周边产品本来是指以动画、漫画、游戏等作品中的人物或动物造型为设计基础制作出来的产品。现在，在短视频领域，周边产品是指以短视频的内容为设计基础制作出来的产品。图10-62和图10-63所示为“同道大叔”与某品牌联名推出的周边产品。

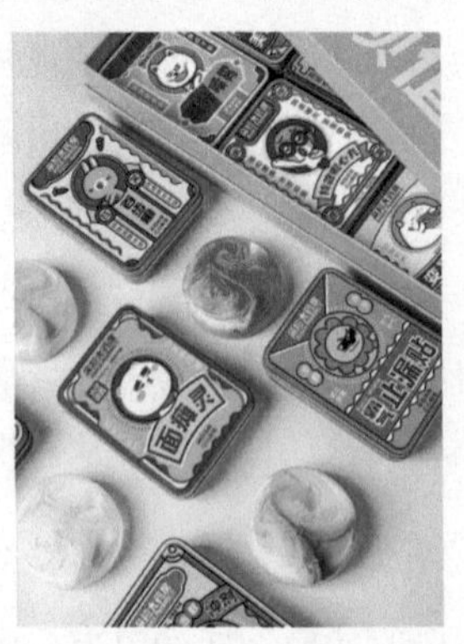

图 10-62

图 10-63

要开发周边产品，运营者得先做好设计，为周边做好定位。很多人都为产品做过定位，但是真正能把定位做精确的却没有几个，因为他们大多停留在堆砌信息和套用公式的阶段。在这一阶段，收集来的信息看似非常饱满，却并没有太大的实用价值。因此，在开发周边产品前，运营者需要先对账号特点进行分析，然后为产品做精准定位。

10.6 课堂实训：发布美食类短视频《我的美食日记》

短视频的上传和发布渠道众多，操作也比较简单。如果是用手机拍摄和剪辑的视频，那么上传和发布就更加便捷、简单。本实例将讲解在抖音平台上传短视频的具体操作方法。

01 在剪映中完成短视频的剪辑工作之后，点击界面右上角的“导出”按钮，如图10-64所示。

02 将视频导出后，点击界面中的“抖音”图标，如图10-65所示。

图 10-64

图 10-65

03 跳转至抖音平台，点击“下一步”按钮，如图10-66所示，进入视频发布界面，为视频填写文案并设置封面后，点击界面下方的“发布”按钮，如图10-67所示。

图 10-66

图 10-67

04 发布完成后，在界面浮窗中点击“留在抖音”选项，即可在抖音平台上看见刚刚发布的短视频，如图10-68和图10-69所示。

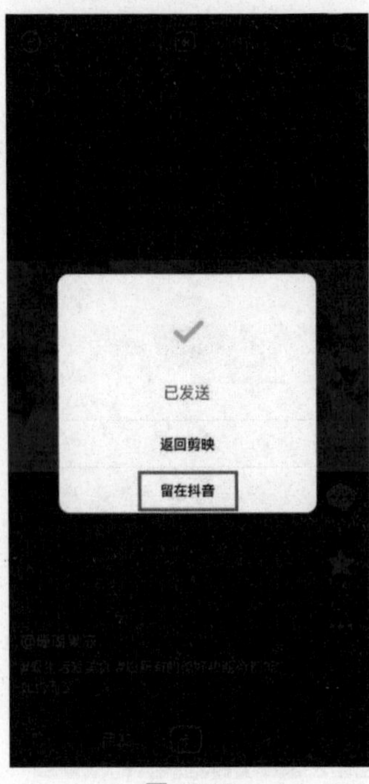

图 10-68

图 10-69

短视频在专业平台上的传播还是很方便的，只需要点击几下即可。如果希望自己创作的内容被更多人发现、欣赏，就要学会广撒网，在渠道上多下功夫。

10.7 课后习题：发布短视频《小城美食记》

参考上述发布短视频《我的美食日记》的操作方法，尝试自行将短视频《小城美食记》发布至抖音平台。